职业教育/技能培训教材

U0166033

水泥煅烧工艺及设备

赵晓东　编著

中国建材工业出版社

图书在版编目（CIP）数据

水泥煅烧工艺及设备/赵晓东编著. —北京：中
国建材工业出版社，2014.9
ISBN 978-7- 5160-0822-5

Ⅰ. ①水… Ⅱ. ①赵… Ⅲ. ①水泥-回转窑-煅烧
Ⅳ. ①TQ172.6

中国版本图书馆 CIP 数据核字（2014）第 163483 号

内 容 简 介

全书由绪论、回转窑煅烧工艺、回转窑的结构、熟料的煅烧、熟料冷却机、煤粉燃烧器、悬浮预热器窑、预分解窑及回转窑用耐火材料等 9 个项目及 33 个相应工作任务组成，构建了以职业能力为核心、以工作项目任务为框架的课程内容体系。

本书可作为预分解窑水泥企业员工的培训教材，也可作为高职高专院校、中等职业院校的硅酸盐工程专业、材料工程技术专业、无机非金属材料等专业的教材。

水泥煅烧工艺及设备
赵晓东　编著

出版发行：中国建材工业出版社
地　　址：北京市西城区车公庄大街 6 号
邮　　编：100044
经　　销：全国各地新华书店
印　　刷：北京雁林吉兆印刷有限公司
开　　本：787mm×1092mm　1/16
印　　张：15.5
字　　数：386 千字
版　　次：2014 年 8 月第 1 版
印　　次：2014 年 8 月第 1 次
定　　价：48.50 元

本社网址：www.jccbs.com.cn　　微信公众号：zgjcgycbs
本书如出现印装质量问题，由我社发行部负责调换。联系电话：(010) 88386906

前　　言

从 2000 年开始，我国从东部沿海到西部内陆依次掀起了前所未有的水泥预分解窑生产线的建设高潮，全国水泥产量迅猛增长。2000 年我国预分解窑的水泥产量为 1.00 亿吨，大约只占水泥总产量的 12.00%，2013 年我国预分解窑的水泥产量为 20.00 亿吨，约占水泥总产量的 90.00%，期间预分解窑水泥产量的年平均增长率为 26.00%。截至 2013 年底，我国拥有 4 条 10000t/d、3 条 12000t/d 预分解窑熟料生产线，是世界上拥有万吨生产线最多的国家；预分解窑低温余热发电装机总容量达到 5500MW，为世界之最。这些数字充分说明，我国预分解窑生产技术已经占据水泥生产的主导地位。

随着预分解窑生产新工艺、新技术、新装备的不断更新换代和应用，传统的水泥煅烧工艺教材已完全不能满足高职高专院校的教学及水泥企业职业技能培训的需要，所以作者重新撰写了《水泥煅烧工艺及设备》这本教材。

本书以水泥熟料煅烧的实际工作过程为切入点，以职业岗位工作内容为基础，以职业技能为核心，以工学结合为原则，构建了以工作项目任务为框架的课程内容体系。

本书是"重庆市高等教育学会 2013～2014 年高等教育科学研究课题（项目名称：高职院校与企业合作长效机制的研究；项目编号：CQGJ13C767）"的阶段性研究成果。全书由绪论、回转窑煅烧工艺、回转窑的结构、熟料的煅烧、熟料冷却机、煤粉燃烧器、悬浮预热器窑、预分解窑及回转窑用耐火材料等 9 个项目及 33 个相应工作任务组成，重点增补了预分解窑生产的工艺流程、主要设备的工作原理及性能、主要操作控制参数、正常操作控制、常见生产故障及处理等方面的知识技能，可作为预分解窑水泥企业员工的培训教材。也可作为高职高专院校、中等职业院校的硅酸盐工程专业、材料工程技术专业、无机非金属材料等专业的教材。

在撰写过程中，作者力求突出以下三方面的特色：

（1）优化传统教材的课程内容体系，重点撰写了预分解窑的生产工艺及设备技术内容，具有很好的适用性。

（2）根据预分解窑水泥企业的煅烧岗位所必备的专业知识和技能来设置教材内容，具有很好的实用性。

（3）根据预分解窑水泥企业的实际工作过程设置项目任务，突出职业技能核心，具有很好的针对性。

本书由重庆电子工程职业学院的赵晓东撰写。在编写过程中，编者参考了水泥业界的专家及兄弟院校同仁的著作和论文，得到了重庆电子工程职业学院乌洪杰、朱红英、王立志、乌洪梅、疏勤、乌洪岩、梁冰、刘锴、易圣及湘潭大学赵鹏博的大力支持，在此特向他们表示诚挚的感谢！

由于作者水平有限，加之撰写时间仓促，书中难免有疏漏和错误之处，希望广大读者、水泥业界的专家及同仁提出宝贵意见。

赵晓东

2014 年 8 月

China Building Materials Press

目　　录

项目 1 绪　　论

项目描述：本项目比较详细地讲述了回转窑的发展过程、回转窑煅烧技术的演变发展历程、中国水泥工业的现状及发展等方面的知识内容。通过对本项目的学习，掌握预分解窑代表回转窑的发展方向；掌握绿色水泥工业代表中国水泥工业的发展方向。

任务 1 回　转　窑

任务描述：熟悉回转窑的发展过程及回转窑煅烧技术的发展历程。

知识目标：熟悉回转窑的发展历史，掌握回转窑煅烧技术的发展历程。

能力目标：掌握预分解窑煅烧技术代表回转窑的发展方向。

1.1　回转窑的发展概况

1. 英国的阿斯普丁 J. Aspdin 将石灰石和黏土混合烧制成块，再磨成粉末状的水硬性胶凝材料，即是硅酸盐水泥（波特兰水泥）。硅酸盐水泥、砂、石等加水拌合后，能够形成强度较高的坚固人造石材。1824 年 10 月，阿斯普丁 J. Aspdin 获得生产硅酸盐水泥的专利。

2. 1825 年，人类使用间歇立窑煅烧水泥熟料，开创生产硅酸盐水泥的新纪元。我国 1876 年在唐山建造第一台立窑。

3. 1877 年英国的 T. RCRAMPTON 使用回转窑煅烧水泥熟料获得专利，较间歇立窑实现技术上的飞跃。

4. 1884 年英国的 F. RANSOME 成功制造出了 $\phi 1.5m \times 7.9m$ 回转窑，真正实现使用回转窑煅烧水泥熟料。我国 1906 年在唐山建造 $\phi 2.4m \times 45m$ 回转窑。

5. 1905 年成功研制了湿法回转窑，水泥熟料的质量有了大幅度的提高。我国 20 世纪 50～60 年代达到发展顶峰。

6. 1910 年立窑实现机械化生产，机器机械代替人工，减轻了工人的劳动强度，提高了生产效率，提高了水泥的产量和质量。我国 20 世纪 80 年代达到发展顶峰，立窑生产的水泥产量占水泥总量的 80%。

7. 1928 年德国获得立波尔窑生产专利，实现煅烧技术的又一次飞跃，和当时的其他窑型相比，生产能力大幅度提高，单位熟料热耗大约下降 50%。

8. 1932 年丹麦的史密斯公司 FLS 获得悬浮预热器的生产专利，德国买到该专利后，于 1953 年成功建造了世界上第一台悬浮预热器窑（SP 窑）。和立波尔窑相比，生产能力又有了大幅度提高，单位熟料热耗下降大约 50%。在悬浮预热器窑的基础上，史密斯公司又成功开发研制出预分解窑技术，并获得预分解窑生产技术专利。

9. 日本买到预分解窑技术，于 1971 年成功建造了世界上第一台预分解窑（NSP 窑）。和悬浮预热器窑相比，生产能力又提高大约一倍，单位熟料热耗下降大约 30%。预分解窑技术是继悬浮预热器窑之后的又一次重大技术创新，代表回转窑煅烧技术的发展方向，具有划时代的意义。

1.2 回转窑煅烧技术的发展概况

1. 干法、湿法及半干法煅烧技术

世界上用回转窑煅烧水泥熟料是在 1884 年。我国于 1906 年在河北省唐山市的启新洋灰公司（即启新水泥厂）建成了第一台回转窑，1907 年在大连建成了回转窑水泥厂，之后在中国的上海、广州等地也建立了回转窑水泥厂，这个时期的回转窑都属于干法中空窑。由于初期建造的干法中空窑热效率不高，不久就被湿法回转窑所代替。因为湿法回转窑生产所有的生料浆流动性好、均匀性好，煅烧的熟料质量高且均匀稳定，到 20 世纪 60 年代，湿法回转窑在世界水泥工业占统治地位。随着设备朝着大型化方向的发展，湿法回转窑的直径也在不断扩大，比如当时最大湿法回转窑在美国，其规格达到 $\phi7.6m/6.4m/6.9m\times232m$，熟料生产能力达到 3600t/d；我国 20 世纪 60 年代建造的湿法回转窑 $\phi4.4m/4.15m/4.4m\times180m$，日产熟料 1200t；$\phi3.6m/3.3m/3.6m\times150m$，日产熟料 600t；$\phi3.5m\times145m$ 日产熟料 600t。在湿法窑向大型化方向发展的过程中，出现很多工艺及设备问题，比如大型湿法回转窑尾排出的粉尘骤增，必须增设收尘设备；熟料的电耗也随着规格的增大而猛增；窑衬寿命大大缩短；单位熟料热耗高；设备的安装运输等等。在能源特别紧张的 20 世纪 70 年代，湿法回转窑的高热耗引起了水泥业界的高度重视。1928 年出现的立波尔窑，其热耗较干法中空窑及湿法回转窑降低 50% 及以上，但由于立波尔窑的篦式加热机运转事故较多、料球在加热机上加热不均匀、要求原料成球性能好等方面因素的影响，限制了立波尔窑型的发展。世界上最大的立波尔窑在日本，规格是 $\phi5.3m\times100m$，日产熟料 2800t。

2. 悬浮预热器煅烧技术

1953 年德国成功建造了世界上第一台悬浮预热器窑，将原来在窑内以堆积状态进行的物料预热和部分碳酸盐分解过程，移到悬浮预热器内以悬浮状态进行，呈悬浮状态的生料粉与热气流充分接触，气固相之间接触面积大，传热速度快，有 30%～40% 的入窑生料已经完成分解反应，有利于提高窑的生产能力，降低熟料烧成热耗。20 世纪 60 年代后期，世界上发达国家都兴建了悬浮预热器窑，悬浮预热器窑在当时占主导地位。世界上最大的 SP 窑在日本，规格是 $\phi6.2m\times125m$，日产熟料 5000t。

3. 预分解窑煅烧技术

1971 年日本成功建造了世界上第一台预分解窑（NSP 窑），即在悬浮预热器与回转窑之间增设一个分解炉，使燃料燃烧的放热过程与生料碳酸盐分解的吸热过程，在分解炉中以悬浮状态或流态化下极迅速地同时进行，使入窑生料碳酸盐的分解率从悬浮预热器窑的 30%～40% 提高到 90% 及以上，极大地减轻窑内熟料煅烧的热负荷，延长了窑衬的使用寿命，提高了窑的生产能力，缩小了窑的规格，减少了单位建设投资成本，减少了大气污染。预分解窑是在悬浮预热器窑的基础上发展起来的，是悬浮预热器窑的更高发展阶段，是继悬浮预热器窑之后的又一次重大煅烧技术创新。自第一台预分解窑问世以后，其先进的工艺技术就得到世界的公认。从 20 世纪 70 年代末，世界上工业发达的国家都基本上将预热器窑转向预分解窑，一些发展中国家新建或扩建大、中型水泥厂也都采用预分解新技术，世界水泥工业进入预分解窑时代。目前世界上最大的预分解窑在中国，规格是 $\phi6.6\times96m$，日产熟料 1200t。

任务 2 中国水泥工业的发展

任务描述：熟悉中国水泥工业的发展过程；熟悉中国水泥工业的现状；掌握中国水泥工业的发展方向。

知识目标：熟悉中国水泥工业的发展历程和中国水泥工业的现状。

能力目标：掌握水泥工业可持续发展的内涵；掌握绿色水泥工业的内涵；掌握绿色水泥工业代表中国水泥工业的发展方向。

2.1 中国水泥工业的发展概况

1. 1889～1937 年的早期发展阶段

1889 年唐山建造中国第一个立窑水泥厂，即河北唐山细棉土厂，1892 年该厂建成生产水泥；1906 年该厂又建造了中国第一台 $\phi 2.4 \times 45m$ 回转窑，即为启新洋灰公司（建国后改名为唐山启新水泥厂，现为冀东水泥集团下的一个水泥分公司）。这个时期的中国水泥工业发展速度相当缓慢，最高水泥生产量大约 115 万吨。

2. 1937～1949 年的衰退停滞阶段

1937～1945 年，日本在东北建造了锦西水泥厂、哈尔滨水泥厂、松江水泥厂、本溪水泥厂、小屯水泥厂、抚顺水泥厂、工源水泥厂、牡丹江水泥厂等 13 个水泥厂，除此之外，中国还有重庆水泥厂、贵阳水泥厂、昆明水泥厂、琉璃河水泥厂、嘉华水泥厂等水泥厂，1945 年全国的水泥生产能力只有 300 万吨，但当年的水泥生产量只有 60 万吨。1946～1949 年，又建造了华新水泥厂、江南水泥厂等水泥厂。这个时期的中国没有制造水泥机械设备的能力，生产设备主要来自于外国，没有规范的水泥工业建设机制，加上连年发生战争，很多水泥厂处于关闭状态，不能稳定地生产水泥，1949 年的水泥生产量只有可怜的 66 万吨。

3. 1949～2000 年的快速发展期

20 世纪 50～60 年代，中国独立自主研制湿法回转窑和半干法立波尔窑生产线的成套设备，并进行预热器窑的生产试验，使中国水泥工业的生产技术和设备制造取得较大进步，新建和扩建了 30 多个国家重点大中型湿法回转窑和半干法立波尔窑生产企业，也建造了一大批立窑水泥生产企业。20 世纪 70～80 年代，中国独立自主研制的日产 700t、1000t、1200t、2000t 熟料的预分解窑生产线分别在新疆水泥厂、江苏邳县水泥厂、上海川沙水泥厂、辽宁本溪水泥厂及江西水泥厂建成投产，从 1978 年开始相继从日本、丹麦及德国引进日产 2000～4000t 熟料的预分解窑生产线成套设备，先后建成了冀东水泥厂、宁国水泥厂、柳州水泥厂、云浮水泥厂等大型国有水泥企业，不仅极大地改善了中国水泥生产的结构，而且迅速地提高了中国新型干法水泥生产能力和技术水平，到 20 世纪 80 年代，中国新型干法水泥生产能力已经占大中型水泥企业生产能力的 25％。

中国的立窑在经过 20 世纪 50 年代末期及 70 年代两个发展高潮后，成为中国水泥工业的主力军，其产量占中国水泥总产量的 80％。1980 年以后，以提高质量、降低生产成本为目标的立窑改造逐步推广，普通立窑逐步改造成机械化立窑，并将计算机配料技术、原料预均化技术、生料均化技术、预粉磨技术等引进立窑水泥企业，对提高熟料的质量和产量、增加水泥新品种、改善工人劳动强度及解决粉尘污染问题都有显著的促进作用，使中国立窑的生产技术生质的飞跃，被联合国授予出口第三世界的援助技术。中国的水泥品种由最初的

3～4 种发展到 80 多种，其中特种水泥就达 70 多种，满足了冶金工业、水利电力工业、石油工业、化学工业、海港、国防等工业部门的需求。

改革开放以来，中国水泥工业成功地走出了发展立窑的特色之路，1985 年中国水泥总产量达到 1.46 亿吨，第一次位居世界第一，2000 年中国水泥总产量达到 5.74 亿吨，中国水泥产量以 10％的年增长率在高速发展。

4. 2000 到 现在结构调整的 NSP 窑发展期

中国是水泥生产大国，但不是水泥生产强国。比如 1985 年中国水泥总产量达到位居世界第一位的 1.46 亿吨，其中有 80％是立窑产量。立窑水泥企业的生产特点是生产工艺及设备落后陈旧、生产管理水平低、生产成本高、劳动生产率低、熟料质量差、水泥质量不稳定、环境污染严重、能耗指标超高等。按照中央政府关于加大改造和淘汰落后生产力的指示精神，全国各省都在研究水泥工业如何步入健康、有序和良好的发展轨道，如何加大落后水泥生产工艺的改造力度，按照市场规律和规则，筹划和建立有关立窑退出水泥生产市场的机制。新型干法水泥技术是当今世界水泥发展的最新成果，具有优质、低耗、高效、环保、设备大型化、生产控制自动化、管理科学化、生产成本低、劳动生产率高等优点，是水泥工业进步发展的科学成果，是中国水泥工业发展的必然选择。中国只有加速新型干法水泥工业的发展速度，才能进一步落实中央政府提出的改造和淘汰落后生产力的指示精神，只有改造和淘汰立窑工作得到落实，新型干法水泥产业才能得到快速发展，中国才能全面进入新型干法水泥产业的新时代。表 1.2.1 是中国 2005～2013 年的水泥总产量及熟料总产量。

表 1.2.1　中国 2005～2013 年的水泥总产量及熟料总产量

年份	水泥总量（亿吨）	熟料总量（亿吨）	分解窑熟料总量（亿吨）	分解窑熟料/熟料总量（％）
2005	10.64	6.66	1.69	25.38
2006	12.04	7.61	2.10	27.60
2007	13.54	8.91	3.42	38.38
2008	13.88	8.98	4.20	46.78
2009	16.29	10.33	5.94	57.50
2010	18.68	11.52	8.18	71.00
2011	20.85	12.80	9.60	75.00
2012	21.84	13.55	10.23	75.45
2013	24.10	15.10	11.43	75.70

由表 1.2.1 可知，2013 年中国水泥总量是 24.10 亿吨，是 1985 年的 16.50 倍，28 年的平均年增长率达到 11.00％，在水泥发展史上堪称世界之最。2006～2010 年的"十一五"期间，水泥总量增长 55.15％，水泥年增长率平均达到 11.62％；预分解窑生产的熟料总量增长 289.52％，年增长率平均达到 11.03％；2013 年预分解窑生产的熟料总量是 11.43 亿吨，是 2005 年的 6.77 倍，平均年增长率达到 27.00％，在世界水泥发展史上独一无二。这些数字充分说明，中国新型干法水泥生产已经完全步入快速发展期。

2.2　中国水泥工业的现状

我国预分解窑和国际预分解窑技术指标的对比如表 1.2.2 所示。

表 1.2.2 我国和国际水泥综合技术指标对比

项目内容	国际水泥工业		中国预分解窑
	一般水平	先进水平	
单位熟料热耗（kJ/kg）	2700	2800	3150
单位熟料标准煤耗（t/kg）	110	100	130～140
水泥综合电耗（kW·h/kg）	95～100	85	100～115
粉尘排放浓度（mg/m³）	＜50	15～30	150250
NO_x 排放浓度（mg/m³）	＜500	＜300	600～800
SO_2 排放浓度（mg/m³）	＜400	＜200	＞400

中国是水泥生产大国，水泥生产总量从 1985 年开始已连续 30 年位居世界第一位，但中国不是水泥生产强国，由表 1.2.2 可知，中国的预分解窑生产技术指标和国际先进水平有较大差距，比如我国预分解窑的单位熟料标准煤耗是 140kg/t 左右，比国际先进水平 100kg/t 高 40％左右，一条日产 5000t 熟料的预分解窑生产线一年就要多消耗 6 万吨标准煤，多支付煤款 6000 万元；中国水泥综合电耗大约 110kW·h/t，比国际先进水平 85kW·h/t 高 30％，一个年产 200 万吨水泥的生产企业，一年就要多耗电能 5000 万 kW·h，多支付电费 4000 万元；在环境保护方面，与国际先进水平之间的差距就更大了，粉尘排放浓度、NO_x 排放浓度、SO_2 排放浓度远远高于国际水平，每年排放 CO_2 约 10 亿吨，SO_2 约 110 万吨，NO_x 约 125 万吨，粉尘 1500 万吨。

中国水泥的体系及结构不合理，优质的高强度等级水泥产量低，强度等级为 32.5MPa 的水泥大约占水泥总产量的 70％，强度等级为 42.5MPa 的水泥大约只占 30％；特种水泥只有特种硅酸盐水泥、特种铝酸盐水泥、特种硫铝酸盐水泥等三个系列产品，其产量大约只占水泥总产量的 10％，通用水泥系列产品则占大约 90％。

2.3 中国水泥工业的发展方向

我国水泥工业可持续发展将经过以下四个阶段：

第一阶段：发展大型新型干法水泥生产技术和装备，促进我国水泥工业的结构调整。

我国正在发展大型新型干法水泥生产技术，大型干法水泥技术是指 10000t/d 水泥熟料生产线的工艺与成套设备，设备在节能降耗、减少环境污染等方面，将达到世界先进水平，完成第一阶段项目后，会极大缩短我国与世界先进水平的差距，并可大大增强我国水泥工业的技术装备在国际市场的竞争力。在 10000t/d 生产线的带动下，可以全面提升 5000t/d 及以下生产线水平，并可在国内推广新型干法生产技术。

第二阶段：步入节能型、环保型和资源型的发展道路。

①大力发展并推广高产节能的破碎、粉磨工艺技术与装备，比如大型单段石灰石破碎机、辊磨机、组合式高效选粉机等，可以大大简化工艺流程和节省能耗。

②开发并推广高效节能的煅烧设备，比如低压损预热器、原料与燃料适应性强的分解炉、第四代箅冷机、四通道煤粉燃烧器等。

③低品位煤的应用以及利用工业废弃物，比如粉煤灰、石灰岩等进行水泥配料。

④开发和利用水泥厂低温余热发电技术及装备，与新型干法水泥生产线配套，每吨熟料余热发电量达到≥36kW·h/t 技术水平。

⑤大型高温袋收尘器与大型高浓度电收尘器的开发和利用，粉尘排放浓度指标达到≤ $50mg/m^3$ 的技术水平。

⑥大力发展和推广散装水泥。

第三阶段：步入绿色水泥工业的发展道路。

绿色工业是人类在创造物质文明时所希望实现的目标，绿色水泥工业已成为世界水泥业界的共识，其追求目标是：

①极大限度地提高自然资源综合利用率，充利用自然界所提供的低品位矿石和燃料，大量使用再生资源和再生能源。

②水泥生产所需的电能主要来自自身的余热发电。

③水泥企业不排放废渣、废料和废水，由其自身循环而解决，即使有少量的污染物也能被自然的生态环境所吸收。

④水泥企业按用户需要设计和生产最佳质量的水泥产品，可以回收使用建筑领域的废弃物。

第四阶段：步入可持续发展的道路。

水泥工业可持续发展的内涵是：

（1）节约资源

提高资源利用率，少用或不用天然资源，鼓励使用再生资源，提高低质的原燃料利用率，鼓励水泥企业使用工业及农业产生的废物、废渣等作为水泥的生产原料。

（2）节约土地

少用或不用毁地取土作为水泥的生产原料，以保护土地资源。

（3）节约能源

大量利用工业废料、生活废弃物作为水泥生产的辅助燃料，节约生产能源，降低建筑物的使用能源。

（4）节约水源

回收、处理及再利用水泥生产过程中产生的废水，节约生产用水量。

思考题

1. 干法回转窑的发展过程。
2. 回转窑煅烧技术的发展历程。
3. 中国水泥工业与国际先进水平相比有哪些差距？如何缩小这些技术差距？
4. 中国水泥工业可持续发展的四个阶段。
5. 绿色水泥工业的内容。
6. 水泥工业可持续发展的内容。

项目 2　回转窑煅烧工艺

项目描述：本项目比较详细地讲述了回转窑的功能、回转窑的煅烧工艺技术及水泥窑余热发电技术等方面的知识。通过对本项目的学习，掌握预分解窑煅烧技术是回转窑煅烧技术的发展方向；掌握水泥窑低温余热发电是水泥企业实现节能减排的有效措施。

任务 1　回转窑的功能和分类

任务描述：掌握回转窑具有的功能；掌握回转窑的分类方法及类型。

知识目标：掌握回转窑的五大功能；掌握回转窑的类型。

能力目标：掌握回转窑的五大功能。

1.1　回转窑的功能

1. 回转窑是输送设备

回转窑是一个倾斜安装的回转圆筒，其安装斜度一般在 3%～6%。生料由回转窑的高端窑尾加入，借助回转窑的不断回转运动，生料从高端窑尾逐渐向低端窑头运动，所以，回转窑是一个输送设备，把生料由窑尾输送到窑头。

2. 回转窑是燃烧设备

作为燃料的燃烧装备，回转窑具有比较理想的燃烧空间，可以提供足够量的空气，借助性能优良的煤粉燃烧器，保证燃料充分燃烧，为熟料煅烧提供理想的热量和温度场。

3. 回转窑是传热设备

回转窑具有较好的热交换功能。喷入窑内的煤粉，燃烧产生的热量通过辐射、对流和传导等三种基本传热方式，将热量传给生料。回转窑内具有分布比较均匀的温度场，可以满足水泥熟料形成过程各个阶段的换热要求，特别是阿利特矿物生成的要求。

4. 回转窑是化学反应器

生料在回转窑内煅烧成熟料，要发生干燥及预热、分解反应、固相反应、烧成反应等一系列的物理、化学变化，回转窑可分阶段的满足发生这些变化对热量、温度、时间的要求，所以回转窑是理想的化学反应器。

5. 降解利用废物的功能

由于回转窑具有较高的温度场和气流滞留时间长的热力场，可降解化工、医药等行业排出的有毒及有害的废弃物。同时，可将其中的绝大部分重金属元素固化在熟料中，生成稳定的盐类，避免了"垃圾焚烧炉"容易产生的二次污染。

1.2　回转窑的分类

回转窑的分类见表 2.1.1。

表 2.1.1　回转窑的分类

窑　型	附属设备
湿法回转窑	湿法长窑：窑内设置热交换装置，如链条、格子式交换器等
	湿法短窑：窑外设置热交换装置，如料浆蒸发机、压滤机、料浆干燥机等
干法回转窑	普通中空窑：窑内没有设置热交换装置
	窑尾带余热锅炉的中空窑：窑尾配制余热锅炉、发电机、变电所等
	立波尔窑：窑尾配置料球加热机
	悬浮预热器窑：窑尾带 4～6 级悬浮预热器
	预分解窑：窑尾带 4～6 级悬浮预热器、分解炉

任务 2　湿法回转窑煅烧工艺

任务描述：熟悉湿法回转窑的煅烧工艺及设备。

知识目标：熟悉湿法长窑的煅烧工艺及设备；熟悉湿法短窑的煅烧工艺及设备。

能力目标：从水泥熟料能耗、煅烧工艺及设备的角度，深刻理解我国限制并淘汰湿法回转窑煅烧工艺的理论依据。

2.1　湿法长窑煅烧工艺

湿法长窑的筒体较长，长径比一般为 30～40，为增加窑内的传热面积，常在窑尾部分挂设链条，加速料浆水分的蒸发，其工艺流程如图 2.2.1 所示。

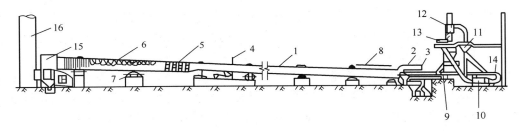

图 2.2.1　湿法长窑煅烧工艺流程

1—回转窑；2—多筒冷却机；3—煤粉燃烧器；4—传动装置；5—热交换器；6—链条；7—拖轮；8—水冷却；9—鼓风机；10—煤磨；11—选粉机；12—旋风收尘器；13—煤磨排风机；14—煤磨热风管；15—收尘器；16—烟囱

湿法回转窑生产时在生料磨中加入水，将生料制成含水为 30%～40% 的料浆，经均化质量达到要求的料浆由窑头喂料机送入窑内煅烧成熟料，出窑熟料经冷却机冷却，送入熟料库储存。原煤经煤磨粉磨制成煤粉，再经煤粉燃烧器喷入窑内燃烧，供给熟料煅烧所需的热量。

湿法回转窑所用的生料具有良好的流动性能，对非均质原料适应性强，各原料之间混合好，生料成分均匀，工艺稳定，烧成的熟料质量高，熟料中游离 CaO 一般较低，结粒良好、强度等级高，生料在粉磨过程中粉尘少，窑尾飞灰少。但湿法生产时蒸发 30%～40% 的料浆水分，需要消耗较大热量，能耗占水泥成本的 1/2～1/3，较干法回转窑的单位熟料热耗高。正因为湿法回转窑的熟料热耗高，能源消耗大，且生产时用水量大，消耗水资源，中国已把湿法回转窑列为限制、淘汰的窑型。

2.2　湿法短窑煅烧工艺

湿法短窑煅烧工艺就是指窑尾带料浆蒸发机的湿法回转窑煅烧工艺，其工艺流程如图2.2.2所示。为了将水分的蒸发过程移至窑外进行，可在窑尾后面增设料浆蒸发机，使料浆水分大部分在料浆蒸发机内蒸发掉，这样湿法窑筒体的长度可大大缩短。装有料浆蒸发机的窑叫带料浆蒸发机回转窑，其流程如图2.2.2所示。

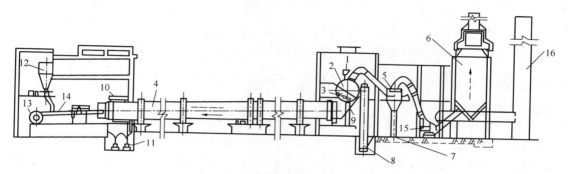

图 2.2.2　湿法短窑煅烧工艺流程

1—喂料槽；2—卧式料浆蒸发机；3—换热器；4—回转窑；5—旋风收尘器；6—立式电收尘器；7—螺旋输送机；8—提升机；9—下料管；10—多筒冷却机；11—链式输送机；12—煤粉贮库；13—鼓风机；14—煤粉燃烧器；15—排风机；16—烟囱

带料浆蒸发机湿法回转窑仅将料浆的蒸发过程移到窑外的料浆蒸发机中进行，熟料煅烧的热耗仍然较高，同时煅烧系统复杂，故障率较高，管理工作量大，中国把它列为限制、淘汰的窑型。

任务 3　干法回转窑煅烧工艺

任务描述：熟悉普通中空回转窑、窑尾带余热锅炉的中空窑、立波尔窑、悬浮预热器窑、预分解窑等五种煅烧工艺及设备，掌握悬浮预热器窑、预分解窑的煅烧原理和技术特点。

知识目标：熟悉五种不同干法回转窑的煅烧工艺及设备。

能力目标：从水泥熟料能耗、煅烧工艺技术的角度，深刻理解我国大力发展预分解窑的理论依据。

3.1　普通中空回转窑

普通中空回转窑是干法窑中最原始的一种形式，筒体内除砌有耐火砖外，没有装设任何热交换装置，其煅烧工艺流程如图2.3.1所示。

普通干法回转窑的工艺及设备装备技术落后，自动化程度低，产量一般小于30t/h，窑内传热效率差，窑尾废气温度高，废气带走的热损失大，熟料单位热耗一般高于6000kJ/kg，生料均化效果差，生料成分波动大，熟料质量差且不稳定，生产过程中扬尘点较多，粉尘污染严重，中国把它列为限制、淘汰的窑型。

3.2　窑尾带余热锅炉的中空窑

普通中空回转窑的窑尾废气温度很高，一般都在600～800℃，含有很高的热能。窑尾带余热锅炉的中空窑就是在普通中空回转窑的窑尾增设余热锅炉、发电机等设备，将水加热

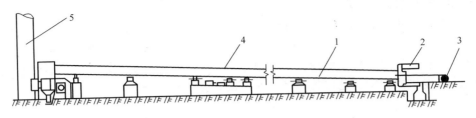

图 2.3.1　普通中空回转窑煅烧工艺流程

1—回转窑；2—多筒冷却机；3—鼓风机；4—传动装置；5—烟囱

变成过热蒸汽，蒸汽再驱动汽轮发电机转动，将机械能变成电能，充分利用窑尾废气带走的热能，降低熟料的单位热耗。

窑尾带余热锅炉的中空窑在建国后很长一段时间发挥了很大的积极作用，尤其在电能相对紧张的区域，它更是功不可没。但是由于余热锅炉设备技术落后、汽轮发电机发电效率低，废气余热综合利用率低，熟料单位热耗比立波尔窑、悬浮预热器窑、预分解窑等煅烧工艺技术高很多，所以中国把它列为限制、淘汰的窑型。

3.3　立波尔窑

立波尔窑就是在普通干法回转窑的窑尾增设一台加热机的窑型，也叫窑尾带加热机的回转窑。1928德国建造了第一台带加热机的回转窑，由工程师立列伯设计，波立修斯工厂制造，为纪念创始人和制造厂，就把这种窑命名为立波尔窑。

中国目前水泥工业仅存 40 余条立波尔窑生产线，大都为国内、国产技术。20 世纪 70 年代以来，随着预分解窑生产技术的不断发展，我国立波尔窑逐渐减少，但在德国、日本等国家仍有相当数量的立波尔窑，其技术经济指标完全可以和预分解窑相媲美。国内与国外立波尔窑生产的技术经济指标见表 2.3.1。

表 2.3.1　国内外立波尔窑生产指标对照表

项　目　内　容	国　　内	国　　外
熟料单位热耗（kJ/kg）	4600～5600	一次通过 4000～4100 二次通过 3200～3300
废气量（Nm³/kg）	6.8～7.5	2.0～2.2
废气带走热量（%）	20～45	5～8
入窑生料分解率（%）	<30	>40

1. 立波尔窑煅烧工艺

立波尔窑是利用窑尾废气余热来预烧物料。

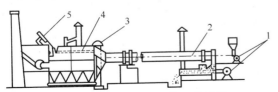

图 2.3.2　立波尔窑煅烧工艺流程

1—鼓风机；4—回转窑；3—提升机；

4—加热机；5—成球盘

在窑尾后面加设一个加热机（回转炉篦子），将生料粉制成生料球，喂入加热机。窑尾排出的废气进入加热机，穿过料球层，将热量传给料球，生料球获得热量后，在加热机内进行干燥、预热和部分分解，然后进入回转窑，煅烧成熟料，废气将热量传给物料后，由排风机排出，其煅烧工艺流程如图 2.3.2 所示。

2. 加热机的结构及工艺流程

加热机是利用回转窑的窑尾高温废气热量预热生料球的一种热交换装置，是立波尔窑煅烧工艺中最重要的设备，其结构如图 2.3.3 所示。

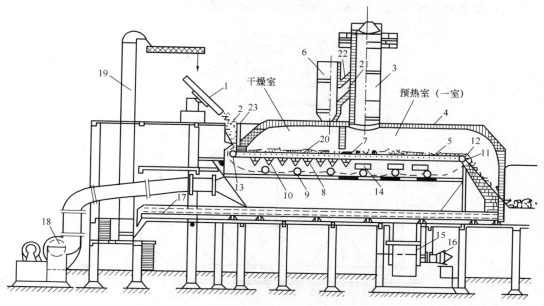

图 2.3.3 （一次通过型）加热机的结构简图

1—成球盘；2—料球溜子；3—辅助烟囱；4—金属外壳；5—活动炉床；6—冷风烟囱；7—炉箅子；8—上支承部分；9—下支承部分；10—调节风斗；11—刮板；12—主动轮；13—从动轮；14—吸风口；15—1 号排风机；16—电动机；17—链式输送机；18—2 号排风机；19—生料提升机；20—松料犁；21—斜烟道；22—调节闸板；23—料层控制板

根据气流通过料层的不同情况，炉箅子加热机分为"一次通过"和"两次通过"。一次通过是指出窑废气一次通过预热室的料球层，经排风机排到大气中去；两次通过是指出窑废气先通过预热室的料球层，再通过干燥室的料球层，气体分两次通过料球层，热量得到更充分的利用，国内外立波尔窑的加热机大部分采用两次通过。

（1）一次通过型的工艺流程

从窑内排出来的 1000～1100℃的高温气体，先进入预热室（一室），后分成两部分：一部分高温气体直接通过一室料层与料球进行激烈的热交换后，由一号排风机排到大气中去，排出的废气温度为 100～150℃。另一部分分两路进入干燥室（二室），其中小部分气体经一、二室隔墙（水箱）进入二室，而大部分气体经辅助烟囱、斜烟道进入二室。如果辅助烟囱开着，由一室出来的气体将由此逸出小部分，而大部分气体由于烟囱壁的热损失和冷风烟囱进入的部分冷空气，温度已降至 300～500℃，通过二室料层后由二号排风机排到大气中去，此时温度已降到 100～150℃。

含水 12%～14%、粒度 5～25mm 的料球，由成球盘出来，经下料溜子进入加热机，均匀地分布在炉箅子上，加热机料层厚度一般控制在 180～200mm。为了防止烧坏侧板，两侧料层较高一些，为 250～300mm，生产中可根据窑内和加热机通风情况的好坏，用料层控制板来调节料层的厚度。随着炉箅子不断向前移动，大约15min后，料球先后被干燥、预热和部分分解，而后进入窑内煅烧。

（2）二次通过型的工艺流程

二次通过型的加热机结构与一次通过型的基本相同，只是将一号排风机改为耐高温风机，去掉冷风烟囱，增加旋风收尘器，结构如图2.3.4所示。

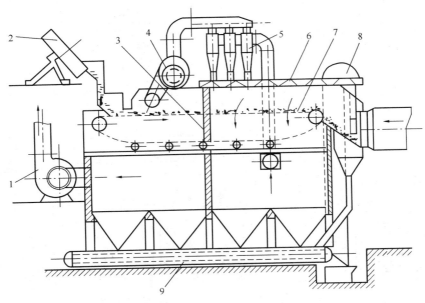

图2.3.4　二次通过型的加热机结构简图

1—排风机；2—成球盘；3—隔墙；4—排风机；5—旋风收尘器；6—螺旋输送机；

7—炉箅子；8—斗式提升机；9—刮板输送机

从窑里出来的热气体，进入加热机一室的上方，由于排风机4抽吸热气体由上方经料层向下吸，气流经过旋风收尘器5的净化后，在第二室再次由上而下通过物料层，由1号排风机排出，废气温度为170～200℃。当料球在第二室沿着炉箅子移动时，由于这里料球较湿，而废气已经预先冷却过，所以不会使湿料球中水分剧烈蒸发而造成料球炸裂。在加热机中，为了使气体能均匀、顺畅地通过料层并增加热交换面积，以达到减少流体阻力、增加传热效率的目的，当气体从第一室进入第二室前，通过旋风收尘器5收下粗灰尘，以防堵塞第二室炉箅子上料球间的缝隙，堵塞气体的流动气路。

（3）二次通过型的优点

由于二次通过型的废气两次和料球接触，热利用率比一次通过型的高，传热效率更高。一次通过型与二次通过型的部分技术参数对比见表2.3.2。

表2.3.2　一次通过型与二次通过型的技术参数对比

加热机型式	废气出口温度 （℃）	排风量 （Nm³/kg）	熟料单位热耗 （kJ/kg）	飞灰损失 （%）
一次通过型	100～170	3～4	3700～4200	8～15
二次通过型	100～150	2.5～3	3300～3600	5～8

由表 2.3.2 可知，二次通过型比一次通过型具有如下的优点：

①废气两次通过料层，且不掺入冷空气，出窑气体的热量得到充分利用，热效率高。

②排风量减少，减轻了排风机的负荷。

③飞尘量减少，不但热损失降低，而且改善了水泥厂及周边的环境，有利于文明清洁生产。

3. 立波尔窑的缺点

（1）对原料的适应性不强。因生料需要成球，要求黏土可塑性好、石灰石品位高。

（2）加热机内料层表面与料层内部温差较大，料球预烧不均，增加窑内的负担，熟料质量较低。

（3）加热机结构复杂，生产设备事故多，维修工作量大，影响窑的运转率。

4. 立波尔窑的技术改造

加热机是立波尔窑的关键设备，为提高立波尔窑的产量和质量，必须对加热机进行技术改造。

（1）增加加热机长度，适当减少加热机负荷，有利于提高产量。

（2）采用性能优良的新材质加工制作加热机箅板、侧板、两侧密封板、刮板、挡料板等，提高其使用周期。

（3）加装箅板清扫器，保证箅缝畅通，有利于换热、通风。

（4）采用预加水成球技术，提高料球的强度，减少进入加热机的破损率。

（5）采用厚料层操作技术。

3.4 悬浮预热器窑

悬浮预热器窑的煅烧工艺及设备详见项目 7。

3.5 预分解窑

预分解窑的煅烧工艺及设备详见项目 8。

任务 4 中国水泥窑余热发电技术

任务描述：熟悉中国发展水泥窑余热发电技术的目的；熟悉中国水泥窑余热发电技术的发展过程；掌握水泥企业纯低温余热发电技术的工艺流程、工作原理及发电类型。

知识目标：掌握水泥企业纯低温余热发电技术的工艺流程、发电原理及发电类型。

能力目标：掌握第二代纯低温余热发电技术的工艺流程、发电原理及技术特点；掌握纯低温余热发电技术对回转窑生产的影响。

4.1 发展水泥窑余热发电技术的目的

1. 降低能耗，保护环境

水泥熟料煅烧过程中，由窑尾预热器、窑头熟料冷却机等排掉的 400℃ 及以下的低温废气，其热量约占水泥熟料耗热的 30% 及以上，造成的能源浪费非常严重。水泥企业生产 1t 水泥熟料，需要消耗燃料标准煤为 100～140kg；生产 1t 水泥，需要消耗电能 90～120kW·h。如果将排掉的 400℃ 及以下的低温废气余热转换为电能，并用于水泥企业的生产，可使水泥熟料生产综合电耗降低 60% 及以上，或水泥生产综合电耗降低 30% 及以上，可以大幅减少向社会发电厂的购电量，或大幅减少水泥生产企业自备电厂的发电量，大大降低水泥生产的能耗；避免水泥窑废气直接排入大气产生的"热岛现象"；减少了水泥生产企业自备电厂的燃料消耗，减少了 CO_2 等燃烧废物的排放量，有利于保护环境。

2. 为推行"建设节约型社会、推进资源综合利用"提供技术支持

能源、原材料、水、土地等自然资源是人类赖以生存和发展的基础，是经济社会可持续发展的重要物质保证。随着社会经济的发展，使用和利用自然资源的矛盾日益凸显。2005年，中国政府为贯彻实施《节能中长期专项规划》而制定的《中国节能技术政策大纲》中明确支持"大中型新型干法水泥窑余热发电技术"的研究、开发、推广工作。

3. 符合清洁发展机制（CDM）的要求

清洁发展机制是《京都议定书》第十二条确定的一个基于市场的灵活机制，其核心内容是允许发达国家与发展中国家进行技术合作，在发展中国家实施温室气体减排项目。

清洁发展机制的设立具有双重目的：促进发展中国家的可持续发展和为实现公约的最终目标做出贡献；协助发达国家缔约方实现其在《京都议定书》第三条之量化的温室气体减限排的承诺。通过参与清洁发展机制项目，发达国家的政府可以获得项目产生的全部或者部分经核证的减排量，并用于履行其在《京都议定书》下的温室气体减限排义务。对于发达国家的企业而言，获得的 CERs 可以用于履行其在国内的温室气体减限排义务，也可以在相关的市场上出售获得经济收益。由于获得 CERs 的成本远低于其在国内采取减排措施的成本，发达国家政府和企业通过参加清洁发展机制项目，可以大幅度降低其实现减排义务的经济成本。

对于发展中国家而言，通过参加清洁发展机制项目合作，可以获得额外的资金和先进的环境保护技术，从而可以促进本国的可持续发展。因此，清洁发展机制是一种"双赢"的机制。进行清洁发展机制项目合作，可以降低全球实现温室气体减排的总体经济成本。

4. 水泥生产企业获得经济效益

（1）水泥生产企业建造余热电站，具有投资小、见效快的特点。余热发电系统运行费用少，仅消耗部分水和少量药品，增加少量管理人员，每度电成本 $0.08 \sim 0.10$ 元左右，在不增加水泥烧成热耗的情况下，每吨熟料可发电 $25 \sim 45 kW \cdot h$，因此可节约大量电力费用，降低水泥生产成本，提高企业的经济效益。

（2）对电力紧张的地区，可以缓解因供电不足影响生产的矛盾，发电自给率可达 $20\% \sim 35\%$。

（3）可利用厂区空地建设余热发电项目，不需另外征地。项目的实施不会影响正常的水泥生产。

（4）可为国家节约大量的能源，并减少温室气体的排放，保护环境，是一项利国利民的建设工程。

5. 促进余热发电技术的发展

中国政府支持并促进"水泥窑余热发电技术"的研究、开发、推广工作，可以使中国水泥窑余热发电的总体技术水平大大提高，达到或接近当前国外先进工业国家的技术水平。

4.2 中国水泥窑余热发电技术的发展过程

1. 中空窑高温余热发电技术阶段

1984 年，根据当时水泥生产能力严重不足、供电能力十分紧张、新型干法水泥生产技术处于起步阶段、煤电比价很低的实际情况，中国政府安排了救活 14 个老水泥厂的工作。

结合这项工作，国内启动了中空窑高温余热发电技术及装备的研究、开发、推广、应用工作。至 1995 年，国内约 300 条中空窑建造并投产了高温余热发电站，窑尾排出的 700～900℃ 高温废气得到利用。这个时期开发研制的高温余热发电的锅炉形式和技术参数见表 2.4.1；中空窑高温余热发电热力系统如图 2.4.1 所示；中空窑立式补燃高温余热发电热力系统如图 2.4.2 所示。

表 2.4.1 高温余热发电的锅炉形式和技术参数

	锅炉形式	主蒸汽参数	吨熟料发电能力
第一代	卧式余热锅炉	1.57～2.45MPa；360～400℃	90～130kW·h
第二代	卧式余热锅炉	3.82MPa；450℃	150～170kW·h
第三代	立式余热锅炉	3.82MPa；450℃	175～195kW·h

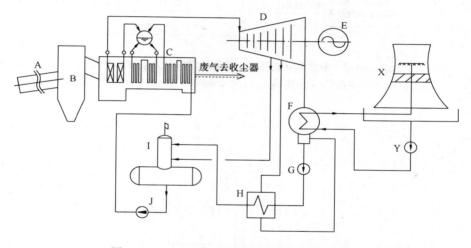

图 2.4.1 中空窑高温余热发电热力系统示意图

A—水泥窑；B—烟室；C—卧式余热锅炉；D—汽轮机；E—发电机；F—冷凝器；G—凝结水泵；H—低压加热器；I—除氧器；J—锅炉给水泵；X—冷却塔；Y—循环冷却水泵

高温余热发电技术的成功开发及应用，为我国开展水泥窑低温余热发电技术及装备的研究开发奠定了物质和技术基础。

2. 补燃型低温余热发电技术阶段

中国政府根据新型干法水泥生产技术的发展，在 1990 年安排了国家重大科技攻关项目《水泥厂低温余热发电工艺及装备技术的研究开发》工作，其中的一个攻关课题就是《带补燃锅炉的中、低温余热发电技术及装备的研究开发》，目的是在当时中国国内尚不能解决中低品位余热-动力转换机械的条件下，采用中国国产标准系列汽轮发电机组，回收 400℃ 及以下废气余热进行发电。该课题在 1996 年完成了攻关工作，并形成了《带补燃锅炉的水泥窑低温余热发电技术》攻关报告。截止 2005 年底，利用这项技术，在中国国内的 23 个水泥厂 36 条 1000～4000t/d 预分解窑生产线上建造投产了 28 台、总装机为 45.36 万千瓦的以煤矸石、石煤为补燃锅炉燃料的综合利用电站，取得了可观的经济效益。这个时期开发研制的补燃低温余热发电热力系统如图 2.4.3 所示。

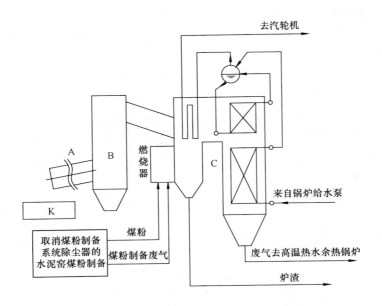

图 2.4.2　中空窑立式补燃高温余热发电热力系统示意图
A—水泥窑；B—烟室；C—补燃余热锅炉；K—熟料冷却机

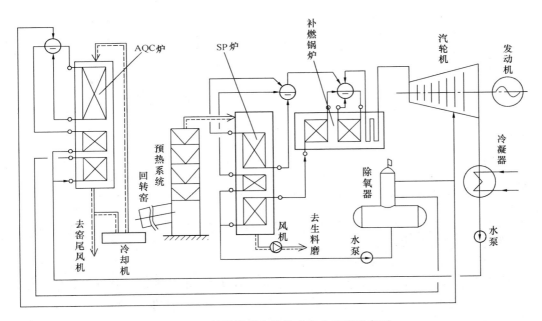

图 2.4.3　补燃低温余热发电热力系统示意图

　　补燃型的低温余热发电技术就是在不影响水泥熟料产量及质量、不降低回转窑运转率、不改变水泥生产工艺流程及设备、不增加熟料电耗和热耗的前提下，通过设置补燃锅炉，补充部分劣质燃料，将窑尾预热器 350℃ 以下的废气余热、窑头熟料冷却机 350℃ 以下的废气余热生产的 2.45～4.41MPa 的饱和蒸汽及 140～180℃ 热水，调整为生产 2.45～3.82MPa、400～450℃ 的中温中压蒸汽，再将蒸汽用于发电的技术。窑尾设置 SP 炉回收预热器排放的

300～350℃废气余热，窑头设置 AQC 炉回收冷却机排出的 300～400℃废气余热，设置燃烧煤矸石、石煤等劣质燃料的补燃锅炉，将来自 AQC、SP 余热锅炉的蒸汽、热水通过补燃锅炉调整至汽轮机所需要的中温中压蒸汽。

补燃型的低温余热发电技术的研究、开发、推广及应用，为我国开发水泥窑纯低温余热发电技术及装备工作积累了丰富的实践经验。

3. 纯低温余热发电技术阶段

根据研究、开发、推广《带补燃锅炉的水泥窑低温余热发电技术》的经验，结合日本 KHI 公司 1995 年为中国一条 4000t/d 水泥窑提供的 6480kW 纯低温余热电站的建造设计方案，国内分别于 1997 年、2001 年在 1 条 2000t/d 水泥线、1 条 1500t/d 水泥线上利用中国国产的设备和技术，建造并投产了装机容量各为 3000kW、2500kW 的纯低温余热电站。2001～2005 年，中国水泥行业利用中国国产的设备和技术在数十条 1200t/d 级、2500t/d 级、5000t/d 级新型干法窑上配套建造了装机容量分别为 2.0MW、3.0MW、6.0MW 的纯低温余热电站，形成了中国第一代水泥窑纯低温余热发电技术，综合技术指标可以达到吨熟料余热发电量为 28～33kW·h/t。

数十条 1200t/d 级、2500t/d 级、5000t/d 级新型干法窑 2.0MW、3.0MW、6.0MW 纯低温余热电站建造、运行经验的总结，自 2003 年起，中国研究、开发出了第二代水泥窑纯低温余热发电技术。至 2007 年 2 月，利用第二代水泥窑纯低温余热发电技术在中国国内的 1 条 1500t/d、1 条 1800t/d 及 1 条 2000t/d、1 条 3200t/d、4 条 2500t/d、6 条 5000t/d 共 14 条新型干法水泥生产线上设计、建造并投产了 11 台装机容量分别为 1 台 3MW、1 台 3.3MW、2 台 7.5MW、3 台 4.5MW、2 台 9MW、2 台 18MW 的纯低温余热电站，其单位熟料余热发电量平均达到 38～42kW·h/t。

4.3　水泥企业纯低温余热发电技术

纯低温余热发电技术就是利用中低温的废气产生低品位的蒸汽，推动低参数的汽轮机组做功发电。在水泥生产工艺过程中，熟料煅烧需要 1450℃的烧成温度，因此需要消耗大量的一次能源煤炭来满足要求，同时排出大量 CO_2 气体。预分解窑煅烧工艺技术，其单位熟料热耗在 2900～3300kJ/kg。根据预分解窑的热工标定结果，熟料形成热约占 42%，出冷却机熟料和预热器飞灰带走的热量约占 5%，设备系统表面散热约占 13%，预热器废气和冷却机废气带走的热量约为 33%，其他热损失为 7%。纯低温余热发电就是利用这 33%左右的预热器和篦冷机排出的废气热量来发电，以节约能源，降低生产成本，保护环境。日本有近 90%的水泥企业都有纯低温余热发电系统，全国平均热料发电量近 45kW·h/t，回收的电能已达水泥工业电耗的 50%。我国中央政府在"十一五"期间也将纯低温余热发电技术列入 10 大重点节能工程，新建的预分解窑企业都配套了纯低温余热发电系统，很多没有配套纯低温余热发电系统的预分解窑企业，也在增设纯低温余热发电系统，并取得了较好的经济效益，可以说我国水泥工业的纯低温余热发电已进入了一个前所未有的发展时期。

1. 水泥企业纯低温废气余热的特征

水泥企业生产的特点：一方面消耗数量庞大的能源；一方面产生大量的高温废气。目前我国新型干法工艺中窑尾 5 级预热器排出的废气温度一般在 320～350℃之间，窑头篦冷机废气排出的温度一般为 230～350℃之间。这些废气在余热资源分类中属中低温级的二次能源，其携带的热能主要包括煤粉燃烧经利用后的排气显热、高温熟料与空气交换后的排气显热、水蒸气汽化潜热等。尽管废气中携带的热量较大，但从热力学角度分析，废气中具有的做功能力较低。

根据水泥企业实际生产的特点，窑尾废气排放量和废气温度均有较大的波动范围，同时废气中含有一定浓度的粉尘，窑尾废气中的粉尘主要是生料粉，其磨砺性不强，但有一定的黏附性，而窑头废气中的粉尘主要是熟料颗粒，其磨蚀性较强。

预分解窑产生的余热资源对余热发电系统及相关设备均提出了较高要求。由于余热发电属于副产品，不能影响水泥生产线的正常运行。低温余热发电技术就是要保证预分解窑在正常生产的条件下，能保持较高的余热利用率和发电效率。

2. 纯低温余热发电技术原理

纯低温余热发电技术的基本原理就是以 20～30℃ 左右的软化水经除氧器除氧后，用水泵加压进入窑头余热锅炉省煤器，加热成 190～220℃ 左右的饱和水，分成两路，一路进入窑头余热锅炉汽包，另一路进入窑尾余热锅炉汽包，然后依次经过各自锅炉的蒸发器、过热器产生符合技术要求的过热蒸汽，汇合后进入汽轮机做功，或闪蒸出饱和蒸汽补入汽轮机辅助做功，做功后的乏汽进入冷凝器，冷凝后的水和补充软化水经除氧器除氧后再进入下一个热力循环。

3. 纯低温余热发电的主要设备

（1）余热锅炉

余热锅炉按布置形式可分为立式锅炉和卧式锅炉两种形式；按循环方式又可分为强制循环和自然循环两种形式。在中低温纯余热发电系统中，一般设置 2 台余热锅炉：1 台为窑尾锅炉，通常称 SP 炉；1 台为窑头锅炉，通常称 AQC 炉。

SP 炉设置在最后一级预热器和窑尾主排风机之间。废气温度一般在 300～400℃ 之间，含尘量高，一般为标准状况下 50～130g/m³，废气的负压较大，要求锅炉的换热管件不易积灰，受热面布置便于清灰，且锅炉的密封性能要好。卧式锅炉的特点是烟气在炉中水平流动，受热面是蛇形光管，竖直布置上端固定在构架上，下端为自由端，特殊设计的振打装置对受热面定期振打，加之蛇形管为竖直悬吊在构架上，可使受热面保持干净无灰，从而保证了很高的传热效率。由于工作介质水在蛇形管内上下流动，无法利用其重度差进行自然循环，所以采用强制循环。锅炉下部设置一台内置式拉链机，用来输送烟气中的落灰。立式锅炉的特点是烟气在炉中垂直流动，受热面也采用蛇形光管，但水平布置，分组采用特殊的挂件悬挂在构架上，分组设置振打装置，从上至下逐组振打，也能满足清灰的要求。显然，立式锅炉的清灰效果比卧式锅炉略差。但立式锅炉占地面积小，水管布置方便。

窑头冷却机的废气虽然含尘量不大，一般标准状况下约 10～30g/m³，但废气中含有大量细小熟料颗粒，磨蚀性比较大。AQC 炉的设置分前置式和后置式两种。前置式即 AQC 炉设在冷却机与收尘器之间，这种设置一般还需加预收尘装置，以减轻粉尘对 AQC 炉内换热水管的磨蚀，因此系统阻力增加较多。后置式即 AQC 炉设在收尘器和窑头排风机之间，粉尘对换热水管磨蚀作用小，且系统阻力增加不大，但要求收尘器的密封性能好、漏风量小、热损失小。窑头粉尘为熟料颗粒，黏附性不强，所以 AQC 炉的挂灰情况不严重，一般均选为立式锅炉。窑头冷却机的废气温度低、流量大，且对锅炉的排气无特殊要求，应尽可能地回收余热。为了增大换热面积，强化换热效果，AQC 炉的换热管应采用螺旋翅片管或蟹形针管，既能显著增加换热面积，又能耐熟料颗粒的磨蚀。

（2）汽轮发电机

用于余热发电的汽轮发电机，其特点是以汽定电，要求带负荷的能力可在较大范围内波动，尤其是发电机的选型要考虑能超过设计发电量的 15% 左右。目前市场上可用于中低温纯余热发电系统的汽轮发电机有两种。一种为单压系统的低参数凝汽式汽轮机，其特点是系统简单，适合 3000kW 左右的小机组。另一种为混压热力系统，汽轮发电机除主蒸汽进口外还有一个或两个补汽口，并辅助采用了热水闪蒸技术，用闪蒸的饱和蒸汽混入汽轮机做功，特点是系统较复杂，但热效率较高，适合 6000kW 及以上的大机组。

4. 第一代纯低温余热发电技术

第一代纯低温余热发电工艺技术有如下三种类型：

（1）单压进汽的凝汽式汽轮机组

采用单压进汽的凝汽式汽轮机组，即软化水经除氧后进入窑头余热锅炉省煤器，加热成的饱和热水分别进入窑头、窑尾余热锅炉的汽包，然后依次经过各自锅炉的蒸发器、过热器产生过热蒸汽，混合后进入汽轮发电机做功发电。过热蒸汽仅为单一的压力和温度，该系统工艺流程简单可靠，但单位熟料的发电量偏低。其发电工艺流程如图 2.4.4 所示。

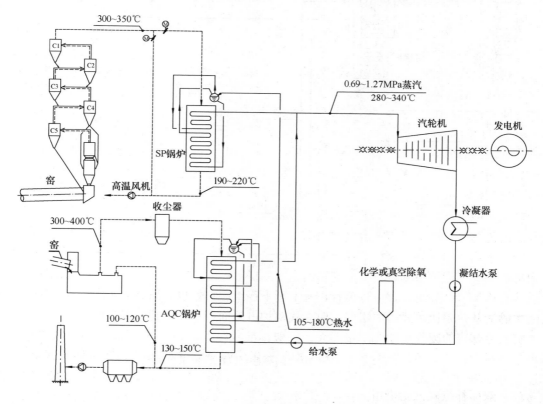

图 2.4.4　单压进汽的凝汽式汽轮机组

（2）复合闪蒸补汽式汽轮机组

复合闪蒸补汽式汽轮机组就是利用余热锅炉和热水闪蒸复合发电技术产生双压蒸汽的配套补汽凝汽式汽轮机组。

闪蒸就是高压热水进入低压空间瞬间汽化的现象，就是以 200～400℃ 的低温废气作为加热热源，系统设置余热锅炉、闪蒸器和汽轮发电机组等设备。余热锅炉产出一定温度压力的过热蒸汽及一定量的高温高压热水，高温高压热水通过闪蒸器闪蒸出饱和蒸汽，过热蒸汽和闪蒸出的饱和蒸汽分别进入汽轮机主进汽口和补汽口做功发电。其最主要的特点：一是根据余热资源的质量和品位，实现合理的能级匹配，在符合技术经济原则的条件下，将常规余热发电系统和闪蒸技术结合起来，最大限度地利用余热资源，增加熟料的单位发电量。采用此项技术一般可比常规纯低温余热发电技术至少多发电 10%～15% 以上。另一个特点就是设置闪蒸系统，能很好地适应水泥窑的工况变化，能适应水泥窑废气量和废气温度的一定波动，使余热发电系统运行安全、稳定可靠，提高设备运转率。当窑尾废气量减少、废气温度降低时，可通过闪蒸系统产生一部分辅助气体，保证进入汽轮发电机的蒸汽几乎没有发生变化，保证发电机的平稳运行。其发电工艺流程如图 2.4.5 所示。

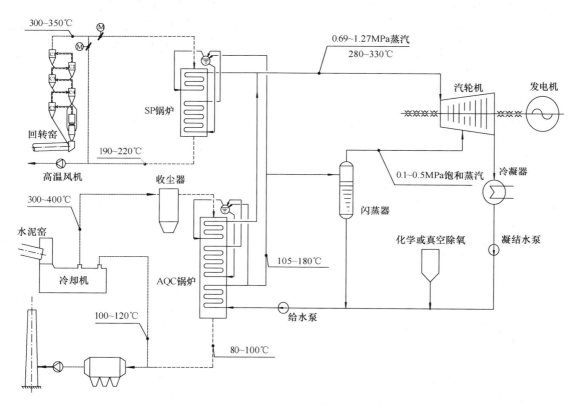

图 2.4.5 复合闪蒸补汽式汽轮机组

（3）双压补汽式汽轮机组

双压补汽式汽轮机组就是利用余热锅炉产生双压蒸汽的配套补汽凝汽式汽轮机组。利用余热锅炉产生双压蒸汽：一种蒸汽压力高、温度高，属于主蒸汽；一种蒸汽压力低、温度低，属于辅助蒸汽。配套补汽凝汽式汽轮机组就是在单压进汽的凝汽式汽轮机组的基础上，在窑头余热锅炉增加了 1 个低压汽包和 1 套蒸发器、过热器，经省煤器加热成的饱和热水分为 3 路，分别进入 3 个汽包，其中低压汽包的饱和热水经过窑头余热锅炉的蒸发器、过热器后产生出另一种压力和温度的过热蒸汽,从汽轮机的补汽口导入,主蒸汽从主进汽口导入做功发电。其发电工艺流程如图 2.4.6 所示。

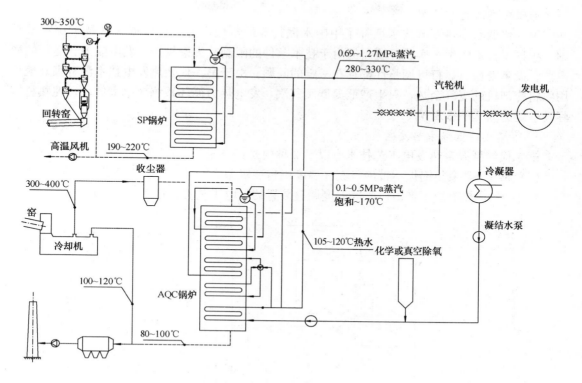

图 2.4.6　双压补汽式汽轮机组

第一代低温余热发电 3 种模式的共同特点:

(1) 窑头熟料冷却机排出的废气分为 2 部分抽出,在冷却中部设置 1 个废气抽口,抽出 400℃以下废气,利用这部分废气经 AQC 锅炉生产蒸汽及热水,通过汽轮机及发电机转换为电力;在冷却机尾部设置 1 个废气抽口,抽出 120℃以下废气,这部分废气不是用来余热发电的,而是经过收尘净化后直接排放。

(2) 窑尾预热器排出的废气经 SP 锅炉生产蒸汽,再与 AQC 锅炉生产的蒸汽及热水合并,通过汽轮机及发电机转换为电力。SP 锅炉排出的废气温度不可调整,且需满足水泥生产用原燃材料烘干所需的最高温度,即窑尾预热器排出的废气需先满足水泥生产原燃材料的烘干,剩余的废气余热再用于发电。

(3) 发电主蒸汽参数均采用 0.689～1.27MPa、280～330℃。

第一代低温余热发电 3 种技术模式的主要区别:

(1) 窑头熟料冷却机在生产 0.689～1.27MPa、280～330℃低压低温蒸汽的同时,或同时再生产 0.1～0.5MPa 的饱和 100～160℃低压低温蒸汽、或同时再生产 105～180℃的热水。

(2) 汽轮机采用补汽式或不补汽式两种形式。

(3) 在相同废气参数条件下,如果以第一种模式发电能力为 100%,则第二种模式大约为 101%～102%,第三种模式大约为 102%～103%。

21

（4）第一种模式不受汽轮机房与冷却机相对位置的影响，第二种模式（复合闪蒸补汽式）适用于汽轮机房与冷却机距离较远的情况，第三种模式适用于（双压补汽式）汽轮机房与冷却机距离较近的情况。

第一代低温余热发电技术填补了中国水泥行业的空白，为中国发展这项技术奠定了基础，积累了宝贵的生产实践经验。但由于技术条件的限制，无论投资、发电能力、运行的稳定性、设备寿命、运行可调整性都存在一定的问题。由于第一代余热发电技术没有很好地利用熟料冷却机的废气余热，只生产低温低压蒸汽，发电热力循环系统效率太低，每吨熟料实际发电能力为 28～35kW·h。

5. 第二代纯低温余热发电技术

第二代纯低温余热发电工艺技术有以下 2 种模式：

（1）窑尾 SP 余热锅炉不带出口废气温度调整装置型

窑尾 SP 余热锅炉不带出口废气温度调整装置的发电工艺流程如图 2.4.7 所示。

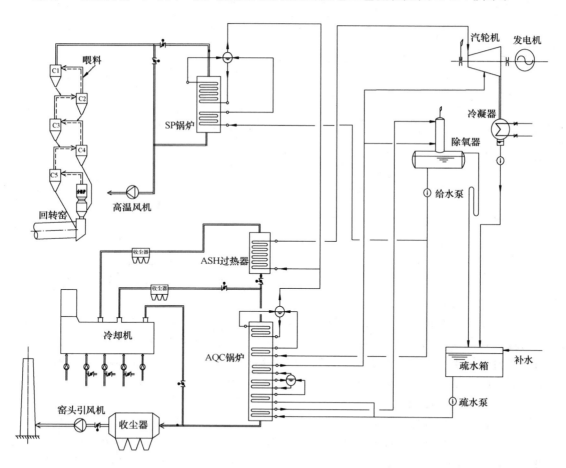

图 2.4.7　窑尾 SP 锅炉不带出口废气温度调整装置型

（2）窑尾 SP 余热锅炉带出口废气温度调整装置型

窑尾 SP 余热锅炉带出口废气温度调整装置的发电工艺流程如图 2.4.8 所示。

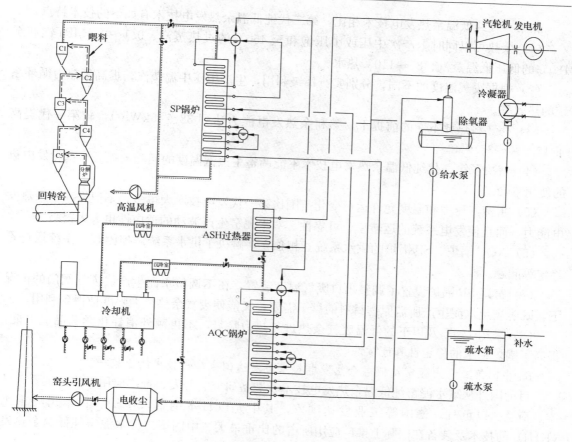

图 2.4.8　窑尾 SP 锅炉带出口废气温度调整装置型

第二代纯低温余热发电技术的特点：

（1）冷却机采用多级取废气方式，为电站采用相对高温高压主蒸汽参数及实现按废气温度将废气热量进行梯级利用创造条件。

（2）设置独立的熟料冷却机废气余热蒸汽过热器，为调整控制蒸汽温度、压力等参数创造条件。

（3）热力系统采用 1.57～3.43MPa 的 340～435℃ 相对高温高压主蒸汽参数，为提高余热发电能力提供保证。

（4）采用多级混压进汽（即补汽式）汽轮机，AQC 余热锅炉采用 1.57～3.43MPa 相对高压蒸汽段、0.15～0.5MPa 低压蒸汽段、100～120℃ 热水段布置受热面，为将 190℃ 以下废气余热生产的 0.15～0.5MPa 低压低温蒸汽热水转换为电能及 145℃ 以下废气余热生产的 100～120℃ 热水用于锅炉给水除氧提供支持。

（5）窑头 AQC 余热锅炉、窑尾 SP 余热锅炉给水系统各自独立，为两台锅炉的运行互不影响创造条件。

（6）锅炉给水除氧系统采用 145℃ 以下低温废气余热，不再额外消耗化学药品或电能。

（7）窑尾余热锅炉设置锅炉出口废气温度调整装置，满足水泥生产所需原燃材料的烘干需要，为余热最大限度地转化电能创造条件。

和第一代纯低温余热发电技术相比，第二代纯低温余热发电技术有如下的技术特点：

（1）余热可以同时生产次中压或中压饱和至 450℃的过热蒸汽、0.1～0.5MPa 饱和至 180℃的低压低温蒸汽、85～110℃热水。

（2）根据废气温度的不同，分别实行梯级利用，生产中压中温蒸汽，提高了热力循环系统的热效率。

（3）在熟料热耗不变的前提下，熟料余热发电能力达到 38～45kWh/t，较第一代提高了 12.0%～35.0%。

（4）解决了第一代纯低温余热发电技术不能调整主蒸汽温度的问题，提高了汽轮发电机的使用寿命。

（5）主蒸汽压力和温度允许运行变化范围比第一代发电技术大得多，不但提高了余热发电能力，而且使发电系统的运转率、可靠性、对水泥窑生产波动的适应性也大大提高。

（6）AQC 锅炉、SP 锅炉的供水系统互相独立，解决了供水系统调控困难、系统运行不稳定等问题。

（7）窑尾 SP 锅炉设置了调整出口废气温度装置，在不调整水泥生产线废气阀门的情况下，既能满足水泥生产所需原燃材料的烘干需要，又能使废气余热最大限度地得到利用。

（8）采用 145℃及以下的低温废气余热进行热力除氧，不再额外消耗化学药品或电能，提高了锅炉给水的稳定性和连续性。

6. 中国第二代水泥窑纯低温余热发电技术与发达国家先进技术的比较

目前国外从事水泥窑纯低温余热发电技术及装备研究、开发、推广应用工作的主要有日本、荷兰、以色列、德国等工业发达国家，其中尤以日本钢管（JFE）、日本川崎重工（KHI）的技术及装备在国际上推广应用所占的比重最大。中国第二代水泥窑纯低温余热发电技术与发达国家先进技术的对比见表 2.4.2。

表 2.4.2　中国水泥窑纯低温余热发电技术与发达国家的对比

项　目	KHI 或 JFE	中　国
利用的废气余热	窑尾 350～200℃，熟料冷却机 400～90℃	窑尾 350～200℃，熟料冷却机 400～90℃
主蒸汽参数	0.69～2.4MPa；280～340℃	0.98～2.45MPa；310～390℃
低压补汽参数	0.13～0.25MPa；饱和蒸汽	0.15～0.25MPa；饱和至 160℃
主要设备	SP 锅炉、AQC 锅炉、补汽式汽轮机、发电机	SP 锅炉、AQC 锅炉、ASH 过热器、补汽式汽轮机、发电机
汽轮机内效率	83%～90%	80%～87%
吨熟料发电量	3140kJ/kg 或 36～45kW·h/t	3140kJ/kg 或 38～42kW·h/t
年运转率	比水泥窑低 5%	比水泥窑低 5%
每千瓦装机投资	9000～12000 元人民币	5500～6500 元人民币
发电成本（含折旧）	0.15～0.2 元/（kW·h）	0.10～0.15 元/（kW·h）
投资回收期	4～8 年	2～4 年

7. 水泥窑纯低温余热发电技术对水泥窑生产的影响

（1）对窑尾高温风机的影响

在窑尾 SP 锅炉漏风控制、结构设计、受热面配置、清灰设计、除灰设计、废气管道设计合适的条件下，余热电站投入运行后，窑尾高温风机负荷将有所降低，这是正面影响。

（2）对增湿塔的影响

随着余热电站的投入或解出，需要频繁调整增湿塔的喷水量，增加了水泥回转窑的操作控制环节，这是负面影响。

（3）对生料磨及煤磨的影响

随着电站的投入或解出，用于物料烘干的废气温度将产生较大幅度变化，需要根据烘干废气温度的变化调整烘干废气量，增加了生料磨及煤磨的操作控制环节，这是负面影响。

（4）对窑尾收尘器的影响

如果窑尾采用电收尘器，电站投入运行对其收尘效果总是有影响的，只是由于地区不同、配料不同、燃料不同或其他生产条件不同，对收尘效果的影响程度不同，这是负面影响。如果窑尾采用袋收尘器，电站投入运行后，明显提高收尘效果，这是正面影响。

（5）对熟料冷却机废气排风机的影响

冷却机配套余热锅炉后，其对冷却机废气排风机的影响是没有规律的，有的水泥企业表现的是排风机能力够，有的则不够；有的表现排风机功率上升，有的则下降。出现这种状况，主要与冷却机余热锅炉及冷却机余热锅炉配置的废气管道系统有关。

冷却机废气排风机能力不够的现象不是由风机本身直接反映出来的。由于冷却机进入余热锅炉的废气量是可调整的，在实际生产运行中，当发现冷却机废气排风机能力不够时，一般是通过调整（减少）进入余热锅炉废气量的方式来满足排风机的运行，也就是通过减少发电量的方式来满足排风机的运行，或者说是以发电量不足的现象掩盖了排风机能力不够的矛盾。

（6）对窑头电收尘器的影响

电站投入运行后，窑头电收尘器工作温度大为降低，粉尘负荷也相应降低，这是正面影响。

（7）对窑操作的影响

由于窑系统增加了两台余热锅炉，每台余热锅炉需要的废气不但取自窑系统，还要送回窑系统，增加窑头及窑尾的废气处理量，影响窑的操作环节，这是负面影响。

8. 纯低温余热发电技术的发展目标

根据中国已取得的水泥窑余热发电经验，进一步分析水泥生产工艺过程及废气温度、废气热量分布情况，在理论上水泥窑纯低温余热发电完全有可能实现第三代水泥窑中低温余热发电技术应达到的目标：对于新型干法窑，在保证满足生料烘干所需废气参数、煤磨烘干所需废气参数、不影响水泥生产、不增加水泥熟料烧成热耗及电耗、不改变水泥原燃料的烘干热源、不改变水泥生产的工艺流程及设备等条件下，每吨熟料余热发电量达到或超过 48～52.5kW・h。

9. 中国水泥企业第一个实现纯低温余热发电的成功案例

海螺宁国水泥厂是中国第一个成功建造纯低温余热发电的水泥企业。海螺宁国水泥厂是从日本川崎公司引进成套的 4000t/d 生产线，带四级预热器的预分解窑，余热发电设备由日本 KHI 公司成套免费提供，采用闪蒸技术产生双压蒸汽的配套补汽凝汽式汽轮机组，其发电技术性能如表 2.4.3 所示。

表 2.4.3 三种纯低温余热发电的技术性能对比表

项目内容	海螺宁国水泥厂
预分解窑的生产能力	采用四级预热器；4000 t/d
电站装机能力	6.48 MW
设计发电功率	6.48 MW
实际运行平均发电功率	7.20 MW
投产时间	1997 年
技术及装备来源	整套设备均为日本 KHI 公司提供
一级预热器出口废气温度	360～380℃
电站投产前冷却机废气温度	200～250℃
窑尾预热器 SP 炉及取热方式	1 台 SP 炉，预热器排出的废气进 SP 炉，SP 炉排出的 200℃左右废气经高温风机后再烘干物料
冷却机 AQC 炉及取热方式	1 台 AQC 炉，冷却机中部抽出的风进 AQC 炉，风温为 350～370℃，抽风量为总废气量的 50％左右，冷却机尾部排掉的废气量下降为 50％左右，废气温度降为 180℃及以下。AQC 排出的废气与冷却机尾部排出的废气混合后进入窑头收尘器
汽轮机主蒸汽及补汽参数	主蒸汽：2.5 MPa；350℃ 一级补汽：0.47MPa，饱和 二级补汽：0.07MPa，饱和

海螺宁国水泥厂纯低温余热发电的技术特点：

（1）采用川崎型混压凝汽式汽轮机组。凝汽式是指做过功的蒸汽充分冷凝成凝结水，重新进入系统循环，减少系统补充水量。混压式是指汽轮机除主蒸汽外，还有两路低压饱和蒸汽导入汽轮机做功，从而提高汽轮机发电效率，提高发电机输出功率。

（2）从篦冷机中部抽取温度大约为 350～370℃的热风。锅炉出口废气与篦冷机的废气混合后进入窑头电收尘器。窑头余热锅炉设计成立式自然循环的带汽包锅炉，烟气自上而下通过锅炉，锅炉自上而下布置过热器、蒸发器和省煤器。由于废气粉尘为熟料颗粒，具有较强的磨砺性，设置了预除尘器。为增大换热面积、强化换热效果，窑头余热锅炉的传热管设计成螺旋翅片管。

（3）窑尾余热锅炉设计成卧式强制循环的带汽包锅炉，设蒸发器和过热器，烟气在管外水平流动，受热面为蛇形钢管，上端固定在构架上，下端为自由端，并焊有振打装置，即连杆。由于窑尾废气粉尘主要为生料粉，具有较强的黏附性，很容易黏附在水管外边，影响传热效率，故采用特殊设计的机械振打装置，对受热水管定期振打，使受热面保持干净无灰，从而保证了很高的传热效果。由于工作介质在传热管内是上下流动，无法利用其重度差进行自然循环，故需用 2 台强制循环泵，实现供水的强制循环。

（4）采用热水闪蒸技术，设置 1 台高压闪蒸器和 1 台低压闪蒸器，一方面将闪蒸出的饱和蒸汽导入汽轮机做功，进一步提高汽轮机输出功率；另一方面通过锅炉给水系统循环，可以有效地控制窑头余热锅炉省煤器的出口水温，保证锅炉供水温度稳定。

（5）采用热水闪蒸自除氧结合化学除氧的办法进行除氧，不需另设除氧器，减少了工艺设备，简化了工艺流程。

（6）汽轮机采用变频调速，对蒸汽温度有较大的适应范围。汽轮机在启动过程中，以汽轮机转速为主要控制参数，以保证汽轮发电机组正常并网，当机组达到额定负荷时，切换到压力控制方式，这时以汽轮机入口蒸汽压力为主要控制参数，调节机组输出功率，以保证压力基本稳定，这种控制方式可适应废气量及废气温度的变化，做到"热尽其用"。当机组压力超过限定值时，自动开启旁路阀，将部分蒸汽直接导入凝汽器加热供水，从而起到保护机组的作用。

思考题

1. 回转窑的功能。
2. 回转窑的分类。
3. 立波尔窑加热机的结构及工艺流程。
4. 二次通过型立波尔窑的优点。
5. 中国为什么发展纯低温余热发电技术。
6. 水泥企业产生的低温废气特点。
7. 纯低温余热发电的原理。
8. 第一代纯低温余热发电技术模式及特点。
9. 第二代纯低温余热发电技术模式及特点。
10. 第一代低温余热发电三种模式的共同特点。
11. 第二代纯低温余热发电技术较第一代的技术进步。
12. 余热发电技术对水泥窑生产的影响。
13. 中国水泥余热发电技术的发展目标。

项目 3　回转窑的结构

项目描述：本项目详细地讲述了窑筒体结构、支承装置、传动装置、密封装置、喂料装置及设备润滑等方面的知识内容。通过本项目的学习，掌握回转窑煅烧系统的结构组成；掌握煅烧系统主要设备的工作原理、性能、操作控制、维护及保养等方面的操作技能。

任务 1　窑筒体结构

任务描述：掌握回转窑的筒体结构；掌握提高回转窑筒体刚度的措施。

知识目标：掌握回转窑的筒体结构；熟悉影响回转窑筒体刚度的因素。

能力目标：掌握提高回转窑筒体刚度的措施。

回转窑是圆形筒体，倾斜地安装在数对托轮上，电动机经过减速后，通过小齿轮带动大齿轮使筒体作回转运动。

回转窑的系统结构如图 3.1.1 所示。生料由喂料装置从窑尾加入，在窑内与热烟气进行热交换，物料受热后，发生一系列的物理化学变化，逐渐变成熟料。由于窑的筒体有一定斜度，并且不断地回转，使熟料逐渐向前移动，最后从窑头卸出，进入冷却机。燃料由煤粉燃烧装置从窑头喷入，在窑内进行燃烧，放出的热量加热生料，经过烧成反应成为熟料。窑尾废气由排风机抽出，经过收尘器净化后，由烟囱排入大气。

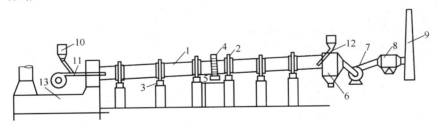

图 3.1.1　回转窑系统结构示意图

1—筒体；2—轮带；3—托轮；4—大齿轮；5—小齿轮；6—烟室；7—排风机；
8—电收尘器；9—烟囱；10—煤粉仓；11—喷煤管；12—喂料管；13—冷却机

1.1　窑体

筒体是回转窑的主要组成部分，它是一个钢质的圆筒，预先用钢板做成一段一段的圆筒，安装时再把各段焊接起来，直径一般 2～6m，长度 40～200m，窑筒体设有若干道轮带，安放在相对应的托轮上，为使物料能由窑尾逐渐向窑前运动，筒体一般有 3‰～5‰ 的斜度。为了保护筒体，筒体内镶砌有 150～250mm 厚的耐火材料。

1. 筒体形状

物料入窑后会发生一系列的物理化学变化，为了使筒体适应物料的这些变化，往往将筒体做成不同形状，其结构如图 3.1.2 所示。

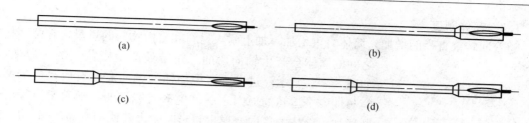

图 3.1.2　回转窑筒体的形状示意图

(a) 直筒形；(b) 热端扩大；(c) 冷端扩大；(d) 两端扩大

（1）直筒型

如图 3.1.2（a）所示。回转窑筒体各部分直径都相同，因此结构简单，便于制造、安装和维修，部件和所用耐火材料尺寸规格及品种少，便于管理。但对于提高传热面积、增加窑的产量适应性差。新型干法预分解窑一般采用直筒型。

（2）热端扩大型

如图 3.1.2（b）所示。热端扩大型就是扩大燃烧带的直径，增加燃烧带的容积，提高了燃烧带的热力强度，有利于提高窑的产量。但燃烧带容积增加后，往往会使窑的预烧能力不足，若不相应地提高预烧能力，会使窑尾废气温度升高，降低窑的热效率。

（3）冷端扩大型

如图 3.1.2（c）所示。冷端扩大型就是扩大干燥带或预热带的直径，一般多用于湿法长窑。冷端直径扩大后，可多挂链条或安装其他热交换装置，增加传热面积，提高预烧能力，降低出窑废气温度，降低熟料热耗，同时使窑尾风速降低，减少窑内飞灰损失，有利于降低料耗。在窑内传热面积相同的情况下，可缩短窑的长度。对大型悬浮预热器窑，为减小窑尾风速，可采用冷端扩大型。

（4）两端扩大型

如图 3.1.2（d）所示。两端扩大型也称哑铃型，就是将热端和冷端同时扩大的窑型。热端扩大是为了提高燃烧带的热力强度，冷端扩大是为了提高窑的预烧能力，中间直径不变可节省钢材，还可提高分解带料层厚度，防止物料流速过快。但中部风速增大，使分解带内扬尘增加，熟料料耗增加，增加了收尘器的工作负荷。

2. 筒体规格

回转窑的长度是从前窑口到后窑口的总长，常用符号 "L" 表示。回转窑的直径是指窑筒体的内径，通常用符号 "D" 来表示。如直径为 2.5m、长为 80m 的回转窑，以 $\phi2.5\text{m}\times80\text{m}$ 来表示其规格。热端扩大直径为 3.0m、其余为 2.8m、长 75m 的回转窑，以 $\phi3.0\text{m}/2.8\text{m}\times75\text{m}$ 来表示其规格。冷端扩大直径为 3.0m、其余为 2.8m、长 75m 的回转窑，以 $\phi2.8\text{m}/3.0\text{m}\times75\text{m}$ 来表示其规格。两端扩大直径分别为 3.5m、中间直径为 3.3m、长 150m 的回转窑，以 $\phi3.5\text{m}/3.3\text{m}/3.5\text{m}\times150\text{m}$ 表示其规格。

筒体直径增加可以提高回转窑的单机产量，随着生产技术的发展，回转窑向着大型化发展。窑长度增加，有利于窑尾废气温度降低，提高窑的预烧能力。但筒体直径过大、长度过长，则耗钢材过多，设备投资增加，运输难度增加，传动电机功率增加。因此窑的长度和直径应有适当的比例。新型干法回转窑由于在窑尾增加了预热器装置，产量相同时，回转窑的规格可大大减小。目前，新型干法回转窑熟料的单机产量越来越高，窑规格也在增大。

1.2 筒体刚度

随着回转窑直径的增加，筒体自重增加，加上耐火材料和窑内物料的重量，在两档托轮之间的筒体会产生轴向弯曲，轮带处产生横截面的径向变形，

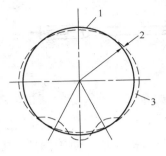

图 3.1.3 筒体变形示意图
1—变形前；2—径向变形；
3—变形后

如图 3.1.3 所示。过去一直把筒体的轴向弯曲看成是影响回转窑长期安全运转的原因之一，生产实践证明，随着窑直径的不断增加，筒体的径向变形也是影响耐火砖使用寿命的重要原因。因此，要求筒体在运转中能保持"直而圆"，筒体具有一定的强度和刚度。

增加筒体刚度，可以采取如下技术措施：

（1）增加钢板厚度

增加回转窑筒体钢板的厚度，可以增加筒休的刚度。随着回转窑的大型化，制作筒体所需的钢板也越来越厚。筒体钢板的厚度由窑的规格和钢板材质而定，一般厚度为 20~50mm，大型回转窑要用 30~60mm 厚的钢板，轮带及附近的筒体应选用较厚的钢板，轮带所在的筒体，其厚度达到、甚至超过 90mm。高温区筒体应选用耐高温、防腐蚀的锅炉钢板，保证筒体有较好的横向刚度和纵向柔度。我国回转窑筒体钢板厚度的选择见表 3.1.1。

表 3.1.1 回转窑筒体钢板厚度

产能 （t/d）	规格 （m）	热端钢板厚度 （mm）	烧成带钢板厚度 （mm）	轮带下钢板厚度 （mm）	轮带两侧过渡钢板厚度 （mm）	齿轮两侧钢板厚度 （mm）	其他钢板厚度 （mm）
4000	4.74×74	45	32	55/95/55	45/65/45	45	28
4000	4.70×75	50	32	70/75/70	40/40/40	40	28
4000	4.75×74	55	30	85/85/85	55/55/55	55	26
4000	4.75×74	50	30	70/70/70	35/35/35	35	25
4000	4.75×74	50	30	70/75/70	35/40/35	35	25
5000	4.80×72	50	32	75/80/75	45/50/45	45	28

回转窑筒体径向变形的位置主要发生在回转窑支撑处，与筒体支撑处的钢板厚度成反比，并随着与支撑位置距离的加大而减小，即在支撑轮带下筒体变形最大，而离开轮带中心距离越大，筒体径向变形越小，在设计时应充分考虑设备大型化所造成的筒体横向刚度降低的问题，加大轮带下钢板厚度，使回转窑的横断面在支撑处的径向变形尽量小，以延长窑内耐火砖的使用寿命，提高窑的运转率。

增加筒体钢板厚度，可以减小筒体的轴向和径向变形，对窑的长期安全运转有利，但筒体的重量（不包括滚圈和齿圈）增加更大，钢材消耗增多，投资费用增多。

（2）焊接筒体

烧成带筒体表面温度高达 300℃ 及以上，铆接的铆钉螺栓易过热伸长，造成铆钉松动，使筒体产生变形。焊接筒体比铆接筒体有显著的优点，比如省工省料、劳动生产率高、成本低、焊接质量好等。只有在现场不具备良好焊接条件时，才允许保留局部的铆接结构。新型干法回转窑已经全部采用焊接筒体技术。

（3）加强轮带刚度

在机械设计中，要保证轮带有足够的刚度，以增强窑筒体的刚度。选择适当的轮带与筒体垫板之间的间隙，使筒体在热态下与轮带呈无间隙的紧密配合，否则起不到增强窑筒体刚度的作用。

回转窑在运转过程中，筒体虽然有轮带的支撑，但由于筒体、内衬耐火砖、支撑托轮的原因，筒体还是存在较大的变形，并且随其本身的转动在不断变化。回转窑筒体规格增大引起窑筒体变形增大，所带来的直接问题是窑内耐火砖使用寿命降低。在回转窑筒体设计中所要遵循的设计观点就是要实现回转窑筒体的"横刚纵柔"，也就是要保证回转窑筒体横断面具有较大的刚性，尽量减小横断面变形。

提高筒体横向刚度，降低筒体径向变形的另一个措施就是增加轮带本身的刚度，同时控制轮带与筒体之间的间隙在合适的范围内，尽量发挥轮带对回转窑筒体的支撑作用，但又要防止由于轮带与筒体间隙过小而使筒体产生缩颈现象。

回转窑筒体的跨距，主要考虑了筒体表面温度和附加弯曲应力。预分解窑的入窑物料分解率大于 90%，烧成带长度占回转窑长度的 50% 左右，出窑熟料温度一般在 1300～1400℃，窑筒体高温区域长。从实际生产情况看，窑皮的长度为（5.5～6）D，窑皮之后的筒体因失去了窑皮的保护作用而表面温度增高，因增产而强化窑内煅烧造成窑皮后的筒体表面温度经常在 350～400℃ 之间。若按照等支撑原则分配跨距，则第 I 档轮带、第 II 档轮带和支撑装置都将处于高温区域，容易因为轮带与垫板两者的间隙不当，或即使有合适的间隙，但因操作不当，造成窑升温速度太快产生筒体"缩颈"现象，一旦产生"缩颈"现象，耐火砖很难砌牢，影响窑的运转率。

回转窑因安装误差，各窑墩基础不均匀下沉，各档轮带、托轮及轴承磨损程度不同，运转中托轮调整误差，都会使窑体的中心线变弯，造成各档支座反力发生很大变化，并在窑内产生附加弯曲应力。回转窑筒体的附加弯曲应力大小与回转窑筒体纵向刚度及支撑装置间的跨度有关。

为了保证窑体横截面的刚性，改善支撑装置的受力状态，有的水泥企业在筒体进、出料端分别装有耐高温、耐磨损的窑口护板。其中，窑头护板与冷风套组成环形分隔的套筒空间，冷风从冷风套的喇叭形端口吹入，冷却窑头护板的非工作面，保证该部件长期安全工作。为保证靠近窑头温度较高的两档支撑装置运行可靠，在靠近窑头的两档轮带下装有特设的风冷装置。

任务 2 支承装置

任务描述：掌握回转窑轮带及托轮的结构、性能及工作原理；掌握使回转窑筒体上下窜动的操作技能。

知识目标：掌握轮带及托轮的结构、性能及工作原理；熟悉影响回转窑筒体上下窜动的因素。

能力目标：掌握使回转窑筒体上下窜动的操作技能。

支承装置是回转窑的重要组成部分，它承受着窑的全部重量，对窑体还起定位作用，使回转窑能安全平稳地运转。支承装置由轮带、托轮、轴承和挡轮组成，其结构示意如图3.2.1 所示。

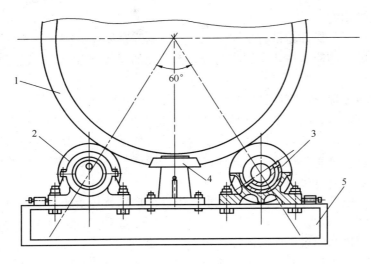

图 3.2.1　回转窑的支承装置结构示意图

1—轮带；2—托轮；3—托轮轴承；4—挡轮；5—底座

2.1　轮带

轮带是一个坚固的大圆钢圈，套装在窑筒体上，整个回转窑（包括窑内耐火砖和物料）的全部重量，通过轮带传给托轮，由托轮支承，轮带随筒体在托轮上回转，其本身还起着增加筒体刚度的作用。

由于轮带附近筒体变形最大，因此轮带不应安装在筒体的接缝处。轮带在运转中受到接触应力和弯曲应力的作用，使表面呈片状剥落、龟裂，有时径向断面上还出现断裂，所以要求轮带要有足够抵抗接触应力和弯曲应力的能力，要有较长的使用寿命。

轮带可用铸钢，也可用锻钢制造，锻钢的轮带其截面为实心结构，质量好，热应力小，使用寿命长，但散热慢，刚性小，制造工艺复杂，成本较高。截面尺寸较大的轮带，一般采用铸造，其截面有实心矩形和空心箱形两种。目前要锻造大型的轮带，还有一定困难，所以现在多采用铸造的轮带。

1. 矩形轮带

矩形轮带的结构如图 3.2.2 所示。其断面是实心矩形，形状简单，由于断面是整体，铸造缺陷相对来说不显突出，裂缝少。矩形轮带加固筒体的作用较好，既可以铸造，也可以锻造，是预分解窑应用较多的一种形式。

2. 箱形轮带

箱形轮带的结构如图 3.2.3 所示。其特点是刚性大，有利于增强筒体的刚度，散热较好。与矩形轮带相比可节约钢材，但由于截面形状复杂，铸造时，在冷缩过程中易产生裂缝等缺陷，这些缺陷有时可能导致横截面出现裂纹，甚至发生断裂现象。

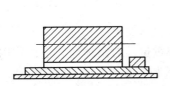

图 3.2.2　矩形轮带结构示意图

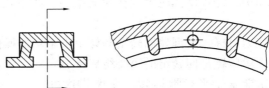

图 3.2.3　箱形轮带结构示意图

3. 轮带在筒体上的安装方式

（1）固定式

轮带的固定式安装就是通过垫板直接将轮带铆接在筒体上。最早设计的湿法长窑就是采用这种安装方式，在湿法长窑的冷端，将轮带直接铆接在筒体上，在该处由于筒体温度不高，轮带与筒体温差不大，轮带与筒体因膨胀量差引起的应力不大，可以采用铆接安装。

（2）活套式

轮带的活套式安装就是将轮带活套在筒体上，其安装示意图如图 3.2.4 所示。

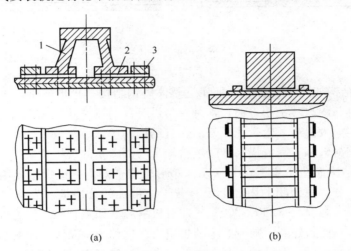

(a)　　　　　　　　　　　　　(b)

图 3.2.4　轮带活套安装示意图
1—轮带；2—垫板；3—挡轮

在回转窑的热端，轮带与筒体温差可达 120～300℃，特别是窑点火时，如果窑内升温速度过快，两者的温差更大。轮带与筒体垫板之间要留有间隙以弥补温差引起的热膨胀量，因此把轮带活套于垫板上。合适的间隙应使窑在正常生产中，轮带正好箍住筒体垫板，既无过盈又无缝隙，这样使轮带下的筒体变形与轮带变形一样，既起到加强筒体径向刚度的作用，又不致产生较大的热应力。直径≥4.0m 的预分解窑，靠近出料端的轮带与垫板之间的间隙一般预留 8～10mm，其他档的间隙一般预留 5～8mm。轮带在长期运转中由于磨损使间隙变大，导致筒体径向变形很快加大，为此可将垫板做成可更换的结构，定期更换，也可用耐磨材料做垫板，在轮带内表面加润滑脂润滑，以减小磨损。

活套安装垫板厚度一般为 20～50mm，垫板通常有两种形式：

① 如图 3.2.4（a）所示，垫板与挡圈一起铆接在筒体上，垫板被分成两段，可节约钢板，但这种安装方式限制了筒体的自由膨胀，轮带与筒体产生的热应力较大，预分解窑已经不再使用这种垫板。

② 如图 3.2.4（b）所示，轮带活套在筒体上，垫板一端自由，一端与筒体焊接，轮带与垫板间留有 3～6mm 的间隙，它既可以控制热应力，又可以充分利用轮带的刚性，对筒体起到加固作用，预分解窑使用这种垫板。

（3）轮带与筒体一体化结构

随着回转窑尺寸的不断加大，对筒体的刚性要求越来越高，由于机械制造技术不断提高，目前国外有的水泥企业已采用轮带与筒体一体化的结构，其结构如图 3.2.5 所示。这种结构的特点是，轮带既作为支撑部件，又是筒体的一部分，采用焊接方式与筒体固定连接，代替了现有的套装方式，提高了筒体的刚性，其结构主要有实心铸钢结构和钢板焊接箱形结构两种形式。

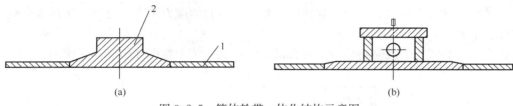

图 3.2.5　筒体轮带一体化结构示意图
1—筒体；2—轮带

① 实心铸钢结构如图 3.2.5（a）所示。整体铸钢结构是矩形轮带，大大地提高了轮带下的筒体刚度，延长耐火砖使用寿命，这种轮带没有任何机械问题，不需要周期地更换磨损了的垫板和挡块，大大提高了轮带使用寿命，其结构简单，散热效果较好，温度应力小，但重量较大，消耗钢材较多，需要提高高碳钢铸轮带与低碳钢的焊接质量。

② 箱形轮带结构如图 3.2.5（b）所示。箱形轮带全部由钢板焊接成箱形断面，其内环本身是筒体的一部分，在密闭的内腔上设有若干块带孔的分格板。为减少内外环之间的温差，在内腔预先灌入高沸点（260～300℃）的有机溶液（如氟利昂）作为载热体，使热量通过载热体迅速从内圈传到外圈，减少产生的热应力。这种结构筒体径向变形比较小，可以节约钢材，减轻窑体的重量，但是加工制造比较困难，焊接工作量比较大。

2.2　托轮

1. 托轮安装

在每道轮带的下方两侧设有一对托轮，支撑窑的部分重量。要使回转窑筒体平稳地转动，各组托轮中心线必须与筒体中心线平行。托轮安装时，必须将托轮的中心与窑的中心的连线构成等边三角形，以便两个托轮受力均匀，保证筒体"直而圆"地稳定运转。托轮的安装如图 3.2.6 所示。

2. 托轮及轴承

托轮是一个坚固的钢质鼓轮，通过轴承支撑在窑的基础上。为了节省材料和减轻重量，轮中设有带孔的辐板，托轮的中心贯穿一轴，两轴颈安装于两轴承之中，其结构如图 3.2.7 所示。托轮直径一般为轮带直径的 1/4，其宽度一般比轮带宽 50～100mm。

关于轮带与托轮的材质选择，目前水泥业界尚有两种观点，一种认为轮带大而重不易更换，为延长其使用寿命，所用材质比托轮要好，硬度要高一些；另一种认为托轮转速比轮带快 4 倍左右，表面磨损快，而托轮表面磨损后，又会直接影响轮带的寿命，因此轮带的材质应比托轮差一些。

托轮由托轮轴承来支承。托轮轴承有滑动轴承、滚动轴承、滑动-滚动轴承三种。托轮

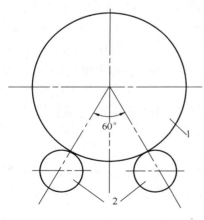

图 3.2.6　托轮安装示意图
1—筒体；2—托轮

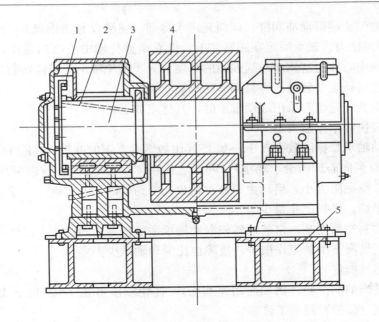

图 3.2.7　托轮及轴承结构示意图
1—油勺；2—分配器；3—托轮轴颈；4—托轮；5—机架

轴承是在不良的环境下工作，它承受的负荷大、温度高，周围灰尘大，因此托轮轴承应能适应这样的工作环境。滚动轴承具有结构简单，维修方便，摩擦力小，电耗小及制造简单等优点，但由于托轮的荷载可达数百吨，所需滚动轴尺寸大，加工制造困难，目前预分解窑很少使用，一般采用滑动轴承。

我国预分解窑一般采用 ZG45 制造轮带，用 ZG55 制造托轮，并使托轮的硬度高于轮带硬度 30～40HB。托轮轴承工作时负荷大，温度高，周围灰尘大，因此一般采用滑动轴承，其结构如图 3.2.8 所示。瓦衬 1 镶在球面瓦 2 上，球面瓦与轴承座 3 是球面接触，运转中能

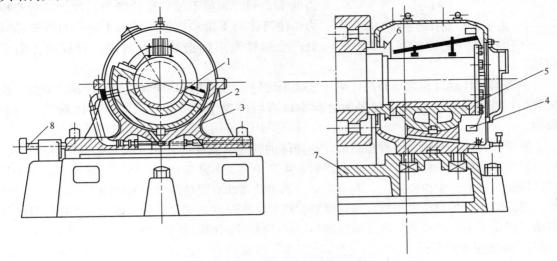

图 3.2.8　滑动托轮轴承结构
1—瓦衬；2—球面瓦；3—轴承座；4—油勺；5——止推盘；6—止推环；7—底座；8—顶丝

够自动调整。油勺 4 能带动油润滑。球面瓦用水冷却，轴端设有止推盘 5，轴肩设有止推环 6，用以承受轴向推力。轴承固定在底座 7 上，设有调整托轮中心线的顶丝，用以调整每对托轮间的距离或中心线与窑体中心线偏斜的角度。为了避免轴承受窑体辐射热的影响，一般在窑体热端的数对托轮上装设了容易拆卸的隔热石棉板。

有的水泥企业托轮也有采用滚动轴承的，其优点如下：

（1）运转轻快，摩擦阻力小

理论上滑动轴承摩擦因数为 0.10～0.15（比如钢对青铜的摩擦），滚动轴承的摩擦因数为 0.04（比如双列向心球面滚子轴承），两者之比在 25～40 之间。所以采用滚动轴承的回转窑运转轻快，摩擦阻力小，启动力矩相对减少，节约电能。

（2）运转平稳，维护工作量少

滚动轴承的制造精度高，窑的运转较滑动轴承平稳得多。同时由于设计时考虑了足够的寿命系数，一般情况下维护工作极少，故障也比滑动轴承少得多。

（3）耐高温性能好

只要采用适当的润滑脂（例如通用锂基脂），托轮轴承可在 120℃ 以下安全运转，较滑动轴承工作温度（65℃）提高了许多。

2.3 回转窑筒体的窜动

回转窑筒体以 3%～6% 的斜度安置在托轮上。如果托轮的中心线都平行于筒体的中心线，筒体转动时，轮带与托轮接触处的受力分析如图 3.2.9 所示。由图 3.2.9 可知，轮带与托轮接触处有两个作用力：一个是窑体回转部分重力产生的下滑力 G，其方向平行于筒体中心线向下，另一个是由大齿轮带动筒体回转产生的圆周力 T，F 是轮带与托轮之间的摩擦力，其方向平行于筒体中心线向上。

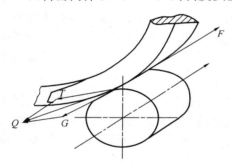

图 3.2.9 窑体的受力分析

G—筒体下滑力；F—摩擦力；T—圆周力

由理论计算可知，这两个力的合力 Q 仅为摩擦力的 1/2～1/8，虽不能克服轮带与托轮之间的摩擦力而使筒体向下滑动，但是，由于轮带与托轮接触处产生弹性变形而造成弹性滑动，导致筒体向下窜动。

回转窑筒体经过长期运转后，由于基础不均匀下沉、筒体弯曲和轮带与托轮之间的不均匀磨损，特别是轮带与托轮接触面之间摩擦系数的变化，经常会引起窑筒体向上、向下窜动。

轮带与托轮接触面之间摩擦系数，与筒体的转速、温度的变化、表面是否黏附油、水、灰尘以及本身的磨损程度有关，这些因素在生产中都是不断变化的，所以即使安装调整好了的回转窑，在运转中也要向上、向下窜动。如果筒体在有限的范围内时而向上、时而向下窜动，可以防止轮带与托轮出现局部过度磨损现象。但是如果只是在一个方向上作较长时间的窜动，则属于不正常现象，必须加以调整，使筒体上下作均匀的窜动。

1. 调整托轮的原因

（1）托轮组的两个托轮表面、轴颈、轴瓦磨损不一致。

（2）各档筒体垫板、轮带、托轮表面或轴颈、轴瓦磨损不一致。

（3）托轮组两个托轮中心距不合适。

（4）托轮基础不均匀下沉。

（5）托轮组纵向中心线位置不正确。

（6）更换支承零部件时，考虑折旧尺寸的不同。

回转窑在运转时发生筒体振动、掉砖红窑、主电机电流增大、轮带裂纹和断裂、轮带严重磨损等故障，都可能与托轮有关，而托轮本身发生故障，如托轮轴断裂、托轮表面出现裂纹等也会造成停窑。

2. 调整托轮的目的

（1）保持回转窑筒体中心线为一直线。

（2）使窑体能沿轴线方向往复移动。

（3）使各档托轮能够均衡地承受窑负荷。

3. 调整托轮常用的方法

1）改变摩擦系数法

当窑体窜动较小时，通常采用改变摩擦系数的方法来进行调整。比如在托轮表面涂抹黏度不同的润滑剂，就可以改变托轮和轮带之间的摩擦系数，达到控制窑体合理窜动的目的。抹油办法操作简单，效果明显，实际操作时，首先应判断欲加润滑剂的托轮受力情况，然后决定加多大摩擦因数的润滑剂。托轮受力大小可根据经验来判断：比如轮带的表面发亮则表明受力大，轮带的表面发乌则表明受力较小；托轮轴颈表面上的油膜较薄，表明受力大，反之则受力小。当筒体上窜时，在托轮表面涂抹黏度较大的油，减小托轮与轮带表面间的摩擦系数，以控制筒体向上窜动；当筒体下窜时，在托轮表面涂抹黏度较小的油，增加托轮与轮带表面间的摩擦系数，以控制筒体向下窜动。也可以向托轮表面上撒粉状物，如水泥、飞灰等来改变摩擦因数，进而达到控制窑体窜动的目的。这样做虽然能控制筒体下窜，但水泥和飞灰等对托轮和轮带的表面有损伤，加剧了轮带与托轮之间的磨损，一般情况下应尽量避免使用，只有在极特殊的情况下，比如发现因窑体窜动马上就要发生大事故时才可暂时使用。

2）倾斜托轮轴线法

托轮的倾斜方向可根据托轮轴上挡环与轴瓦肩的间隙来确定。如图 3.2.10 所示，如果间隙在热端，应将轮带和筒体推向冷端，用来平衡筒体向热端的下滑力；如果间隙在冷端，应将轮带和筒体推向热端，用来平衡筒体向冷端的下滑力。

图 3.2.12 是仰手定律的图解示意图。仰手定律的内容是握双手，手心向上，使大拇指

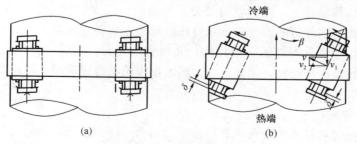

图 3.2.10　倾斜托轮调整原理

（a）托轮正常位置；（b）斜歪后托轮位置

指向窑筒体所要调整的方向，四指与窑转向一致，根据窑的转向来选择左手或右手，手掌轻握，沿四指中间关节连成一线，此直线即为托轮中心线所需调斜的方向。

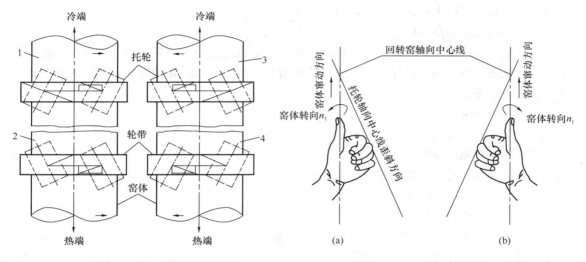

图 3.2.11　托轮窜动图解示意图　　　图 3.2.12　仰手定律图解示意图
1、3—窑体向上调整；2、4—窑体向下调整　　　(a) 左手仰手定律；(b) 右手仰手定律

3）口诀法

站在窑台把窑看，窑从高处往下转，左顶顶丝窑右跑，右顶顶丝窑左窜（图3.2.11）。

4）量化法

（1）垂直方向

通过改变两托轮中心距的大小来调整筒体中心在垂直方向上的位置。增大两托轮的中心距，使筒体中心下降，筒体中心每下降 1mm，需将托轮向外移 2mm；减小两托轮的中心距，使筒体中心上升，筒体中心每上升 lmm，需将托轮向内移 2mm。若筒体中心下降太多（如基础严重下沉），这时应在两托轮轴承座下面放置两块厚度（或高度）相等的刨平钢垫板。

（2）水平方向

靠横向水平移动托轮组纵向中心线位置（即向相同方向横向水平移动两托轮相等的距离）来实现。

上述两种调整方法可配合使用，直到窑体纵向中心线调直为止。在调整时应注意：不论在哪个方向，若偏移量过大，在调整时要分几次进行，每次调整一般不宜超过 2mm，以免发生托轮表面擦伤、顶丝折断、托轮轴承过热、轴承座顶斜等现象。

靠近回转窑传动装置附近的一档托轮，其位置变化时，会影响窑的大小齿轮的啮合间隙，影响窑筒体转动的平稳性，因此，当窑的大小齿轮啮合正确时，不得调整其附近的那一档托轮位置。

4. 调整托轮的原则

（1）调整托轮时，首先要使待调整托轮平行远离筒体中心线，然后再进行调整。传动装置附近的托轮，其位置变化时会影响筒体大小齿轮的啮合间隙，易引起窑筒体的震动，为保持大齿圈与小齿轮啮合间隙不变，轻易不要调整靠近传动齿圈的托轮。

（2）调整托轮时，要使所有需调整的托轮的歪斜方向一致，不允许出现"大八字"和"小八字"形状。上推窑时要增加托轮轴线的斜度，下放窑时要缩小托轮轴线的斜度。回转窑轮带应在上挡轮和下挡轮之间缓慢窜动，不应始终与一个挡轮接触。

（3）筒体临时弯曲一般不作调整，弯曲过大，逐步调直。因停窑没有及时翻窑而发生少量弯曲，造成一边轮带与托轮不接触，一般不需调整，待 1～2 个班后即可自动恢复。若筒体弯曲过大，每转一周同一档的两个托轮一个受力过大，一个处于悬空状态，应将受力大的托轮平行外撤，把悬空的托轮平行向里推，并在运转中注意托轮受力变化情况，逐渐把托轮调回原来位置，把筒体调直。

（4）窑速变化引起的筒体上、下窜动一般是很微小的，不必调整托轮；当挡轮受力过大，可采用调整液压油压的方法。

（5）在窑未砌耐火砖空负荷运转时，就应调好托轮位置。

5. 调整托轮的注意事项

（1）全面检查，正确判断。经常仔细地对每个托轮承受的正压力、推窑向上力及托轮是否错误歪斜等方面进行全面的检查，作出正确判断。判断的具体方法是托轮正压力的大小是以轮带与托轮的接触面的光泽程度来识别，发亮的受力大，发暗的受力小；托轮推窑向上力的大小，用低端托轮轴肩的推力盘的油膜厚薄来识别，油膜少而薄，推窑向上的力大，油膜多而厚，推窑向上的力小，错误歪斜的托轮，高端托轮轴肩推力盘上的油膜少而薄。

（2）确定调斜方向。根据筒体转动方向和窜动方向来确定托轮调斜的方向。由于不同水泥企业窑的转动方向不同，由于托轮中心线的倾斜角度很小，不易目测辨别，在实际调整时容易发生错误现象。如果窜动方向搞错，不但不能控制筒体的窜动，反而会加剧筒体的窜动，造成重大设备事故，因而确定调斜方向至关重要。

（3）及时调整。发现托轮位置不正常时要立即调整，筒体下窜时，上推力小的托轮先调；筒体上窜时，上推力大的托轮先调，如有错误歪斜的托轮，应当首先纠正。

（4）正确调整。调整的托轮确定后，可通过"撤"或"顶"托轮轴承的顶丝来进行调整，但必须注意一次调整的量不要过大，一般不超过 1～2mm，也不要只在一对托轮上调，调整一对后，如不见效果，可在另一对吃力较大的托轮上调整。严禁将同一对托轮的中心线调成"小八字形"，更不能将两档托轮调成"大八字形"，否则虽然也能把筒体的窜动控制得比较稳定，但托轮给筒体的推力一个向上，一个向下，产生扭矩，使功率消耗增大，加剧托轮与轮带表面磨损。

6. 托轮维修

（1）现场维修

由于托轮表面磨损不均匀，影响窑筒体上下正常移动时，可在回转窑运转时，利用临时安装的刀架和砂轮进行维修操作，直至磨圆磨光达到要求为止，然后调整托轮位置，校正窑筒体的纵向中心线。

（2）更换

托轮表面磨损严重，其厚度减少过多；表面一端或中间部分磨损较严重，已经呈圆锥形或凹凸形，托轮表面有大面积剥落和裂纹；托轮轴颈表面有磨痕；托轮轴颈严重磨损，尺寸减小过多等均应采取停窑处理。

　　更换时在轮带和液压千斤顶之间放置弧形垫木，以防损坏轮带。在拆卸托轮前，要测量好托轮组的有关尺寸比如托轮中心距、托轮中心高、托轮直径、托轮中心线倾斜角度等，并作好必要的标记，利用起重设备，将旧托轮吊出，取出旧轴瓦，换上刮好的新轴瓦。如果托轮采用滚动轴承，则无此操作工序。更换同一档的两个托轮，直径必须相同。

　　（3）更换后再维修

　　如果是维修托轮表面和轴颈的直径尺寸，允许借助切削的方法消除所存在的缺陷，可把托轮放在车床上加工。

　　如果托轮表面有大面积剥落，可采用堆焊法修复，堆焊后应进行车削加工。

　　如果托轮表面有裂缝，应在裂缝两端钻上止裂孔，刨去裂缝周围的金属，用补焊法修复，补焊后也应进行车削加工。

　　如果托轮轴有损伤，托轮与轴配合间隙太大，托轮轴颈的直径尺寸磨损超过极限时，最好用刷涂电镀法，既节省时间，又节约维修费用，减轻工人劳动强度。更换托轮轴，可以用液压千斤顶将托轮轴从托轮孔中顶出，或者割断轴颈，用车床将托轮孔内的轴车削掉，然后采用热装法将新轴装入托轮孔内。

　　新的或修复好的托轮安装完毕，一定进行找正处理。轴承内要加足润滑油脂，使窑恢复原位，测量并调整窑体的纵向中心线和托轮中心线。

2.4　挡轮

　　回转窑正常运转时，要在一定范围内做向上窜动和向下窜动。为了及时观察或控制窑的窜动，在靠近大齿轮的一档轮带两侧设有挡轮。挡轮具有指示筒体在托轮上的运转位置是否正确，并起到限制或控制筒体轴向窜动的作用。

　　挡轮按其工作原理，可分为不吃力挡轮、吃力挡轮及液压挡轮三种形式。

　　1. 不吃力挡轮

　　不吃力挡轮的结构如图 3.2.13 所示。当窑体转动时，轮带侧面与挡轮接触，挡轮被带动开始回转，它不能阻止窑体的窜动，只是发出窑体窜动已超出允许范围的信号，这时就要及时采取调整托轮措施，控制住窑体的窜动。这种挡轮仅能承受很小的力，窑筒体轮带仅在上下挡轮之间窜动，故这种挡轮仅起信号作用，也叫信号挡轮。

　　窑体的窜动如果超出了允许的范围，就要通过调整托轮中心线的倾斜度来控制窑体的窜

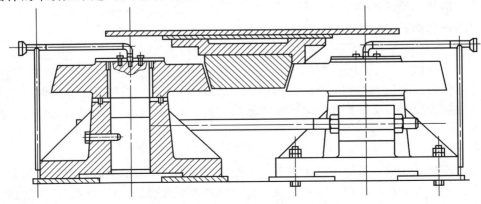

图 3.2.13　不吃力挡轮结构示意图

动。这种方法最大的缺点就是使轮带与托轮表面接触不均匀，造成局部应力过大，加快轮带与托轮的磨损，增加电能，所以不是一种很好的调整方法。

2. 吃力挡轮

吃力挡轮的结构如图 3.2.14 所示。吃力挡轮比信号挡轮坚固得多，可以承受筒体上窜动和下窜动的力，筒体与托轮的中心线可以平行安装，不需调斜托轮，克服了轮带与托轮表面接触不良的现象。但是这种挡轮会使轮带与托轮的接触位置不变，造成其接触表面长期磨损而形成台肩，影响窑体的正常运转。

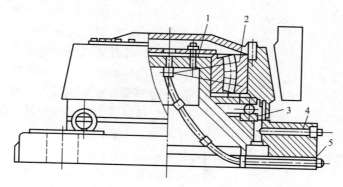

图 3.2.14　吃力挡轮结构示意图
1—空心立柱；2—滚动轴承；3—止推轴承；4—排油管；5—进油管

3. 液压挡轮

大型回转窑一般都采用液压挡轮装置，其结构如图 3.2.15 所示。挡轮通过空心轴支撑在两根平行的支撑轴上，支撑轴则由底座固定在基础上。空心轴可以在活塞、活塞杆的推动下沿支撑轴平行滑移。设有这种挡轮的窑，托轮与轮带完全可以平行安装，窑体在弹性滑动作用下向下滑动，到达一定位置后，经限位开关启动液压油泵，液压油再推动挡轮和窑体一起向上窜动，上窜到一定位置后，触动限位开关，油泵停止工作，筒体又靠弹性滑动作用向下滑动。如此往返，使轮带以每 8～12h 移动 1～2 个周期的速度游动在托轮上。如果移动速度过快，会使托轮与轮带以及大小齿轮表面产生轴向刻痕。

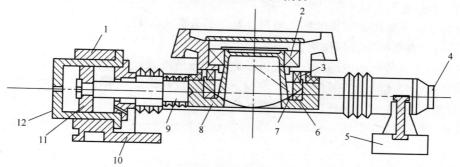

图 3.2.15　液压挡轮结构示意图
1—挡轮；2—径向轴承；3—止推轴承；4—导向轴；5—右底座；6—下球面座；7—上球面座；
8—空心轴；9—活塞杆；10—左底座；11—活塞；12—油缸

液压挡轮液压控制系统如图 3.2.16 所示。系统配有两套可调流量的微量计量泵 10，其

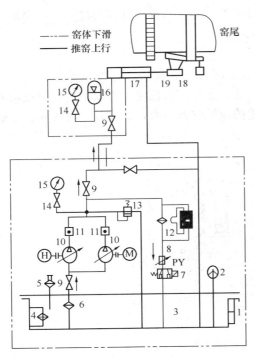

图 3.2.16　液压挡轮液压系统控制图

1～3—油箱；4～6—滤油器；7—换向阀；8—节流阀；9—截止阀；10—微量计量泵；11—单向阀；12—过滤器；13～17—油缸；18、19—液压挡轮

中一套用于工作，一套用于备用。在启动窑的同时接通微量计量泵 10 的电动机，经滤油器 6 从油箱 3 中吸油。压力油经单向阀 11、截止阀 9 送至油缸 17，油缸活塞推动挡轮迫使窑筒体向上移动，此时换向阀 7 处于关闭状态，通过调整微量计量泵 10 来控制窑的上行速度。当轮带推动行程开关箱碰块碰到上限开关时，油泵断电，停止对系统供油，同时回油换向阀 7 打开，靠窑筒体自重将油缸中的压力油沿油路排回油箱 3，调整节流阀 8 的开度可控制窑体下滑速度。当行程开关箱碰块碰到下限开关时，换向阀关闭，同时重新启动油泵，重复执行上述推窑上行的程序。

如行程开关箱碰块越过下限开关碰到下下限开关时，则必须报警和停窑。在一台窑上可设有多组挡轮，各挡轮油路相通，这样载荷能自动均匀地分布在每个挡轮上。使用这种挡轮，克服了调斜托轮所造成的一切弊端，托轮和轮带表面均匀磨损，延长其使用寿命；运转安全、可靠，减轻了工人的劳动强度，为设备管理自动化提供了条件；液压油路系统比较复杂，要求具有较高的操作水平、维修水平及管理水平。

任务 3　传 动 装 置

任务描述：掌握传动装置的组成、特点及分类；掌握传动大齿轮的安装方式。

知识目标：掌握单传动及双传动装置的组成、特点及适用条件；掌握传动大齿轮切向连接和轴向连接的安装方式。

能力目标：掌握传动装置的操作控制及维护等方面的技能。

3.1　传动装置的组成和作用

回转窑的传动装置由电动机、减速机及大小齿轮所组成，其结构如图 3.3.1 所示。

回转窑属于慢速转动的煅烧设备，窑型、安装斜度和煅烧要求不同，回转窑的转速也不同，一般控制在 0.5～3.0rpm，预分解窑的窑速可达 4.50rpm。回转窑慢速转动是为了控制物料在窑内尤其是烧成带的停留时间，保证物料在窑内完成煅烧所需要进行的物理和化学反应。

传动装置的作用就是把动力传递给筒体并减小到所要求的转速。

3.2　大齿轮的安装方式

要保证回转窑正常运转，大齿轮必须正确地安装在筒体上，大齿轮的中心线必须与筒体中心线重合。大齿轮由于尺寸较大，通常制成两块或数块，用螺栓将其连接在一起。大齿轮一般安装在靠近窑筒体中部，这样可使大齿轮远离热端，保持筒体受力均匀，减少粉尘侵

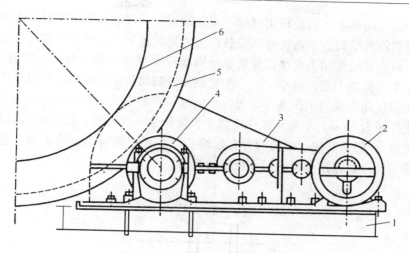

图 3.3.1 回转窑传动装置示意图
1—底座；2—电动机；3—减速机；4—小齿轮；5—大齿轮；6—窑体

蚀。大齿轮与窑筒体的连接有切向连接和轴向连接两种方式。

1. 切向连接

大齿轮的切向连接如图 3.3.2 所示。大齿轮固定在筒体切线方向的弹簧板上，弹簧板一般用 20～30mm 厚的钢板，宽与齿轮相同，一端成切线与垫板及窑固定在一起，一端用螺栓与大齿轮接合在一起，接合处可以插入垫板，这样可以调节大齿轮中心与窑体中心位置，使其中心线完全重合。

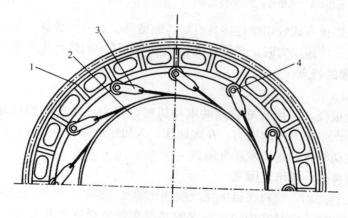

图 3.3.2 大齿轮的切向连接示意图
1—大齿轮；2—筒体；3—弹簧板；4—螺栓

大齿轮的切向连接方式，具有较大的弹性，能减少因筒体弯曲、开车及停车等因素对大齿轮及小齿轮的影响，能够很好地适应筒体的振动。缺点是齿轮加工制造困难，安装困难大，大齿轮与窑筒体的中心线不易校准。

2. 轴向连接

大齿轮的轴向连接如图 3.3.3 所示。轴向连接是将大齿轮固定在与筒体平行的弹性钢板上，在窑体上放有垫板座两圈，其间距为 1.5～2.0m，中间架有 8～16 块弹性钢板，与垫板一起用铆钉固定在筒体上，大齿轮用螺栓固定在钢板上。传动设备安装时，传动大齿轮与小齿轮的中心线应保持平行。小齿轮可以安装在大齿轮的正下方，也可以安装在斜下方。安装在正下方时，两齿轮的作用力使小齿轮轴承地脚螺栓承受水平推力较大。安装在斜下方时，小齿轮产生向上推窑的力量，减小了对小齿轮轴承地脚螺栓水平推力，并且还不受拉力，也便于检修和改善传动装置的工作条件，所以小齿轮一般是安装在大齿轮的斜下方。大齿轮与小齿轮的速比一般为 5～8，小齿轮工作次数比大齿轮多 6 次左右，故一般大齿轮用 45 铸钢制造，小齿轮用 50 锻钢制成，以便两者磨损均衡。在大齿轮与小齿轮上加一金属罩壳，可以防止外部粉尘侵入，保持大齿轮与小齿轮的清洁。

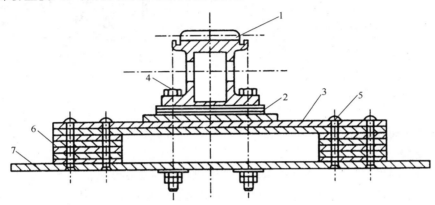

图 3.3.3　大齿轮的轴向连接示意图

1—大齿轮；2—垫板；3—弹性钢板；4—螺栓；5—铆钉；6—高垫板；7—筒体

大齿轮的轴向连接方式较切线连接具有加工制造简单、安装容易方便、大齿轮可以调面使用等优点；缺点在传递动力时，弹性程度较差，不能适应筒体产生的振动。

3.3　传动装置的特点

（1）传动比大

回转窑的转速很慢，采用普通转速的电动机时，其主传动装置的传动比为 500～700，因而在低速齿轮上产生很大的圆周力。在大速比、大扭矩的条件下，设计出既简单又先进的减速装置，这是传动装置的主要发展方向。

（2）平滑无级调速，调节范围宽

根据煅烧工艺的要求，物料在窑中完成物理化学反应所需要的时间是随着原料、燃料等因素的不同而有所变化，而且窑内煅烧情况随时都在发生变化，因而要求窑速能在 1∶3～1∶4 的范围内无级调整。

传动装置要求运转平稳，运转时筒体不能有振动，要求机械零件有一定的加工精度，要求电机具有平滑的调速特性，以达到平稳地改变窑速的目的。

（3）启动力矩大

回转窑常在满载条件下启动，此时轮轴与轴瓦之间的摩擦阻力矩很大，克服窑体和物料的惯性，也需要很大的转动力矩。只有窑开始转动后，在托轮轴承内形成了油膜，摩擦力矩才能下降到正常负荷值。因此，一般要求电机启动力矩为正常工作力矩的 2.5 倍左右。

3.4　传动方式

预分解窑有单传动和双传动两种方式。

1. 单传动

单传动系统由一台传动电动机、减速机及小齿轮等组成，其结构如图 3.3.4 所示。

单传动系统的减速机高速轴用弹性联轴器与电动机相连，低速轴一般用允许有较大径向位移的联轴器（如浮动盘联轴器、薄板联轴器等）与小齿轮轴连接。减速机密闭的外壳是用铸铁或钢板制造的，具有足够的强度，保证运转平稳，灰尘不易进入，减少了零件的磨损，并给润滑冷却创造了条件。单传动系统布局紧凑，占地面积小，传动效率可达 98.5%，而且结构比较简单，安装时调整方便，生产时故障少，部件使用寿命长。单传动系统适用电动机功率在 150kW 及以下的回转窑。

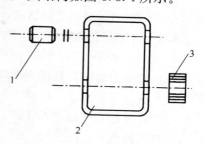

图 3.3.4　单传动结构示意图
1—电动机；2—减速机；3—小齿轮

回转窑常用的电动机及调速方法有：直流电动机，可控硅调速；绕线型转子异步电动机，电阻调速及可控硅调速；电磁调速异步电动机（滑差电动机）；整流子变速异步电动机；异步电动机变频调速等。

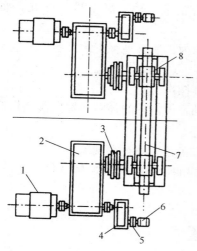

图 3.3.5　双传动结构示意图
1—小齿轮；2—主减速机；3—低速联轴器；4—辅助减速机；5—制动器；6—辅助电机；7—齿圈；8—齿轮

2. 双传动

随着预分解窑规格的逐渐加大，传动功率也越来越大，同时大功率、大速比减速机的设计制造难度大，传动装置需要的零部件也越来越大，给加工制造、运输、安装和维修都带来了一些困难，因此现代大型预分解窑广泛采用了双传动系统，其结构如图 3.3.5 所示。双传动的特点是大齿轮同时与两个小齿轮相啮合，每个小齿轮有单独的传动装置，或者说一台窑有两套传动装置，这种带动窑体回转的传动方式叫做双传动。确定单传动或双传动的主要依据是电动机功率的大小，电动机功率在 150kW 及以下的一般为单传动，250kW 及以上一般为双传动，而 150～250kW 之间，单、双传动都可。

双传动具有以下特点：

（1）双传动供选用的零件及部件外形小，设备重量轻，制造成本低，便于加工制造安装。

（2）齿的受力减少一半，其模数和宽度大为减小，可防止因齿宽过大、受力不均匀而造成齿轮的过早损坏。

（3）大齿轮同时与两个小齿轮接触，受力点增多，运转平稳。

（4）一组传动的零件发生故障需要停止运转检修时，另一组传动装置仍能在降低产量的情况下，继续保持低产运转。

（5）零部件数量增加，安装与维修工作量增加。

3. 辅助传动

除了单传动、双传动等主传动系统外，有的回转窑还设有辅助传动系统。它是以辅助电动机为动力，在主减速机与辅助电动机之间，设有辅助减速机与辅助电动机相连，由于速比的增大，可以使窑以非常缓慢的速度转动，它与主传动系统分别使用不同的电源，主要作用是当主电源或主电动机发生故障时，需要定时翻窑，以免筒体在高温下长时间停转而造成弯曲；在窑内砌筑耐火砖或检修设备时，使用辅助传动系统，能使筒体停留在某个指定最佳位置；使用辅助电动机启动回转窑，可减少启动时的电能消耗。

3.5 传动装置的维护

1. 开车前检查

（1）检查传动齿轮和减速机内齿轮有无损坏，轴键、齿轮的配合是否牢固。

（2）检查传动齿牙、传动油泵、减速机等润滑油是否清洁、充足，有无漏油现象。

（3）检查各联轴器是否完好，零件相对位置是否正确，窑的辅助传动装置上的联轴器是否与主减速机脱离。

（4）检查筒体大齿轮与筒体连接螺栓、接口螺栓是否紧固。

（5）检查大小齿轮的啮合间隙是否合适，大齿轮与防护罩之间有无杂物。

（6）检查联轴器、大齿轮的安全罩子是否完整牢固。

2. 运行中的检查及维护

（1）经常检查电动机的运行情况，检查定子及转子的轴承温度是否在允许范围内。

（2）经常检查减速机的运转情况，齿轮啮合声音是否正常，轴承温度是否在允许范围内。

（3）检查减速机的供油是否正常，油量是否在规定范围内，油温是否正常：冬季不应超过 45℃，夏季不应超过 55℃。

（4）经常检查传动装置运转是否平稳，有无撞击声、摩擦声。

（5）检查大齿轮的弹簧板有无裂纹，连接螺栓有无松动，大齿轮的径向和轴向摆动是否在允许范围内。

（6）检查筒体大齿轮与小齿轮啮合情况，有无磨牙底或齿顶间隙过大现象。

（7）检查带油齿轮或带油滚子转动是否灵活，齿轮上的油量是否充足，黏度是否合适，有无不正常冒烟现象。

任务 4 密 封 装 置

任务描述：熟悉回转窑密封装置的技术要求；掌握密封装置的结构形式、工作原理、技术性能；掌握密封装置的操作控制及维护保养等技能。

知识目标：掌握密封装置的结构、工作原理等方面知识内容。

能力目标：掌握密封装置的操作控制及维护保养等技能。

回转窑是负压操作的热工设备，在进料端及出料端与静止装置（窑尾烟室及窑头罩）连接处，难免要吸入冷空气，为此必须装设密封装置，以减少系统的漏风量。

4.1 密封装置的技术要求

如果窑头或窑尾密封装置的密封效果不佳，将会影响窑内物料的正常煅烧，导致熟料质量下降。如窑头漏入过量的冷空气，则会减少由熟料冷却入窑的二次空气量，并降低二次空气温度，影响燃料煤粉的燃烧，降低窑内火焰的温度，增加熟料热耗。如果窑尾漏入大量的冷空气，影响窑内的通风，使窑内大量废气不能及时排出，容易造成燃料煤粉发生不能完全燃烧反应，增加单位熟料煤粉的消耗量，降低窑的产量和质量，影响窑尾电收尘器的收尘效率，并造成电收尘器存在潜在的安全隐患。因此，必须重视密封装置对生产的作用。

水泥企业对密封装置有如下技术要求：

（1）密封性能好。窑头处负压较小，处于零压附近，密封要求可以低一些。但是窑尾处的负压较高，比如悬浮预热器窑可达 250～1000Pa，因此要求密封装置能适应这样的负压。

（2）在保证密封可靠的前提下，密封装置在结构上应该能够很好地适应窑筒体正常运转、正常的上下窜动、径向振动、筒体中心线弯曲、窑体温度变化的热胀冷缩、悬臂端轻微弯曲变形等粉磨的技术要求。

（3）零件磨损要小，使用周期要长，因为在窑的密封处气流温度高、粉尘多，并且润滑比较困难，磨损严重。在设计及选型时，要避免出现积灰现象，要求材质耐高温、耐磨，防止润滑油漏失。

（4）结构简单，易于加工制造，更换及维护方便。

4.2　密封装置的形式

1. 迷宫式密封装置

迷宫式密封装置根据气流通道方向的不同，分为轴向迷宫式密封和径向迷宫式密封。其原理是让空气流经曲折的通道，产生流体阻力，使窑的漏风量减少。

迷宫式密封结构简单，没有接触面，不存在磨损问题，同时不受筒体窜动的影响。为了避免动、静密封圈在窑转动过程中发生接触，考虑到筒体与迷宫密封圈本身存在的制造误差及筒体的热膨胀冷缩、窜动、弯曲、径向跳动等因素，相邻密封圈间的间隙不能太小，一般不小于 20～40mm。间隙越大，迷宫数量越少，密封效果也就越差。迷宫式密封适用于气体压力小的地方。其结构如图 3.4.1 所示。

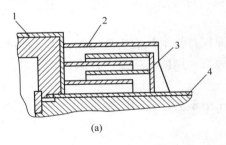 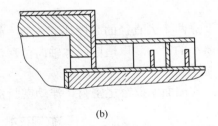

图 3.4.1　迷宫式密封装置示意图

(a) 轴向迷宫式密封；(b) 径向迷宫式密封

1—窑头罩；2—固定迷宫圈；3—旋转迷宫圈；4—筒体

2. 气封式密封

气封式密封的特点是运动部件与静止部件完全脱离接触，全靠气体密封，即在密封处形成正压或负压。负压密封，因抽出的气体含有尘粒，需经净化后排入大气，增加投资，系统复杂，故没有得到推广。

图 3.4.2 为两种典型的正压式窑头密封装置。在风罩两侧紧靠窑筒体和风冷套处装有扇形密封板，外面设专用鼓风机，通过若干个空气喷嘴，对着风冷套将空气吹向窑口护板，进行冷却，延长其使用寿命。同时，空气被护口板和窑筒体预热后，在风罩内的正压作用下，

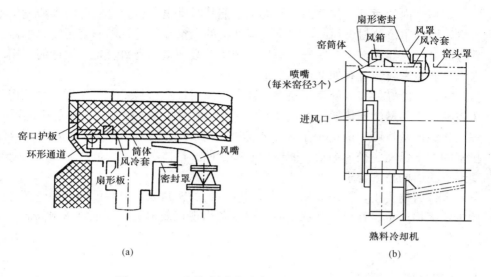

图 3.4.2　正压气封式窑头密封装置示意图

（a）史密斯正压气封式；（b）富勒正压气封式

通过两侧密封板缝隙，部分进入窑头罩，部分排入大气。由于窑头罩内处于 $0\sim50Pa$ 的微负压，窑头筒体悬臂较短（一般约为窑尾的 1/3），扇形密封板预留的偏摆间隙较小，所以漏入窑内的气体量不多，且预热后有一定温度，对窑内燃烧状态影响不大。正压气封适用于窑头，不适用于负压较大的窑尾。风罩下设灰斗和锁风阀，以便卸出可能出现的漏料，有助于密封效果。

这种密封的优点是没有磨损件，部件维修量小，结构简单；不足之处是漏入少量温度较低的空气，影响入窑的二次风温，影响煤粉的燃烧，对窑系统的热效率有一定的影响。

3. 汽缸式密封

主要靠两个大直径的摩擦环（一动一静）端面保持接触从而实现密封。为了使静止密封环能做微小的浮动，以适应筒体轴向位移，还用缠绕一周的石棉绳进行填料式密封，其结构如图 3.4.3 和图 3.4.4 所示。

汽缸式端面摩擦窑尾密封，浮动密封板悬吊在小车上，在一周均布 10 个汽缸的作用下，

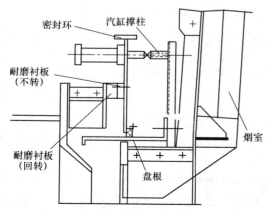

图 3.4.3　汽缸式窑尾密封装置示意图

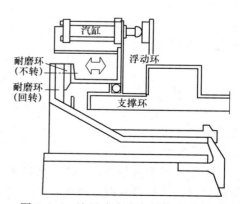

图 3.4.4　汽缸式窑头密封装置示意图

压紧在随窑转动的密封环上。为了减少衬板磨损，用石墨润滑接触表面，石墨塞装在转动环衬板的固定螺栓头上，而在浮动密封板上则装有几个受弹簧压紧的石墨棒，它们穿过静止的衬板，压在回转的衬板面上，取代了过去的油脂润滑。每个汽缸都装有隔热罩，以防窑筒体表面高温的辐射。随窑回转的深勺形舀灰器，及时舀起窑尾漏料，洒入进料溜子重新回窑。一圈具有钢丝芯的石棉绳，装在填料压盖内，通过箍绳和重锤的作用，缠紧在烟室的颈部上，既允许浮动，又保证密封。下部两个汽缸与其他汽缸反向安装，旨在躲开可能出现的漏料。正因为这两个汽缸是固定在烟室而不是浮动在密封板上，为了平衡接触环面在一周上的压力，采用两套压缩空气管路分别向上、下两部分汽缸供气，由各自的调节器控制汽缸压力，使操作者可用稍高的压力作用于下半部汽缸。

　　汽缸式密封的优点是密封技术成熟，密封效果良好；缺点是气动装置系统复杂，而且要安装专用的小型空压机，单独供气，造价较高，维护工作量大。

　　4. 弹簧杠杆式密封

　　弹簧杠杆式窑尾密封如图 3.4.5 所示，端面摩擦密封主要由烟室上的固定环和若干块随窑回转的活动扇形板来实现。后者由铰链支撑于窑筒体末端延伸的部分，借助于拉力弹簧和杠杆机构，把扇形板压向烟室的固定环上，保持紧密接触。扇形板外圆与环形内表面之间的间隙可通过调整机构控制。由于扇形板是随窑转动的，不受筒体偏摆的影响，所以间隙可以调到小至 0.5mm，既允许扇形板轴向浮动，又能实现较好的密封。弹簧杠杆式密封的优点是运动部件比较轻巧灵活，便于调整控制，密封效果良好；

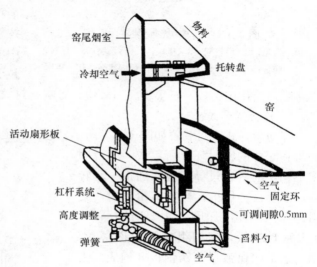

图 3.4.5　弹簧杠杆式窑尾密封装置示意图

缺点是零件加工要精确，安装调整要准确，否则影响密封效果。

　　5. 带有石棉绳端面摩擦密封

　　石棉绳端面摩擦是由一系列的金属圈组成，固定圈沿窑的中心线固定在烟室壁上，压圈固定在固定圈上，圈壁之间填充石棉绳，把滑圈包围起来，滑圈借助于支架固定在烟室壁上。由于重锤的作用，滚轮在支架轨道上滚动，使滑圈上下移动，转动圈固定在窑体上，摩擦圈固定在滑圈上。当窑运转时，滑圈上的摩擦圈经常压紧窑体上的转动圈，把能够透过空气的间隙密封起来。固定圈和压圈之间的缝隙被石棉绳所密封，石棉绳的一端是固定的，另一端绕过滑圈被重锤拉紧。当窑向上移动时，滑圈由于转动圈的作用向烟室方向移动，重锤抬起。当窑体向下移动时，滑圈在重锤压力下，随之往下移动，始终与转动圈紧密接触，因此，它能适应窑体的上、下窜动或窑体的热胀冷缩。

　　带有石棉绳端面摩擦密封的优点是能够适应窑体轴向窜动和端部弯曲，密封效果好，构造简单，部件加工制造容易，安装方便；缺点是转动圈和摩擦圈之间磨损比较严重，在使用过程中要对易损石棉绳经常检查，防止磨损严重，造成密封失灵。

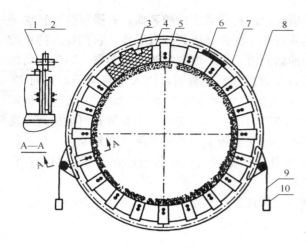

图 3.4.6 石墨块密封装置示意图

1—滑轮；2—滑轮架；3—楔块；4—石墨块；5—压板；
6—弹簧；7—钢带；8—固定圈；9—钢丝绳；10—重锤

6. 石墨块密封

石墨块密封的结构如图 3.4.6 所示。石墨块在钢丝绳及钢带的压力下，可以沿固定槽自由活动并紧贴筒体周围。紧贴筒外壁的石墨块相互配合，可以阻止空气从缝隙处漏入窑内。石墨块之外套有一圈钢丝绳，此钢丝绳绕过滑轮后，两端各悬挂重锤，使石墨块始终受径向压力。由于筒体与石墨块之间的紧密接触，冷空气几乎完全被阻止漏入窑内，密封效果良好。生产实践证明，石墨有自润滑性，摩擦功率消耗少，筒体不易磨损。石墨能耐高温、抗氧化、不变形，使用寿命长。生产使用中出现的缺点是下部石墨块有时会被小颗粒卡住，不能复位；用于窑头的密封弹簧容易受高温作用失效，石墨块磨损较快，影响密封效果。

7. 移动滑环式密封

移动滑环式密封装置如图 3.4.7 所示。它由三道密封环节组成，主要一道是由密封槽 5 和与它配合的密封环 6 所组成，后者固定不动，前者通过导向键 4 随窑一起转动，活套在窑体上，当窑体窜动时，无阻碍作用。环向压圈 2 主要防止漏风，3 为密封垫板，它们组成第二道密封。第三道由四块弧形不锈钢板 8 构成，主要防止粉料流向其他两道密封。

预分解窑采用移动滑环式密封装置，密封效果更好，12 个相互衔接的耐热钢回料勺，随窑一起回转，能及时将窑内溢流出的物料舀起，撒在烟室斜坡上，再流入窑内。

8. 叠片式弹簧板密封

叠片式弹簧板密封装置结构如图 3.4.8 所示。当用于窑尾时，弹性钢板的一端安装在凹型粉尘提料器的圆锥形法兰盘上随窑体一起转动，弹性钢板的

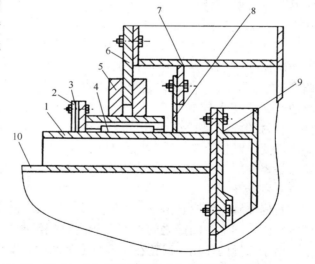

图 3.4.7 窑尾移动滑环式密封装置示意图

1—小冷套；2—压圈；3—密封垫板；4—导向键；
5—密封槽；6—密封环；7—固定板；8—弧形不
锈钢板；9—回料勺；10—窑体

另一端挤压在进料管外壳上，粉尘提料器环上，有多个刮板可以防止粉尘在弹性钢板上聚集，刮板将粉尘推入提料器，再由提料器将粉尘输送到加料槽上。为了确保弹性钢板与进料管外壳摩擦面有效地接触，在弹性钢板外缠一圈钢丝绳。

当这种密封装置用于窑头时，则必须在窑头罩与弹簧板之间加装热导流板，以防止弹簧

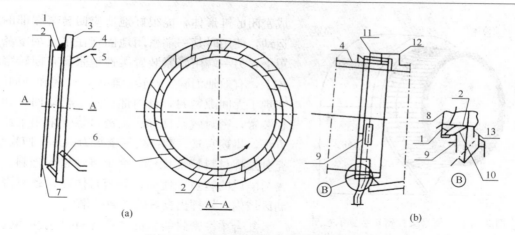

图 3.4.8　叠片式弹簧板密封装置示意图

1—密封板；2—钢丝绳；3—提料器；4—筒体；5—窑衬；6—刮板；7—固定壳体；8—空气罩；9—人孔门；
10—钢丝绳支架；11—沉降室；12—窑头罩；13—热导流管

板过热而失效。导流板能有效地阻挡窑头罩内高温对弹簧板的热辐射，并能将从窑头罩飞溢出来的粉尘挡落入灰斗，不直接洒落在弹性钢板上。

叠片式弹簧板密封装置无机械加工零件，结构简单，安装精度要求不高，能很好地适应筒体较大的径向摆动，生产上只需更换磨损严重的弹性钢板。

9. 除尘风箱式密封

除尘风箱式密封结构如图 3.4.9 所示。这种密封装置一般用于窑头。在热端，窑内熟料温度高达 1300～1400℃，窑口必须用耐热扇形保护板，使窑口钢板免受高温的直接辐射。操作时间较长时，窑口筒体端部仍会被烧成喇叭口，通常窑口护板使用寿命都较短。窑头有时呈微正压，常有高温气体携带粉尘溢到窑外，为此在窑头采用除尘风箱式密封。风箱式密封件与筒体之间留有较大间隙，有利于冷空气冷却筒体，延长其寿命，风箱式密封还可防止气体携带粉尘外溢，污染环境。

除尘风箱是一种可在其内产生一定气压的压力室，它是由紧密相接的分段密封板、空气罩和窑筒体组成，压力区处于两个密封板之间，风箱内等距排布喷嘴，将空气高速引入到环形空气罩的前端，喷嘴数目可以根据窑筒体直径确定，每米窑直径一般为 9～10 个喷嘴。加压高速空气一部分进入大气，一部分进入窑内，因为这部分空气压力高于窑头内压力，形成了气幕密封，有效地

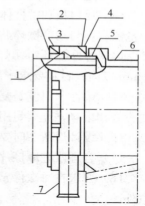

图 3.4.9　除尘风箱式密封装置示意图

1—喷嘴；2—密封板；3—风室；4—除尘室；5—空气罩子；6—窑头罩；7—回料斗

防止了含尘气体的外溢，冷却了窑口护板及筒体端部。窑头底部设置一灰斗，收集从窑头罩漏出的熟料颗粒及粉尘。

除尘风箱式密封装置的优点是没有摩擦部件，可延长窑口护板的使用寿命；缺点是漏入少量冷风，影响二次风温，影响煤粉的燃烧，对工艺操作有一定不利影响。

10. 复合柔性密封

复合柔性密封装置如图 3.4.10 所示，是由一种特殊的耐高温、耐磨损的半柔性材料做

51

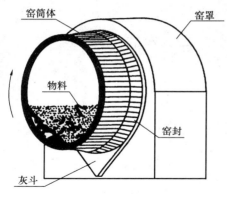

图 3.4.10　复合柔性密封装置示意图

成密闭的锥形体，能很好地适应回转窑端部的复杂运动，使用时其一端密闭地固定在窑尾烟室及窑头罩上，另一端用张紧装置柔性地张紧在回转窑的筒体上，有效地消除了回转窑轴向、径向和环向间隙，实现了无间隙密封，且内部设置了自动回灰和反射板装置，密封效果良好。该密封装置采用柔性合围方法，集迷宫式、摩擦式等密封为一体，博采众长，充分发挥材料特性优势，突出刚性密封挡料、柔性密封隔风的特点，使动、静密封体在设备有限的活动区域内，发挥出良好的密封效果

复合柔性密封装置的主要优点是刚性体安装准确牢固，柔性体结构紧凑耐用，法兰制作安装强度和精度要求高、贴合严；密封采用固液混合方式，密封效果好；柔性密封体材料抗高温、老化和力学性能高，隔热效果好，弹性强；摩擦片具有自润滑特点，耐磨性强，张紧装置结构简单，安装简便可靠，维修工作量少。

使用复合柔性密封的技术要求：

（1）固定法兰和骨架密封环制作加工精细，圆度要求较高，支撑强度足；安装时在动态下准确找正，固定牢靠。

（2）迷宫式密封装置加工安装准确，间隙留足。

（3）反射板和柔性体与固定座安装找正时，测量、计算要准确，保证在其应有的弹性变形范围内，与动摩擦环贴实，并不被压坏。

（4）静摩擦环为铆焊件，制作时要保证其圆度要求，安装找正以后，动态纠偏达到10mm 以内；材料要求耐高温、耐磨损性能好，使用寿命比较长。

（5）柔性密封体是复合材料，不仅起到有效的隔热、柔韧、阻风和挡料作用，而且要方便检修和维修，经久耐用。

（6）设计返灰斗时要留足余量，设计下料管时，卸灰角度要合适，以防下灰不畅。

（7）合理改进摩擦片结构，提高材料使用性能。

（8）要求在每次停窑、开窑前，对装置内外的积料、磨损等情况进行详细检查，以防意外。

回转窑的密封装置有很多结构形式，但还没有一种是万能结构型，没有任何一种密封结构能够适应所有的窑型，对于具体使用条件应作具体分析，找到最经济最可靠的密封方案：结构简单、磨损少、适应筒体的轴向及径向变形、隔热性能好、防尘性能好、密封性能好。

4.3　密封装置的检查及维护

只有保证在安装密封装置地方的筒体径向变形和端部弯曲不超过允许的范围，才能保证密封装置效果良好，否则造成零件磨损加剧和破坏，直接影响密封装置的效果。生产中要注意维护和检修，使密封装置始终处于良好的工作状态。

（1）检查窑头、窑尾挡风圈等零件有无严重磨损或损坏，是否有严重漏风现象，连接螺栓有无松动和脱落现象。

（2）检查密封摩擦圈的接触面是否灵活及严重磨损，密封套筒的摩擦面有无润滑脂等。

（3）检查拉紧和悬吊装置的滑轮、滚轮、钢丝绳、弹簧、吊杆、重锤和支架等是否灵活有效，牢固安全。

（4）密封装置的检修周期一般为半年，检修时要清除防爆门、人孔门、灰斗、放灰闸门等处的积料，并检查其开闭是否灵活，密封是否处于良好状态。

任务 5　喂 料 装 置

任务描述：熟悉普通干法回转窑的窑尾喂料结构形式及工作原理；掌握预分解窑的窑尾喂料系统组成、计量控制等方面知识内容。

知识目标：熟悉普通干法回转窑的窑尾喂料结构形式及工作原理；掌握预分解窑尾失重计量仓的工作原理。

能力目标：掌握预分解窑尾喂料计量的操作控制技能。

窑尾喂料是否均匀，直接影响窑内热工制度能否稳定，影响窑生产的熟料产量和质量。窑操作员在生产中要随时注意窑尾喂料量的变化情况，防止因为喂料不均影响窑内热工制度的稳定，为实现"优质、高产、低耗"创造条件。

5.1　普通干法回转窑的窑尾喂料

普通干法回转窑通常是在窑尾冷烟室的上面设置一个生料小仓，供给回转窑煅烧所需的生料。为保证喂料量的均匀稳定，减少发生喂料波动的几率，通常采用以下三种喂料形式。

1. 单螺旋喂料机

单螺旋喂料机是指采用一根螺旋喂料机进行喂料，其布置一般选择沿物料行进方向与水平方向成 $12\sim15°$ 的方式，其结构如图 3.5.1 所示。

2. 双螺旋喂料机

双螺旋喂料机是指采用上下安装两道螺旋喂料机进行喂料，其结构如图 3.5.2 所示。物料由上面的螺旋喂料机流入下面的螺旋喂料机，再送入窑内。由于上面螺旋喂料机的螺旋叶片直径比下面的大，或者上面的螺旋喂料机转速比下面的快，下面的螺旋喂料机经常处于料满状态，上面螺旋喂料机多余的物料，再沿着回料管流回生料库内。

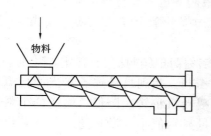

图 3.5.1　单螺旋喂料机结构示意图

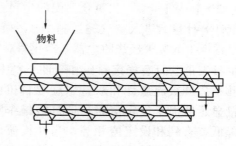

图 3.5.2　双螺旋喂料机结构示意图

3. 不等螺距的螺旋喂料机

不等螺距的螺旋喂料机就是指选用入料端的螺距大、出料端的螺距小的螺旋喂料机进行喂料。

螺旋输送机在普通干法回转窑厂用得较多，优点是结构简单，操作方便，设备事故少，维修工作量少。缺点是当上面的料仓下料不正常时，容易造成喂料量波动大，影响窑的热工制度，影响窑生产的熟料产量和质量。为此，生产上通常将螺旋喂料机与窑速设置成自动连锁控制，使生料喂料量和窑速形成同步，窑速加快时，生料喂料量按比例相应增加，窑速降低时，生料喂料量按比例相应降低，保持窑内物料填充率几乎不变，有利于窑的煅烧操作。

5.2　悬浮预热器窑及预分解窑的窑尾喂料

悬浮预热器窑及预分解窑的窑尾喂料控制系统如图3.5.3所示。

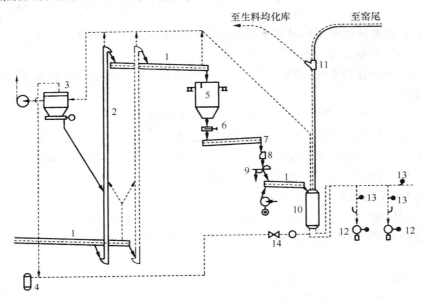

图 3.5.3　悬浮预热器窑及预分解窑的窑尾喂料控制系统

1—空气输送斜槽；2—提升机；3—袋式收尘器；4—压缩空气储罐；5—生料失重仓；6—密封闸板阀；
7—双管螺旋喂料机；8—冲板流量计；9—取样器；10—气力提升泵；11—电动两路阀；12—空气压缩机；
13—压力表；14—球形闸阀

经生料均化库连续均化后的生料，由空气输送斜槽1进入提升机2，再经空气输送斜槽1输送到生料失重仓5，失重仓5内的生料经密封闸板阀6进入双管螺旋喂料机7，再经冲板流量计8计量后进入空气输送斜槽1，最后经过气力提升泵10的输送进入窑尾预热器。输送过程产生的废气经袋收尘器3净化后对空排放。

生料失重仓具有稳定料压和缓冲下料的作用，能够保证下料均匀、稳定，减少产生波动的几率。冲板流量计和双管螺旋喂料机由计算机控制，实现自动连锁，当冲板流量计的计量显示值大于设定值时，计算机指令双管螺旋喂料机将转速降低，输送的生料值也随之降低，直到和设定值相等；当冲板流量计的计量显示值小于设定值时，计算机指令双管螺旋喂料机将转速提高，输送的生料值也随之增加，直到和设定值相等。所以，实际入窑的生料量不是（生料设定值）大小不变的直线，而是一条围绕生料设定值波动的正弦曲线。

使用气力提升泵输送生料，需要空气压缩机提供大量的压缩空气，不仅增加电能的消耗，还把大量压缩空气带入预热器，降低预热器内的废气温度，影响生料的换热效果，增加窑系统排放的废气量，增加熟料热耗。目前新型干法水泥企业已经采用提升机代替气力提升泵输送窑尾生料，既降低了电能消耗，也降低了设备的维护费用。

任务 6　润　　滑

任务描述：掌握水泥煅烧设备常用的润滑油及润滑方法；掌握水泥煅烧设备润滑故障的判断方法；掌握提高水泥煅烧设备润滑效果的技术措施。

知识目标：掌握水泥煅烧设备常用的润滑油及润滑方法。

能力目标：掌握水泥煅烧设备润滑故障的判断方法；掌握提高水泥煅烧设备润滑的措施。

根据预分解窑水泥企业的生产统计，一般设备的 80% 零件是因磨损而报废的，30%～50% 的能源是为克服摩擦而消耗的。摩擦会使设备的传动效率降低，零件磨损、发热，造成设备故障。润滑则是减小摩擦和磨损的有效措施。润滑方案、润滑装置和密封措施的选择及设计至关重要。

6.1　摩擦与润滑

摩擦、磨损和润滑三者是密切相关的，了解其相关的基本知识便会使我们明白润滑的重要意义和作用。

1. 摩擦的类型及润滑状态

设备在运转过程中，两个互相接触并作相对滑动的零件表面之间必定会产生摩擦。按摩擦表面的接触情况和润滑剂的工作情况可分为干摩擦、边界摩擦、流体摩擦和混合摩擦四类。

（1）干摩擦

两接触表面之间没有润滑剂的摩擦称为干摩擦。其特点是摩擦力大，磨损严重，发热量大，会使设备零件寿命大大缩短。因此除了利用摩擦作用工作的零件，如带传动件、摩擦离合器和制动器的摩擦件、球磨机衬板、颚式破碎机齿板等，都应防止设备零件之间出现干摩擦。

（2）边界摩擦

两个摩擦表面由于润滑油与金属表面产生物理化学作用，金属表面会吸附一层极薄的称之为边界膜的油膜将其大部分覆盖，但因边界膜很薄、强度低，还可能造成两表面的凸峰部分直接接触，这种在边界膜状态下的摩擦称为边界摩擦。边界摩擦中的润滑状态叫边界润滑，它的特点是：摩擦系数大大降低，磨损也比干摩擦状态显著减小，但它并未达到理想的润滑状态。

（3）流体摩擦

两个表面被一层具有压力的、连续的、有足够厚度的油膜隔开，不存在表面凸峰直接接触的摩擦称为流体摩擦，其润滑状态称为流体润滑，也即液体润滑，它的特点是：摩擦系数和摩擦力很小，理论上几乎无磨损，是一种理想的润滑状态。摩擦面之间如能形成流体润滑，可显著延长设备零件的使用寿命。

（4）混合摩擦

混合摩擦是介于边界摩擦和流体摩擦之间的一种摩擦，其润滑状态称为混合润滑，它的特点是：两表面之间有凸峰直接接触，又有一定压力的厚润滑油膜存在。混合摩擦对磨损的影响也介于边界摩擦和流体摩擦之间。

边界润滑、流体润滑、混合润滑等三种润滑状态，在设备运转过程中可随载荷、转速、润滑油黏度等因素的变化而互相转化。

2. 润滑的作用

润滑的目的在于尽量减小两个接触面之间的摩擦和磨损，保证设备的正常运转。润滑的作用主要有以下几点：

（1）减小摩擦力，降低能耗，提高设备的运转效率。

（2）减轻摩擦和磨损，延长设备零件的使用寿命，有利于保持设备运转的精度。

（3）减小摩擦产生的热量，润滑油还能起到散热冷却效果，有利于防止金属零件产生塑性变形、点蚀、胶合失效和零件烧损事故等。

（4）润滑油能够冲去磨屑和尘粒，润滑脂能够防止粉尘进入设备零件摩擦接触面。

（5）润滑还具有防锈、防止腐蚀磨损和减振等作用。

6.2 润滑方法

1. 手工润滑

手工润滑是以手工添加润滑油或润滑脂，主要用于低速的开式齿轮、链条、钢丝绳等运转精度要求不是很高的机械和设备零件，比如窑中大齿圈传动、提升机的传动轴承等润滑都是采用手工润滑方式。

2. 滴油润滑

滴油润滑是利用润滑油的自重滴入润滑部位进行润滑，主要用于滑动轴承、滚动轴承、齿轮、链条、导轨等部位。常用的装置是针阀滴油油杯，通过针阀可实现开启、关闭和调整滴油量。因为滴油量有限，且润滑油为耗损品，故滴油润滑的应用在水泥机械设备中受到一定程度的限制，只是在小型的球磨机滑动轴承、小型空压机传动等设备上使用。

3. 飞溅润滑

飞溅润滑就是依靠旋转的机件（如齿轮）或附加在轴上的甩油盘、甩油片等将油池中的油溅散或带到润滑部位（如齿轮啮合面）。飞溅润滑主要用于闭式齿轮传动装置，其润滑油可以循环使用，齿轮箱体内壁上的回油槽可将部分溅散的润滑油收集并导入轴承，对轴承进行润滑。飞溅润滑在水泥机械设备的减速箱、蜗轮减速箱、球磨机、烘干机等封闭式传动齿轮中应用非常普遍。

4. 喷涂润滑

喷涂润滑就是使用喷枪，利用压缩空气将加热成流态的沥青润滑剂喷到齿面上的一种润滑。当流态沥青喷到齿面上会迅速降温，冷凝为固态膜，因而不会发生漏泄。沥青膜很耐压，适合低速重载的开式及半开式齿轮润滑。水泥企业的边缘传动球磨机、回转窑传动的齿轮齿圈等部件都可以采用喷涂润滑方式。

5. 油勺润滑

油勺润滑就是将几个油勺固定在转轴上，油勺随轴旋转，转至下面时在油池中舀油，转至上面时将油倒入布油盘中。润滑油通过布油盘中的许多小孔淋在轴上，对轴及轴瓦进行润滑。水泥企业的回转窑托轮支承轴瓦、球磨机传动中空轴的轴瓦等部件都可以采用油勺润滑方式。

6. 喷雾润滑

喷雾润滑就是利用压缩空气通过喷嘴将润滑剂喷出、雾化，使其黏附于摩擦表面形成油膜而起到润滑作用。根据润滑剂的不同，喷雾润滑有两种方式：一种是传统意义上的油雾润滑，一种是较先进的脂（干油）雾润滑。水泥企业的高速滚动轴承、闭式齿轮、链条等部件都可以采用油雾润滑方式。

6.3　润滑剂

润滑剂有气体、液体、半固体及固体四种状态，常用的润滑油为矿物油、合成油，属于液体类，也称稀油；常用的润滑脂为半固体塑性类润滑剂，也称干油；石墨、二硫化相等固体粉状类为固体润滑剂。

1. 润滑油

液体润滑剂适用于封闭式标准型减速机，比如加入极压抗磨、油性、防锈等多种添加剂，适用于有冲击负荷条件下运转的主传动部位的减速机；将润滑油加入少量沥青、增黏剂、极压剂、防锈剂等调和制成开式齿轮油，它适用于低转速高负荷的大、中、小型开式齿轮或链条传动，使用效能良好；将精制的润滑油加入增黏、抗磨、油性、防锈蚀、抗氧等多种添加剂，可制成蜗轮蜗杆润滑油。

2. 润滑脂

润滑脂是在润滑油中加入一定量的稠化剂及皂类等制成的一种膏状的半固体润滑剂，它适用于各种机械设备的滚动轴承的轴瓦及其他滚动滑动摩擦部位，具有润滑减磨、保护密封作用。

6.4　水泥煅烧设备的润滑故障

1. 润滑故障原因

（1）水泥煅烧设备的故障多是由于润滑原因引起的，这是由水泥煅烧设备的特点和生产条件决定的。水泥煅烧设备多处在高粉尘、高温度环境下运转，其在工作中载荷重、速度低，连续性生产，磨损快，冲击振动大，负荷变化大。

（2）水泥煅烧设备大至回转窑的齿圈、托轮，小至输送机内托辊轴承，其结构、工作条件差别很大，对润滑系统维护的要求各不相同，做好润滑部位的密封工作有一定困难，润滑故障就不可避免发生，并且还会成为其他故障及事故的隐患和根源。

2. 润滑故障种类

（1）正常工作条件下不能转动或启动。其主要原因是由于润滑不良而使摩擦部位发生严重损伤，或因密封不好使外来的粉尘、杂物等异物进入摩擦部位的间隙造成零件严重磨损。

（2）运转不灵活、不均匀，达不到要求的转速，或运转不平稳、动力消耗大。其主要原因是摩擦部位的装配和调整不当，间隙过小则摩擦增大，而间隙过大则润滑剂或润滑方法不易选择；过滤失效、润滑剂管理不善致使摩擦部位发生严重的摩擦磨损，并阻碍机件运转。

（3）运转时产生异常振动和噪声，其原因是内部机件、零件损坏，也可能是润滑不良。

（4）油路堵塞、供油量小、油质不洁和用油不当是造成回转窑等强制润滑系统故障的四大要素。油路堵塞是由液压泵停转、进油阀关闭、油管折断、进油孔被堵塞等原因造成的，它与装配、维修、操作、保养及管理有直接关系。供油量小会加快油的变质，增加能耗，缩短维修间隔。油质不洁的危害性很大，主要是因为密封不好、维护不当，使粉尘异物进入润滑油中。摩擦产生的磨屑也会沉淀到润滑油中，不按时换油或加油时过滤不当，是造成油质不洁的重要原因。

6.5 水泥煅烧设备常用的润滑油及润滑方式

水泥企业一般根据设备生产厂家提供的润滑使用说明书，选择煅烧设备的润滑油及润滑方式，也可根据本企业的生产实践经验，制定煅烧设备的润滑油及润滑方式，表3.6.1即是某一水泥企业煅烧设备选择的润滑油及润滑方式。

表 3.6.1 煅烧设备常用的润滑油及润滑方式

设备名称	润滑部位	润滑方式	轴承形式	常用润滑剂
回转窑	窑中传动减速机	飞溅润滑	—	根据生产厂家说明书选择润滑油
	支承托轮	油勺润滑	滑动轴承	N150 工业齿轮油；N460 及 N680 汽缸油
	窑中大齿轮传动	人工润滑、喷雾润滑	—	3 号及 4 号开式齿轮油；9 号二硫化钼
	液压装置	—	—	寒区使用 N22 及 N46 低凝润滑油；暖区使用 N22 及 N46 抗磨液压油
冷却机	传动减速机	飞溅润滑		N150～N320 工业齿轮油
	传动轴承	人工润滑、润滑脂泵	滚动轴承	2 号二硫化钼锂基脂
	链条联轴器	—		2 号二硫化钼锂基脂
煤磨	传动减速机	飞溅润滑		根据生产厂家说明书选择润滑油
	传动主轴承	油勺润滑、强制润滑	滑动轴承	N680 汽缸油
	大齿轮传动	人工润滑、油枪润滑		3 号及 4 号开式齿轮油；9 号二硫化钼
	滑履轴承	强制润滑		N680 汽缸油；N1100 汽缸油

6.6 加强水泥煅烧设备润滑的途径

1. 加强煅烧设备润滑系统的管理工作

水泥煅烧设备润滑系统管理的主要内容是定人、定检、定点、定质和定量，即定人加油、定期检查油质、定点加油、定质选油和定量用油。制定各项润滑管理制度，包括润滑油管理制度、润滑材料入库制度、油品管理制度、润滑油器具清洗制度、安全技术制度等。

2. 正确操作、科学维护

煅烧设备润滑系统能否获得应有的润滑效果，取决于在使用中是否做到正确地操作和科学地维护。煅烧设备润滑系统发生故障后，能见到一些比较明显的异常现象，如温度突然升高，噪声突然增大等。然而，正是那些细微异常现象，会很容易地酿成重大故障。因此，必须高度重视煅烧设备润滑系统的异常变化，以免发生重大事故。开机前必须检查润滑系统是否良好，机械设备正常运转后，要坚持巡检并记录其状态，包括异常声响、温度异常变化、润滑油的消耗、污染等实施状态监测。对关键部位可安装温度报警系统，操作人员要掌握判断异常现象和故障的方法，提高处理故障的能力。坚持设备的维护和保养制度，定期检查油质和泄漏情况，坚持换油过滤制度，以防杂质进入油内。

3. 正确合理选用润滑剂

煅烧设备的工作范围、工作环境相差较大，因此在润滑剂的选用上要特别注意，必须按照机械的性能、实际使用条件、润滑剂的性能，正确合理地选用润滑剂。例如大型齿轮减速机润滑油的选择，首先考虑其载荷和速度，低速重载齿轮，由于油膜形成条件差，要选择黏度指数较高、油性和极压性好的油；高速传动齿轮，其油膜形成条件好，可选择黏度指数较低的油；高温传动，瞬时温度升高，易发生胶合失效，要选用抗氧化性能好的油。

4. 重视机械的泄漏，并做好记录

水泥企业的生产实践证明，有许多润滑故障都是由泄漏引起的，有的是从内往外漏油，造成缺油干磨，有的则从外往内进水或粉尘，造成表面研磨或腐蚀。因此，维修时一定要仔细检查密封装置和元件是否漏装、误装，失效的元件和材料是否已经更换。

5. 重视油样分析

对回转窑润滑油和液压油进行定期取样分析，对润滑油的质量作科学的判断，为按质换油提供科学的依据。同时也可在设备不解体的情况下，获得机械设备中零部件运转状态的大量信息，掌握机械设备的磨损部位、磨损形式、严重程度和故障发展趋势，对润滑系统的故障实施准确可靠的诊断，预测设备、零件的剩余使用寿命，实现对煅烧设备状态的监测和按需维修。

6. 技术培训

做好煅烧设备的润滑，减少故障的关键在于领导重视、管理人员抓紧。机械设备运转中的异常现象，大部分要靠操作人员发现和处理，修理或调整则完全依赖于维修人员的技能。管理人员、技术人员及岗位操作人员应该定期接受润滑技术教育和培训，不断提高润滑管理和润滑操作技术水平。

思考题

1. 回转窑筒体的形状及特点。
2. 回转窑筒体变形的原因及采取的技术措施。
3. 回转窑的支撑装置的组成及作用。
4. 回转窑传动大牙轮的安装方式。
5. 回转窑液压挡轮的结构及自动控制系统。
6. 回转窑双传动的优点。
7. 回转窑筒体产生窜动的原因。
8. 如何通过调整托轮的轴线控制筒体的上下窜动？
9. 回转窑系统设置密封装置的目的。
10. 回转窑常用的密封装置的结构形式及特点。
11. 选用回转窑密封装置的注意事项。
12. 回转窑煅烧设备的润滑方式及特点。
13. 提高煅烧设备润滑效果的措施。
14. 预分解窑喂料计量的控制。

项目4　熟料的煅烧

项目描述：本项目详细地讲述了回转窑用的燃煤、煤粉的燃烧、熟料的煅烧反应及熟料形成热等方面的知识内容。通过本项目的学习，掌握影响煤粉的燃烧因素；掌握影响火焰的因素；掌握促进熟料煅烧反应的操作控制措施；掌握降低熟料热耗的有效技术途径。

任务1　回转窑煅烧用的燃料煤

任务描述：熟悉回转窑用燃煤的种类、化学分析及工业分析；熟悉回转窑对燃煤的质量要求。

知识目标：熟悉回转窑用燃煤的种类、化学分析及工业分析。

能力目标：熟悉回转窑对燃煤的质量要求。

煤是煅烧水泥熟料的必用燃料，新型干法窑生产1t水泥熟料的标准煤耗大约在100～140kg之间，回转窑煅烧熟料使用的燃料以烟煤为主，但由于煤资源分布的制约和限制，我国南方许多水泥企业已经开始使用无烟煤作为煅烧水泥熟料的燃料。水泥企业如何选煤是水泥生产的一个重要环节，因为煤的质量好坏，直接影响水泥熟料的煅烧及水泥的质量。

1.1　燃料煤的种类

固体燃料煤，可分为无烟煤、烟煤和褐煤等煤种。回转窑煅烧一般用烟煤，立窑煅烧一般使用无烟煤或焦煤末。

1. 无烟煤

无烟煤是一种碳化程度最高，干燥无灰基挥发分含量小于10%的煤，其收到基低热值一般为20900～29700kJ/kg。无烟煤结构致密坚硬，含碳量高，着火温度为600～700℃，燃烧火焰短，是立窑煅烧熟料的主要燃料。

2. 烟煤

烟煤是一种碳化程度较高，干燥灰分基挥发分含量为15%～40%的煤，其收到基低热值一般为20900～31400kJ/kg。烟煤结构致密，着火温度为400～500℃，是回转窑煅烧熟料的主要燃料。

3. 褐煤

褐煤是一种碳化程度较浅的煤，有时可清楚地看出原来的木质痕迹。其挥发分较高，可煤基挥发分可达40%～60%，灰分20%～40%，热值为1800～8400kJ/kg。褐煤中自然水分含量较大，性质不稳定，易风化或粉碎。

1.2　煤的组成及分析

煤的分析方法通常有元素分析法和工业分析法。

1. 元素分析法

用化学分析方法，分析燃料的主要元素百分数，即碳（C）、氢（H）、氧（O）、氮

（N）、硫（S）及灰分（A）和水分（M）等。这种分析方法可用于精确地进行燃烧计算。

（1）碳（C）：是燃料中最主要组分，在煤中的含量为 $55\%\sim99\%$，是固体燃料的主要热能来源。

（2）氢（H）：是燃料中的一种可燃成分，对燃料的性质的影响较大。在煤中有两种存在形式：一种与碳、硫化合，称可燃氢；另一种与氧化合，不能参加燃烧。氢含量越多，燃料的挥发分越高，越容易着火燃烧，燃烧的火焰也越长。在固体煤料中一般不超过 $4\%\sim5\%$。

（3）氧（O）、氮（N）：不参与燃烧反应，不能放出热量。固体燃料中含量约为 $1\%\sim3\%$。

（4）硫（S）：有三种形态，有机硫化物、金属硫化物、无机硫化物，前两种可挥发并参与燃烧，放出热量，称为可燃硫或挥发硫。硫燃烧后放出热量，且会形成 SO_2 气体，对人体有害，污染环境，腐蚀设备，影响产品质量，是燃料中的有害成分，一般含量在 2% 以下。

（5）灰分（A）：燃料燃烧后剩下的不可燃烧的杂质称为灰分。成分多为硅酸盐等无机化合物，如 S、F、A、C、M 等。其中 S 及 A 占大多数。灰分是燃料中的有害成分，灰分越多，燃料品质越低。

灰分有以下不良影响：

①灰分的存在，降低了燃料中可燃成分含量，同时燃烧过程中灰分升温吸热，消耗热量，降低燃料的发热量。

②灰分过高时，热值低，影响燃料的燃烧速度和燃烧温度，使燃烧达不到工艺要求，影响熟料的产、质量。

③由于煤灰增加，在烧成温度下物料液相量增多，黏性增大易结圈，影响窑系统的通风，增加排风机电耗。

④煤灰增加，相应地增加煤粉用量，改变工厂的物料平衡，同时会影响煤磨产量，有时需要放宽煤粉细度，这样容易产生不完全燃烧，出现恶性循环。

⑤煤的灰分还影响熟料的化学成分，若煤的来源多，又未能均化，其灰分的波动必然导致熟料化学成分及质量的波动。

⑥一般对窑外分解窑，要求煤粉的灰分 $<27\%$。

（6）水分（M）：燃料煤中的水分是指自然水分，不包括化合结晶水，包括混入的非结合水和吸附在毛细孔中的吸附水。煤粉水分高，燃烧速度减慢，且汽化时要吸收大量汽化热，降低火焰温度。但煤粉中存在少量的水分能促进碳和氧的化合，提高火焰的辐射能力。煤粉水分一般控制在 2.0% 以内，最好控制在 $0.5\%\sim1.0\%$。

2. 工业分析法

煤的工业分析能够较好地反映煤在窑炉中的燃烧状态，而且分析手续简单，因而水泥生产企业大多数一般只做工业分析。

工业分析包括对水分（M）、挥发分（V）、固定炭（C）、灰分（A）的测定，四项总量为 100%。在四项以外还需测定硫分，作为单独的百分数提出。对煤的灰分应该做全分析，包括 SiO_2、Al_2O_3、Fe_2O_3、CaO、MgO 等化学成分以及煤的热值（发热量以每千克煤能发出多少千焦的热量表示，单位为 kJ/kg）。

煤的分析基准有：

（1）收到基指工厂实际使用的煤的组成，在各组成的右下角以"ar"表示。

（2）空气干燥基指实验室所用的空气干燥煤样的组成，即将煤样在20℃和相对湿度70％的空气下连续干燥1h后质量变化不超过0.1％，即可认为达到空气干燥状态，此时煤中的水分与大气达到平衡，在各组成的右下角以"ad"表示。

空气干燥状态下留存在煤中的水分称为空气干燥基水分或内在水分 M_{ad}，在空气干燥过程中逸出的水分称为外在水分 $M_{ar,f}$。收到基水分为总水分，即内在水分与外在水分之和。

（3）干燥基指绝对干燥的煤的组成，不受煤在开采、运输和贮存过程中水分变动的影响，能比较稳定地反映成批贮存煤的真实组成，在各组成的右下角以"d"表示。

（4）干燥无灰基指假想的无灰无水的煤组成。由于煤的灰分在开采、运输或洗煤过程中会发生变化，所以，除去灰分和水分的煤组成，或排除外界条件的影响。在各组成的右下角以"daf"表示。

1.3 回转窑对燃煤的质量要求

新型干法水泥生产采用了多风道燃烧器、篦式冷却机等高性能设备，提高了二次风温度及三次风温度，对燃料要求相对较低，用低质煤煅烧水泥熟料技术已成熟。低质煤就是指挥发分 $V_{ad}<20\%$，灰分 $A_{ad}>30\%$，热值 $Q_{net,ad}<20935kJ/kg$ 的煤，显然低挥发分煤、贫煤（半无烟煤）、无烟煤均属低质煤。

1. 热值

对燃煤的热值希望越高越好，这可以提高发热能力的煅烧温度。热值较低的煤使煅烧熟料的单位热耗增加，同时使窑的单位产量降低。一般要求煤的低位发热量 $Q_{net,ad}\geqslant$ 23000kJ/kg 煤。

2. 挥发分

煤在隔绝空气的条件下加热时，有机质分解释放出气态和蒸气状物质所占质煤粉在燃烧过程中，首先是挥发分从煤粒中析出并在一定的温度下着火燃烧，随着挥发分的析出燃烧，在煤粒中形成许多孔隙，煤粒表面的空气向内扩散与煤粒中部的固定碳被点燃，反过来又进一步加快了挥发分的析出和燃烧。

煤的挥发分和固定炭是可燃成分。挥发分低的煤，着火温度高，窑内会出现较长的黑火头，高温带比较集中。一般要求煤的挥发分≤35％。当煤的挥发分不恰当时，应该采用配煤的方法，用高挥发分和低挥发分的煤搭配使用。

煤的着火温度随挥发分增加而降低，挥发分含量高的煤着火早，而且使煤的发热过程持续较长的距离，因此火焰长。挥发分低的煤，绝大部分的热能在很短的距离内部能被释放出来，这样使火焰集中火焰短，有时会出现局部高温现象。

挥发分对煤粉的燃尽也有直接影响，一般挥发分较高的煤形成的焦炭疏松多孔，它的化学反应也较强。

3. 灰分

详见1.2内容。

4. 水分

详见1.2内容。

5. 细度

回转窑用烟煤作燃料时，须将块煤磨成煤粉再行入窑。煤粉细度太粗，则燃烧不完全，增加燃料消耗；同时，煤粉太粗，则煤灰落在熟料表面，使熟料成分不均匀，因此会降低熟料的质量；而且燃烧不完全的煤粉落入熟料时由于氧气不足，不能继续燃烧，形成还原焰，使熟料中 Fe_2O_3 还原成 FeO，造成黄心料。因此，煤粉细度最好控制在 $80\mu m$ 筛余小于 15%。若烟煤挥发分 $\leqslant 15\%$，则煤粉细度应控制在 6.0% 及以下。但煤粉磨得过细，既增加粉磨电耗，又容易引起煤粉自燃和爆炸。对正常运转的回转窑，在燃烧温度和系统通风量基本稳定的情况下，煤粉的燃烧速度与煤粉的细度、灰分、挥发分和水分含量有关。

6. 无烟煤的使用

我国幅员辽阔，煤炭储量及品种分布极不平衡。烟煤主要分布在我国北方地区，广大南方地区埋藏着以低挥发分为主的无烟煤。在传统的水泥生产工艺中，回转窑生产线必须使用烟煤，这些烟煤主要来自北方的一些大煤矿。南方水泥厂大量使用北方产烟煤，由于运费消耗，煤价上扬，水泥生产成本大大提高，且由于交通运输紧张，为保证水泥连续生产，水泥工厂必须建大的贮煤场来贮煤，既增加了水泥厂基建投资和占地面积，也使生产成本提高，影响工厂经济效益。若能就地取材，用当地低挥发分的无烟煤作燃料，既可减少基建投资降低生产成本，又可减轻运输压力，合理利用煤炭资源。福建地区的新型干法水泥企业，普遍采用挥发分在 $3\%\sim5\%$ 的无烟煤。根据产地的不同，用无烟煤比外购煤每吨熟料可降低成本 $25\sim40$ 元，如果按日产 $2000t$ 熟料计算，仅燃料一项每年就可增加净利润 1500 万至 2400 多万元。

任务 2 煤粉的燃烧

任务描述：熟悉煤粉在回转窑内的燃烧过程及影响煤粉燃烧的因素；掌握回转窑火焰的控制方法；掌握回转窑热力强度的计算。

知识目标：熟悉煤粉的燃烧过程及影响因素；掌握回转窑内热力强度的计算。

能力目标：掌握回转窑火焰的调整及控制方法。

2.1 煤粉在回转窑内的燃烧过程

1. 着火与着火温度

任何燃料的燃烧过程都有着火及燃烧两个阶段。由缓慢的氧化反应转变为剧烈的氧化反应（即燃烧）的瞬间叫着火，转变时的最低温度叫着火温度，也叫燃点或着火点。燃料在燃烧阶段初期，释放出的挥发分与周围空气形成的可燃混合物的最低着火温度，称为燃料的着火温度。水泥工业中通常用煤作燃料，煤的着火温度与煤的变质程度有关，一般来说变质程度高的煤，其着火温度也较高。同时，煤的着火温度与其挥发分含量、水分、灰分以及煤炭组成亦有一定关系，通常煤的着火温度随挥发分含量的增高而降低，烟煤的着火温度一般在 $250\sim400℃$，无烟煤的着火温度一般在 $350\sim500℃$，烟煤的着火温度一般在 $250\sim350℃$。

2. 燃烧过程

煤粉受热后首先被干燥，将所含 $1\%\sim2\%$ 的水分排出，一般需要 $0.03\sim0.05s$，在煤粉粗、湿的情况下，干燥预热的时间要相应延长。干燥预热时间的长短，决定火焰黑火头的长短。温度升高到 $450\sim500℃$ 时，挥发分开始逸出，在 $700\sim800℃$ 时全部逸出，煤粉中水分和挥发分逸出后，剩下的是固定碳粒子和灰分。当挥发分遇到空气时使其着火燃烧，生成气态的 CO_2 和 H_2O，它们包围在剩下的固定碳粒子周围，因此固定碳粒子的燃烧，除了要有足够高的温度外，还必须待空气中的氧通过扩散透过包围在固定碳粒子周围的气膜，与固定碳粒接触后才能进行固定碳的燃烧。挥发分燃烧时间长短，与挥发分含量多少、气体流速大小、温度高低有关。挥发分低，气体流速快，温度高，燃烧时间就短，否则相反。挥发分高的煤，着火早，燃烧快，黑火头短，白火焰长，挥发分低的煤则相反。

固定碳粒的燃烧是很缓慢的，它的燃烧速度不但与温度高低有关，且与气体扩散速度（包括燃烧产物扩散离开碳粒子表面和氧气扩散到固定碳粒子表面）有很大关系。所以加强气流扰动，以增加气体扩散速度，将大大加速固定碳粒子的燃烧。煤粉的颗粒大小及含碳量多少也都影响着碳粒的燃烧速度。

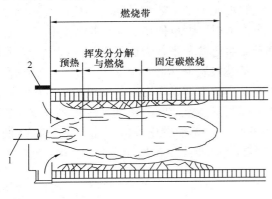

图 4.2.1　煤粉燃烧示意图
1—喷煤管；2—二次风入口

煤粉喷出有一定速度，因此一出喷嘴首先是预热干燥，不可能立即燃烧，随着距喷嘴距离的增加，挥发分逐步逸出并燃烧，随即固定碳开始燃烧，其燃烧示意图如图 4.2.1 所示。

煤粉由燃烧器喷出后，有一定长度的黑火头。煤粉燃烧后形成燃烧的焰面，并产生热量，使温度升高，热量总是从高温向低温传递，由于焰面后面未燃烧的煤粉比焰面温度低，因此焰面不断向其后面未燃烧的煤粉传热，使其达到着火温度而燃烧，形成新的焰面，这种焰面不断向未燃烧物方向移动的现象叫火焰的传播（或扩散），传播的速度称火焰传播速度。但要注意的是煤粉是以一定速度喷入窑内的，所以火焰既有一个向窑尾方向运动的速度，又有向后传播的速度，当喷出速度过大，火焰来不及向后传播时，燃烧即将中断，火焰熄灭，当喷出速度小，火焰将不断向后传播，直至传入喷煤管，这称为"回火"，若发生"回火"，有引起爆炸的危险，所以喷出速度与火焰传播速度要配合好。火焰传播速度与煤粉的挥发分、水分、细度、风煤混合程度等因素有关，当煤粉挥发分大、水分小、细度细、风煤混合均匀时，火焰传播速度就快，否则相反。

2.2　影响煤粉燃烧的因素

1. 一次风

从燃烧器入窑的风叫一次风。一次风对煤粉起输送作用，同时还供给煤的挥发分燃烧所需的氧气。一次风量占总空气量的比例不宜过多，因为一次风量比例增加，相应地就会使二次风比例降低（总用风量不变的情况），二次风的减少会影响到熟料冷却，使熟料带走的热损失增加。为使煤粉不致发生爆炸现象，一次风温度不能高于 140℃，而二次风温度可以达到 1200℃，一次风温度比二次风温度低很多，减少二次风量，影响煤粉的燃烧。传统的单风道煤粉燃烧器，由于结构简单，其功能主要在于输送煤粉，风煤混合程度差，煤粉靠一次风输送并吹散，必须有足够的风量，其一次风量占总风量的 20%～30%，一次风速只有 40～70m/s。多通道煤粉燃烧器的直流风速可达 400m/s、旋流风速可达 150m/s，具有很高的冲量能量，能有效地降低一次风量，其一次风量占总风量 4%～8%，有利于煤粉的快速燃烧。

2. 二次风

从冷却机入窑的风叫二次风，其作用主要是供给煤中固定碳燃烧所需的氧气。二次风经过冷却机与熟料换热，熟料被冷却，二次风被预热到 1000～1200℃，对气流还能产生强烈的扰动作用，有利于固定碳的燃烧。二次风与煤粉颗粒的接触，总是从火焰表面开始，逐渐深入到火焰的中心，在火焰的同一截面上，火焰外围与中心燃烧程度有差别，外围燃烧充分，内部有可能产生不完全燃烧现象。

3. 煤的热值

煤的热值高，产生的热量多，火焰燃烧温度高，有利于窑的操作，为此，控制回转窑用煤的低位热值≥20900kJ/kg。

4. 煤的水分

煤粉中存在少量的水分，对煤粉的燃烧十分有利，不但能促进碳与氧的化合，并且在着火后能提高火焰的辐射能力，因此煤粉不必绝对干燥，在煤粉中保持 1.0%～1.5% 的水分可促进燃烧，但过量的水会影响煤粉的燃烧，降低火焰温度，延长火焰长度，使废气温度升高。燃料煤粉中多含 1% 的水，约降低火焰温度 10～20℃，废气热损失增加 2%～4%。

5. 煤粉细度

煤粉细度愈细，燃烧速度愈快，燃烧火焰温度愈高。

6. 燃烧空气量

助燃用的空气量过多、过少都会降低燃烧温度而增加热损失，当空气量过多，在窑内形成过剩空气，这种过剩空气如来自冷却机经过预热的二次空气，燃烧温度则降低少些，但它使废气量增加；如过剩空气由漏风而来，窑头漏风不仅会降低火焰温度，而且由于从冷却机来的二次空气减少，使熟料带走热增加，加上废气量增加造成热损失加大，结果使总热耗增加更多。若燃烧空气供应不足，燃烧不完全而生成 CO，会使温度降得更多，因为每千克碳燃烧成 CO 所产生的热量只占完全燃烧时应放出热量的 30% 左右。为保证煤粉充分燃烧，保持适当的空气量是必要的，一般控制窑内过剩空气量在 5%～15%，即过剩空气系数为 1.05～1.15，相当窑尾废气中 O_2 含量为 1%～2%。

2.3 火焰

1. 火焰长度

火焰长度有全焰长度和燃焰长度两种表示方法，前者指从喷煤管至火焰末端的距离，后者指开始着火处至火焰末端的距离。所谓火焰末端是指发光火焰的末端，大约 90% 的煤粉燃尽后发光火焰终止。水泥企业所说的火焰长度通常是指燃焰长度。两种火焰长度的示意图如图 4.2.2 所示。

在熟料煅烧过程中，熟料形成的每个阶段都有温度和时间要求，所以火焰长度及其分布应与工艺过程相适应，特别是烧成带的火焰长度，必须保证物料有足够的停留时间，才能煅烧出高质量的熟料。烧成带的火焰长度是火焰的高温部分，约占整个火焰长度的一大半，所形成的窑皮比较坚固，称为主窑皮；火焰两头部分形成的窑皮比较松散，时长时消是动态过程，被称为松散窑皮区或副窑皮。窑皮形成的长短、厚薄、位置、均匀与否和稳定程度等，是判断火焰质量和性能的依据，同时也是衡量操作水平的重要指标。火焰长度对烧成工艺影

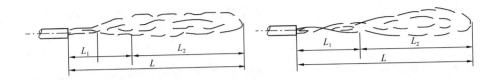

图 4.2.2　火焰长度示意图

L—全焰长度；L_1—燃焰长度

响很大，当发热量一定，若不适当地拉长火焰会使烧成带温度降低，液相过早出现，容易形成结圈，造成废气温度提高，使煤耗增加等。相反，若火焰太短，高温部分过于集中，容易烧垮窑皮及衬料，不利于窑的长期安全运转。因此，火焰长度应根据窑内实际情况进行调整。

2. 影响火焰长度的主要因素

（1）窑内的气体流速

窑内的气体流速愈快，则火焰愈长，而气体流速又受一次风速和窑尾排风的影响。一次风速增加，一方面能提高煤粉的有效射程，使火焰拉长，另一方面又使风煤混合均匀，使燃烧速度快，火焰短，这是两个相反的作用。同时为防止"回火"，喷出速度应比火焰扩散速度大。大直径的窑要求较高的喷出速度，较小直径的窑要求较小的喷出速度。窑尾排风增加，使窑尾负压增加，二次空气增加，火焰外气流的流速增加，从而将火焰拉长。

（2）煤粉燃烧速度

①煤粉细度

煤粉细度愈细，燃烧速度愈快。煤粉细度提高，煤粉表面积增加，煤与空气接触面积增加，燃烧速度加快。回转窑对煤粉细度的要求可按下列经验公式进行确定：

$$R \leqslant (0.9 - 0.001A)(4 + 0.5V)$$

式中　R——煤的细度，0.08mm 方孔筛的筛余（%）；

A——煤粉灰分（%）；

V——煤粉挥发分（%）；

②二次空气温度

二次空气温度提高，煤粉的燃烧速度加快，火焰程度缩短。

③煤粉燃烧器

单通道煤粉燃烧器的风煤混合均匀程度远远低于多通道喷煤粉燃烧器，其煤粉燃烧速度就慢，火焰长度长，所以新型干法水泥企业都采用了多通道喷煤粉燃烧器，其目的是加快煤粉的燃烧速度。

④煤的挥发分

挥发分含量高的烟煤在距喷嘴较近的地方就能着火，并且火焰较长；挥发分含量低的煤则相反。因为着火温度随挥发分增加而降低，所以挥发分含量不同，着火点距喷煤嘴的远近位置就不同，挥发分含量高，着火早，而且使煤的发热过程持续较长的距离，因此火焰长；挥发分低的煤，绝大部分的热能在很短的距离内就被释放出来，这样使火焰集中，火焰短，有时还会出现局部高温。为使回转窑内火焰长而均匀，一般要求煤的挥发分在 18%～25%。

3. 火焰粗度

回转窑内的火焰粗细应与其截面积大小相适应。一般来说，火焰应均匀地充满整个窑截面，外廓与窑皮之间保持100～200mm的间隙，即近料而不触料，在不烧坏窑皮和窑衬的前提下，尽可能使火焰接近物料，有利于热量的交换、熟料的煅烧，又不至于损伤窑皮和耐火砖。煤粉燃烧器可以在一定范围内调整火焰的粗度，因此必须根据窑型，选择与其适应的燃烧器，否则将会出现窑皮挂不牢、筒体温度高、耐火砖剥落、红窑等事故，严重影响回转窑的正常生产。

4. 火焰完整性

火焰的完整性表示火焰在其任何一个横断面上均呈现圆形，通过中心线的纵断面呈柳叶形，最好是棒槌形。使用任何一种燃烧器，如果没有外界因素的影响，都可以形成这样理想的火焰。实际上窑内影响因素较多，诸如燃烧器与窑的相对位置、燃烧器本身的性能、窑的工况、窑尾排风机的吸力、二次风的温度、窑内是否结圈等因素，对火焰的完整性均有影响，使火焰的长度、粗度发生不规则变化。

5. 黑火焰

火焰开始着火部分离煤粉燃烧器喷出口的距离称为黑火焰。黑火焰的长短对熟料煅烧有很大影响，如果黑火焰过长，则火焰的有效长度缩短，使回转窑的有效传热面积降低，对煅烧不利，影响熟料的产量、质量；如果黑火焰过短，出窑熟料温度提高，使冷却机热负荷增加，煤粉燃烧器端部容易变形，影响煤粉的燃烧。如果煤的挥发分高、细度细、水分低、二次风温高、风煤混合均匀等，则黑火焰就短。使用单通道煤粉燃烧器，其黑火焰长度在0.5～1.0m，使用多通道喷煤粉燃烧器，黑火焰长度大大缩短，甚至根本没有黑火焰，所以对通道喷煤粉燃烧器的材质要求较高。

6. 理想的火焰形状

使用单通道煤粉燃烧器，火焰基本上都呈圆锥形，并有部分膨胀发散，使靠窑口5～10m的筒体温度高达350～400℃，其后部的筒体温度却比较低。使用多通道煤粉燃烧器，火焰形状理想，窑筒体温度趋于均衡，最高不超过300℃，不仅有利于提高窑的产量及质量，降低熟料热耗，而且还会延长窑体和耐火砖的使用寿命，提高窑运转率。

理想的火焰形状是在任何断面上保持圆形，纵向剖面应为"棒槌形"，如图4.2.3所示。

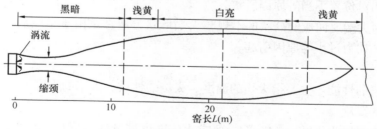

图 4.2.3　回转窑理想的火焰形状

火焰形状与风、煤、料、窑速等因素密切相关，图4.2.4列出了四种有缺陷的火焰形状示意图。

（a）示出理想的火焰形状，即火焰的长度、粗度、规整性等都比较适宜，这就是煅烧所希望得到的火焰形状。

（b）所示为火焰过短、过粗、无黑火焰，这种火焰会使窑前部温度过高，损坏窑皮及耐火砖，不是完整的火焰。

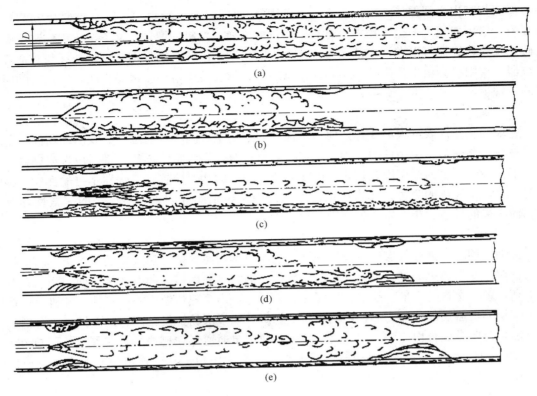

(a)

(b)

(c)

(d)

(e)

图 4.2.4　有缺陷的火焰形状

（c）所示火焰过长、过细，黑火焰过长，此种火焰不能满足熟料煅烧的要求，会导致窑尾温度过高，极易造成煤粉后燃，煤灰沉积，产生结皮、结圈等不正常现象。

（d）所示火焰为偏火火焰，这是由于多通道燃烧器层间钢板磨漏，造成煤风混窜；出口端面圆形间隙过大、内管支架磨损，喷嘴喷出的风煤混合不均；喷头各层钢管烧损变形；燃烧器与窑的相对位置不当等原因所致。

（e）所示为尖端返回成蘑菇状的不规整火焰形状，通常是由于结圈后使气流阻力增大、窑尾排风不足、抽力过小等原因引起。

7. 火焰性能

回转窑火焰的性能，主要指火焰的温度、火焰的性质、火焰的强度等。

（1）火焰的温度

熟料的烧成温度为 1300～1450℃，要求火焰温度即气体温度应达到 1500～1700℃，火焰温度应比烧成温度高出 350～500℃。火焰温度过低时，熟料难烧，f-CaO 高，烧失量大；火焰温度过高时，容易产生熟料过烧现象，烧坏窑皮和耐火砖，发生红窑现象，不但浪费能源，而且熟料质量下降。

新型干法窑由于窑速较快，产量较高，要提高物料的升温速率，必须提高火焰温度，实现"薄料快烧"，保证熟料的煅烧质量。

（2）火焰的性质

火焰的性质是指火焰是属于氧化焰还是还原焰。回转窑煅烧时应保证火焰是氧化焰，因为还原焰影响熟料质量，并对收尘设备产生潜在危险。产生还原焰的主要原因是煤粉过多、相对燃烧空气量供应不足、缺氧造成的。为了保证能够形成氧化焰，必须供给足够的空气量，控制过剩空气系数在 1.05～1.10 范围。

（3）火焰的强度

火焰的强度包括火焰的软硬、方向及发光性等。理想的火焰，必须保证在整个火焰长度上都能进行热交换，同时又不允许产生局部过热现象。回转窑要求具有方向性的硬焰，即从窑头观察窑内的火焰硬而有力，火焰尖端向窑尾方向有力地延伸，而不是在窑内软弱无力、飘浮不定或处于发散状态。

2.4 回转窑内的传热

回转窑内的传热方式有传导传热、对流传热、辐射传热等 3 种方式。燃料煤粉在窑内燃烧产生大量热，需要迅速而有效地传递给物料，达到快速煅烧熟料的目的。

1. 热烟气

热烟气是窑内的主要热源，当窑内热工制度稳定时，一定截面上热烟气的温度不随时间而改变，它以辐射和对流的方式传热给窑内的衬料（耐火砖及窑皮）、处于堆积状态的物料上表面、粉尘以及物料中分解出的气体等。

2. 衬料

由于窑的不停回转运动，衬料（耐火砖及窑皮）有时暴露在热烟气中，有时被物料覆盖。当衬料暴露在热烟气中时，它一方面接受热烟气以辐射和对流方式传给它的热量，另一方面它又以辐射和对流的方式传热给物料的上表面。当衬料被埋在物料下面时，由于其温度比物料高，衬料以传导方式传热给和它接触的物料，同时又以传导方式传热给窑筒体，筒体外壁再以对流和辐射方式传热给外界空气介质等。衬料只是热媒介，起到蓄热器的作用。

3. 物料

物料在窑内温度最低，只能是热的受体。物料既接受衬料以辐射方式、对流方式及传导方式传递的热量，又接受热烟气以辐射方式、对流方式传递的热量。

4. 回转窑内的传热分析

提高回转窑的转速，对窑内的传热过程有很大促进作用。窑的转速愈快，物料翻滚次数愈多，物料暴露在热烟气中受热的机会愈多，有利于物料从热烟气和窑衬获得更多的热量。窑的转速愈快，物料翻滚次数愈多，有利于 CO_2 气体从物料层中逸出，有利于碳酸盐分解反应的进行。提高窑速必须与窑的斜度相适应，生产实践证明，窑的斜度不变时，将转速由 0.75rpm 提高到 1.75rpm，物料的传热系数提高了 7%，当转速增到 2.5rpm 时，传热系数达到最大，若再提高转速，传热系数不再增加反而降低，使物料在窑内停留时间缩短，影响熟料的煅烧质量。

回转窑内有分解带、固相反应带及烧成带等，其传热方式是不同的。在温度达到 1400℃及以上的烧成带，辐射传热大约占 90%，处于主导地位，而对流及传导传热只占不足的 10%，处于附属低位。辐射传热速率与温度的四次方成正比，因此温度是影响烧成带传热的主要因素。在温度低于 1000℃的分解带，辐射传热已退居次要地位，而对流和传导传热位居主导地位，所以换热面积成为影响分解带气固相之间传热的主要因素。

2.5 回转窑的热力强度

1. 回转窑的热容量

回转窑的热容量是指单位时间发出的满足熟料煅烧所需要的热量，其计算公式如下：

$$Q = Gg = Bb$$

式中 Q——窑的热容量（kJ/h）；

G——窑的台时产量（kg/h）；

g——熟料单位热耗（kJ/kg）；

B——窑小时用煤量（kg/h）；

b——煤的收到基低位发热量（kJ/kg）。

由回转窑热容量计算公式可知，在熟料单位热耗一定时，提高回转窑的热容量就是提高产量，但提高窑的热容量要受到燃烧空间、燃烧带热力强度的限制。

2. 燃烧带热力强度

回转窑燃烧带的热力强度包括容积热力强度、表面积热力强度及截面积热力强度 3 种形式。

（1）容积热力强度

容积热力强度是指燃烧带单位容积、单位时间发出的热量，其计算公式如下：

$$Q_r = \frac{4Q}{\pi DL(1-k)}$$

式中 Q——窑的热容量（kJ/h）；

Q_r——燃烧带容积热力强度 [kJ/（h·m³）]；

D——燃烧带直径（m）；

L——燃烧带长度（m）；

π——圆周率；

k——窑内物料填充率，一般为 10%～15%。

燃烧带容积热力强度过小，影响回转窑生产的熟料产量和质量；燃烧带容积热力强度过高会损坏窑内耐火砖，影响回转窑的安全运转周期，所以提高燃烧带容积热力强度受到窑内耐火砖的限制。回转窑燃烧带容积热力强度一般控制在（1.5～2.0）×10⁶ kJ/h·m³。

（2）表面积热力强度

表面积热力强度是指燃烧带单位表面积、单位时间发出的热量，其计算公式如下：

$$Q_b = \frac{Q}{\pi DL}$$

式中 Q——窑的热容量（kJ/h）；

Q_b——燃烧带表面积热力强度 [kJ/（h·m²）]；

D——燃烧带直径（m）；

L——燃烧带长度（m）；

π——圆周率。

（3）截面积热力强度

截面积热力强度是指燃烧带单位截面积、单位时间发出的热量，其计算公式如下：

$$Q_j = \frac{4Q}{\pi D \times D}$$

式中 Q ——窑的热容量（kJ/h）；

      Q_j——燃烧带截面积热力强度 [kJ/（h·m²）]；

      D ——燃烧带直径（m）；

      π ——圆周率。

任务 3   熟料的煅烧反应

任务描述：掌握生料在回转窑内煅烧成熟料所发生的物理化学反应。

知识目标：熟悉固相反应原理；掌握影响分解反应及固相反应的因素。

能力目标：掌握熟料的烧成反应及影响因素；掌握熟料快冷的优点。

3.1   干燥反应

干燥反应即生料中自由水的蒸发过程。

生料中都有一定量的自由水，生料中自由水的含量因生产方法与窑型不同而有很大差异。干法窑生料含水量一般不超过 1.0%，立窑、立波尔窑的生料中需加入 12%～14% 水分进行成球，湿法生产的料浆水分一般在 30%～40%。

自由水的蒸发温度为 100～150℃。生料加热到 100℃ 左右，自由水分开始蒸发，当温度升到 150℃～200℃ 时，生料中自由水几乎全部被排除。自由水的蒸发过程消耗的热量很大，1kg 水蒸发热高达 2257kJ，如湿法窑料浆含水 35%，每生产 1kg 水泥熟料用于蒸发水分的热量就高达 2100kJ，占湿法窑热耗的 1/3 及以上，所以我国将湿法窑列为限制、淘汰的窑型。

湿法窑、中控干法窑的物料干燥反应就发生在窑内的干燥带；立波尔窑的物料干燥反应发生在加热机内；悬浮预热器窑和预分解窑的物料干燥反应发生在预热器内。

3.2   黏土质材料的脱水反应

黏土质材料的脱水反应即黏土质材料中矿物分解放出结合水。

黏土质材料主要由含水的硅酸铝组成，常见的有高岭土和蒙脱土，但大部分黏土属于高岭土。黏土矿物的化合水有两种：一种是以 OH^- 离子状态存在于晶体结构中，称为晶体配位水（也称结构水）；另一种是以分子状态存在吸附于晶层结构间，称为晶层间水或层间吸附水。所有的黏土都含有配位水，多水高岭土、蒙脱石还含有层间水，伊利石的层间水因风化程度而异。层间水在 100℃ 左右即可除去，而配位水则必须高达 400～600℃ 以上才能脱去，具体温度范围取决于黏土的矿物组成。下面以高岭土为例，说明黏土的脱水过程。

高岭土主要由高岭石（$2SiO_2 \cdot Al_2O_3 \cdot nH_2O$）组成。加热当温度达 100℃ 时高岭石失去吸附水，温度升高至 400～600℃ 时高岭石失去结构水，变为偏高岭石（$2SiO_2 \cdot Al_2O_3$），并进一步分解为化学活性较高的无定型的氧化铝和氧化硅。黏土中的主要矿物高岭土发生脱水分解反应如下式所示：

$$2SiO_2 \cdot Al_2O_3 \cdot 2H_2O \xrightarrow{400\sim600℃} 2SiO_2 \cdot Al_2O_3 + 2H_2O$$

$$2SiO_2 \cdot Al_2O_3 \xrightarrow{400\sim600℃} 2SiO_2 + Al_2O_3$$

由于偏高岭土中存在着因 OH^- 离子跑出后留下的空位，通常把它看成是无定型的 SiO_2 和 Al_2O_3，这些无定型物具有较高的化学活性，为下一步与氧化钙反应创造了有利条件。

　　湿法窑、中控干法窑的黏土质材料脱水反应就发生在窑内的预热带；立波尔窑的黏土质材料脱水反应发生在加热机内；悬浮预热器窑和预分解窑的黏土质材料脱水反应发生在预热器内。

3.3　碳酸盐分解反应

　　碳酸盐分解反应是熟料煅烧过程的重要反应之一。碳酸盐分解反应与反应温度、生料颗粒粒径、生料中碳酸盐的性质、气体的分压及 CO_2 的含量等因素有关。

　　石灰石中含有的碳酸钙（$CaCO_3$）和少量碳酸镁（$MgCO_3$）在煅烧过程中都要分解放出二氧化碳，其反应式如下：

$$MgCO_3 \xrightarrow{600℃} MgO + CO_2 \uparrow$$

$$CaCO_3 \xrightarrow{650℃} CaO + CO_2 \uparrow$$

　　1. 影响碳酸盐分解反应的主要因素

　　（1）石灰石性质

　　石灰石中含有的其他矿物和杂质，一般具有降低分解温度的作用，这是由于石灰石中的 SiO_2、Al_2O_3、Fe_2O_3 等增强了方解石的分解活力所致，但各种不同的伴生矿物和杂质对分解的影响是有差异的。方解石晶体越小，所形成的 CaO 缺陷结构的浓度越大，反应活性越好，相对分解速度越高。一般来说，石灰石分解的活化能在 $125.6 \sim 251.2 \text{kJ/mol}$ 之间，当含有的杂质、晶体细小时，其活化能将降低，一般在 190kJ/mol 以下。石灰石分解活化能越低，CaO 的化合作用越强，$\beta\text{-}C_2S$ 等矿物的形成反应速度越快。

　　（2）生料细度和颗粒级配

　　生料细度和颗粒级配都是影响碳酸盐分解的重要因素。生料颗粒粒径越小，比表面积越大，传热面积越大，分解反应速度越快；生料颗粒均匀，粗颗粒少，也可加速碳酸盐的分解。因此适当提高生料的粉磨细度和生料的均匀性，都有利于碳酸盐的分解反应。

　　（3）生料悬浮分散程度

　　生料悬浮分散程度差，相对地增大了生料颗粒尺寸，减少了传热面积，降低了碳酸钙的分解反应速度。因此，生料悬浮分散程度是决定分解反应速度的一个非常重要因素，这也是悬浮预热器窑、窑外分解窑（分解炉内）的碳酸钙分解反应速度较回转窑、立波尔窑快的主要原因。

　　（4）反应温度

　　碳酸盐分解反应是吸热反应。每 1kg 纯碳酸钙在 890℃ 时分解吸收热量为 1645J/g，是熟料形成过程中消耗热量最多的一个工艺过程，分解反应所需总热量约占湿法生产总热耗的 $1/3$，约占悬浮预热器的 $1/2$，因此，提供足够的热量可以提高碳酸盐的分解速度。

　　温度升高使分解反应速度加快。通过实验得知，温度每升高 50℃ 分解反应速度约增加一倍，分解时间约缩短 50%，当物料温度升到 900℃ 后 $CaCO_3$ 分解反应非常迅速，分解时间大大缩短。但应注意温度过高，将增加废气温度，熟料的热耗增加，同时，预热器和分解炉结皮、堵塞的可能性亦增大。

　　（5）窑内通风

　　碳酸盐分解反应是可逆反应，受系统温度和周围介质中 CO_2 的分压影响较大。为了使分解反应顺利进行，必须保持较高的反应温度及良好的通风状态，降低周围介质中 CO_2 的分压。如果将碳酸盐的分解反应放在密闭的容器中于一定温度下进行时，随着碳酸钙的不断分解，周围介质中 CO_2 的分压不断增加，分解速度将逐渐变慢，直到最后反应停止。因此加强窑内通风，减小窑内 CO_2 压力，及时将 CO_2 气体排出，有利于 $CaCO_3$ 的分解。生产实践证明，废气中 CO_2 含量每减少 2%，约可使分解时间缩短 10%，当窑内通风不畅，CO_2 不能及时被排出，废气中 CO_2 含量增加，会延长碳酸盐的分解时间，因此窑内通风对 $CaCO_3$ 的分解反应起着重要作用。

（6）黏土质原料的性质

如果黏土质原料的主导矿物是高岭土，由于其活性大，在 800℃ 下能和氧化钙或直接与碳酸钙进行固相反应，生成低钙矿物，可以促进碳酸钙的分解过程。反之，如果黏土主导矿物是活性差的蒙脱石和伊利石，则 $CaCO_3$ 的分解速度就大大降低。

湿法窑、中控干法窑的碳酸盐分解反应发生在窑内的分解带；立波尔窑的碳酸盐分解反应大约 30%～40% 发生在加热机内，其余发生在窑内的分解带；悬浮预热器窑的碳酸盐分解反应大约 35%～45% 发生在预热器内，其余发生在窑内的分解带；预分解窑的碳酸盐分解反应大约 85%～95% 发生在分解炉内，其余发生在窑内的分解带。

3.4 固相反应

1. 固相反应的定义及过程

固相反应就是指固相与固相之间所进行的反应。黏土和石灰石发生分解反应以后，分别形成了 CaO、MgO、SiO_2、Al_2O_3 等氧化物，这些氧化物随着温度的升高会发生化学反应而形成各种矿物：

（1）在 800℃ 左右开始反应，形成 $CA(CaO \cdot Al_2O_3)$、$C_2F(2CaO \cdot Fe_2O_3)$，$C_2S(2CaO \cdot SiO_2)$；

（2）在 800～900℃ 开始反应，形成 $Ca_{12}A_7(12CaO \cdot 7Al_2O_3)$；

（3）在 900～1000℃ 开始反应，形成 $C_2AS(2CaO \cdot Al_2O_3 \cdot SiO_2)$、$C_3A(3CaO \cdot Al_2O_3)$、$C_4AF(4CaO \cdot Al_2O_3 \cdot Fe_2O_3)$；

（4）在 1100～1200℃ 开始反应，大量形成 C_3A 与 C_4AF，同时 C_2S 含量达最大值。

从以上化学反应的温度可知，这些反应温度都小于反应物和生成物的熔点，例如 CaO、SiO_2 与 $2CaO \cdot SiO$ 的熔点分别为 2570℃、1713℃ 与 2130℃，也就是说物料在以上这些反应过程中都没有熔融状态物出现，反应是在固体状态下进行的，这就是固相反应的特点。

熟料煅烧过程中发生的固相反应有四个温度范围，但实际上随着原料的性能、粉磨细度、加热速度等条件的变化，各矿物形成的温度有一定范围，而且会相互交叉，如 C_2S 虽然在 800～900℃ 开始形成，但全部的 C_2S 形成要在 1200℃，而生料的不均匀性，使交叉的温度范围更宽。

2. 影响固相反应的主要因素

（1）生料细度及其均匀程度

由于固相反应是固体物质表面相互接触而进行的反应，当生料细度较细时，组分之间接触面积增加，固相反应速度也就加快。从理论上认为生料越细对煅烧越有利，但生料细度过细会使磨机产量降低，同时电耗增加。因此粉磨细度应考虑原料种类、粉磨设备及煅烧设备的性能，以达到"优质、高产、低耗"的综合效益为宜。

生产实践证明，物料反应速度与颗粒尺寸的平方成反比，因而即使有少量较大尺寸的生料颗粒，都可以显著延缓反应过程的完成，所以，控制生料的细度既要考虑生料中细颗粒的含量，也要考虑使颗粒分布在较窄的范围内，保证生料粒径的均齐性。生料细度一般控制在 0.080mm 方孔筛筛余 8%～12%左右；0.2mm 方孔筛筛余 1.0%～1.5%左右。

生料的均匀混合，使生料各组分之间充分接触，有利于固相反应进行。湿法生产的料浆由于流动性好，生料中各组分之间混合较均匀；干法生产要通过空气均化，达到生料成分均匀的目的。

（2）原料性质

原料中含有石英砂（结晶型的二氧化硅）时，熟料矿物很难生成，会使熟料中游离氧化钙含量增加。因为结晶型 SiO_2 在加热过程中只发生晶型的转变，晶体未受到破坏，晶体内分子很难离开晶体而参加反应，所以固相反应的速度明显降低，特别是原料中含有粗颗粒石英时，影响固相反应的程度更大。要求原料中尽量少含石英砂，原料中含的燧石结核（结晶型的 SiO_2）其硬度大，不宜磨细，它的反应能力亦较无定型的 SiO_2 低得多，对固相反应非常不利，因此要求原料中不含或少含燧石结核。而黏土中的 SiO_2 情况不同，黏土在加热时，分解成游离态的 SiO_2 和 Al_2O_3，其晶体已经破坏，因而容易与碳酸钙分解出的 CaO 发生固相反应，形成熟料矿物。

（3）反应温度

反应温度升高，使 CaO、Al_2O_3、SiO_2、Fe_2O_3 等氧化物能量增加，增加它们的扩散速度和化学反应活性，促进固相反应的进行。

（4）矿化剂

矿化剂可以增加生料的易烧性，增加反应物的反应活性，加速固相反应的速度。

湿法窑、中控干法窑、立波尔窑、悬浮预热器窑及预分解窑的固相反应都发生在窑内的固相反应带。

3.5 熟料烧成反应

物料加热到最低共熔温度（物料在加热过程中，开始出现液相的温度称为最低共熔温度）时，物料中开始出现液相，液相主要由 C_3A 和 C_4AF 所组成，还有 MgO、Na_2O、K_2O 等其他组成，在液相的作用下进行熟料的烧成反应。

液相出现后，C_2S 和 CaO 都开始溶于其中，在液相中 C_2S 吸收游离氧化钙（CaO）形成 C_3S，其反应式如下：

$$C_2S（液）+ CaO（液）\xrightarrow{1350\sim1450℃} C_3S（固）$$

熟料的烧结反应包含三个过程：C_2S 和 CaO 逐步溶解于液相中并扩散；C_3S 晶核的形成；C_3S 晶核的发育和长大，完成熟料的烧结过程。随着温度的升高和时间延长，液相量增加，液相黏度降低，CaO 和 C_2S 不断溶解、扩散，C_3S 晶核不断形成，并逐渐发育、长大，最终形成几十微米大小、发育良好的阿利特晶体。与此同时，晶体不断重排、收缩、密实化，物料逐渐由疏松状态转变为色泽灰黑、结构致密的熟料，这个过程称为熟料的烧结过程，也称石灰吸收过程。

大量 C_3S 的生成是在液相出现之后，普通硅酸盐水泥熟料一般在 1250～1300℃左右时就开始出现液相，而 C_3S 形成最快速度约在 1350℃，在 1450℃时 C_3S 绝大部分生成，所以熟料烧成温度可写成 1350～1450℃。

任何反应过程都需要有一定时间，C_3S 的形成也不例外。它的形成不仅需要有一定温度，而且需要在烧成温度下停留一段时间，使其能充分反应，在煅烧较均匀的回转窑内时间可短些，而煅烧不均匀的立窑内时间需长些。但时间不宜过长，时间过长易使 C_3S 生成粗而圆的晶体，降低其强度。一般需要在高温下煅烧 $20\sim30min$。

从上述的分析可知，熟料烧成形成阿利特的过程，与液相形成温度、液相量、液相性质以及氧化钙、硅酸二钙溶解液相的溶解速度、离子扩散速度等各种因素有关。阿利特的形成也可以通过固相反应来完成，但需要较高的温度（1650℃以上），因而这种方法目前在工业上没有实用价值。为了降低煅烧温度、缩短烧成时间，降低能耗，阿利特的形成最好通过液相反应来形成。

液相量的增加和液相黏度的减少，都利于 C_2S 和 CaO 在液相中扩散，即有利于 C_2S 吸收 CaO 形成 C_3S。所以，影响液相量和液相黏度的因素，也是影响 C_3S 生成的因素。

1. 最低共熔点

物料在加热过程中，两种或两种以上组分开始出现液相的温度称为最低共熔温度。最低共熔温度决定与系统组分的数目和性质。表 4.3.1 列出了一些系统的最低共熔点。

表 4.3.1 最低共熔温度

系统	最低共熔温度（℃）	系统	最低共熔温度（℃）
$C_3S—C_2S—C_3A$	1455	$C_3S—C_2S—C_3A—C_4AF$	1338
$C_3S—C_2S—C_3A—Na_2O$	1430	$C_3S—C_2S—C_3A—Na_2O—Fe_2O_3$	1315
$C_3S—C_2S—C_3A—MgO$	1375	$C_3S—C_2S—C_3A—Fe_2O_3—MgO$	1300
$C_3S—C_2S—C_3A—Na_2O—MgO$	1365	$C_3S—C_2S—C_3A—Na_2O—Fe_2O_3—MgO$	1280

由表 4.3.1 可知，系统组分的数目和性质都影响系统的最低共熔温度。组分数愈多最低共熔温度愈低。硅酸盐水泥熟料一般有氧化镁、氧化钠、氧化钾、硫矸、氧化钛、氧化磷等其他组分，最低共熔温度约为 1280℃左右。适量的矿化剂与其他微量元素等可以降低最低共熔点，使熟料烧结所需的液相提前出现（约 1250℃），但含量过多时，会对熟料质量造成影响，对其含量要有一定限制。

2. 液相量

液相量不仅和组分的性质有关，也与组分的含量、熟料烧结温度有关。一般铝酸三钙（C_3A）和铁铝酸四钙（C_4AF）在 1300℃左右时，都能熔成液相，所以称 C_3A 与 C_4AF 为熔剂性矿物，而 C_3A 与 C_4AF 的增加必须是 Al_2O_3 和 Fe_2O_3 的增加，所以熟料中 Al_2O_3 和 Fe_2O_3 的增加使液相量增加，熟料中 MgO、R_2O 等成分也能增加液相量。

液相量与组分的性质、含量即熟料烧结温度有关，所以不同的生料成分与煅烧温度等对液相量有很大影响，一般水泥熟料煅烧阶段的液相量约为 $20\%\sim30\%$。一般硅酸盐水泥熟料成分生成的液相量可近似用下式进行计算。

当烧成温度为 1400℃时：

$$L\% = 2.95A + 2.2F + M + R$$

当烧成温度为 1450℃时

$$L\% = 3.0A + 2.25F + M + R$$

式中 $L\%$——液相百分含量（%）；

A——熟料中 Al_2O_3 的百分含量（%）；

F——熟料中 Fe_2O_3 的百分含量（%）；

M——熟料中 MgO 的百分含量（%）；

R——熟料中 R_2O 的百分含量（%）。

从计算公式可知，影响液相量的主要成分是 Al_2O_3、Fe_2O_3、MgO 和 R_2O，后两者在含量较多时为有害成分，只有通过增加 Al_2O_3 和 Fe_2O_3 的含量增加液相量，以利于 C_3S 的生成。但液相量过多易结大块、结圈等，所以液相量控制要适当。

3. 液相黏度

液相黏度对硅酸三钙的形成影响较大。黏度小，液相中质点的扩散速度增加，有利于硅酸三钙的形成。

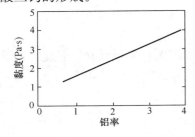

图 4.3.1　液相黏度与铝率关系

C_3A 和 C_4AF 都是熔剂矿物，但它们生成液相的黏度是不同的，C_3A 形成的液相黏度大，C_4AF 形成的液相黏度小。因此当熟料中 C_3A 或 Al_2O_3 含量增加，C_4AF 或 Fe_2O_3 含量减少时，即熟料的铝率增加时，生成的液相黏度增加。反之则液相黏度减小，铝率与黏度关系如图 4.3.1 所示，从图看出液相黏度随铝率增加而增加，几乎是成直线的增加。从烧成的角度看，铝率高对烧成不利，使 C_3S 不易生成；但从水泥熟料性能角度看，C_3A 含量高的熟料强度发挥快，早期强度高，而且 C_3A 的存在对 C_3S 强度的发挥也有利，同时有适当含量的 C_3A，使水泥熟料的凝结时间也能正常。所以铝率要适当，一般波动在 0.9～1.4 之间。

提高温度，离子动能增加，减弱了相互间的作用力，因而降低了液相的黏度，有利于硅酸三钙的形成，但煅烧温度过高，物料易在窑内结大块、结圈等，同时会引起热耗增加，并影响窑的安全运转。温度与黏度关系如图 4.3.2 所示。

液相黏度与液相组成的关系，随液相中离子状态和相互作用力的变化而异，R_2O 含量的增加，液相黏度会增加，但 MgO、K_2SO、Na_2SO、SO_3 含量增加，液相黏度会有所下降。

4. 液相的表面张力

液相的表面张力越小，越易润湿固体物质或熟料颗粒，有利于固液反应，促进 C_3S 的形成。液相的表面张力与液相温度、组成和结构有关。液相中有镁、碱、硫等物质存在时，可降低液相表面张力，从而促进熟料烧结。

5. 氧化钙溶解于液相的速度

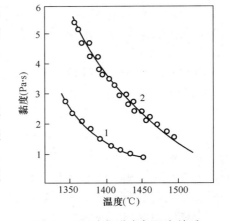

图 4.3.2　液相黏度与温度关系

C_3S 的形成也可以视为 C_2S 和 CaO 在液相中的溶解过程。C_2S 和 CaO 逐步溶解于液相的速度大，C_3S 的成核与发展也越快。因此，要加速 C_3S 的形成实际上就是提高 C_2S 和 CaO 的溶解速度，而这个速率大小受 CaO 颗粒大小和液相黏度所控制。实验表明，随着 CaO 粒径减少和温度增加，CaO 溶解速率增大。

湿法窑、中控干法窑、立波尔窑、悬浮预热器窑及预分解窑的烧成反应都发生在窑内的烧成带。

3.6 熟料的冷却反应

熟料完成煅烧反应后，就要进行冷却过程。冷却的目的在于回收熟料余热，降低热耗，提高热效率；改进熟料质量，提高熟料的易磨性；降低熟料温度，便于熟料的运输、储存和粉磨。

熟料冷却的好坏及冷却速度的快慢，对熟料质量影响较大，因为部分熔融的熟料，其中含有的部分液相，在冷却时往往还会发生化学反应。

熟料的矿物结构决定于冷却速度、固液相中的质点扩散速度、固液相的反应速度等。如果冷却很慢，使固液相中的离子扩散足以保证固液相间的反应充分进行，称为平衡冷却。如果冷却速度中等，使液相能够析出结晶，由于固相中质点扩散很慢，不能保证固液相间反应充分进行，称为独立结晶。如果冷却很快，使液相不能析出晶体成为玻璃体，称为淬冷。

C_3S—C_2S—C_3A 组成的系统，不同的冷却速度对熟料矿物组成的影响见表 4.3.2。

表 4.3.2　C_3S—C_2S—C_3A 系统冷却速度矿物组成

冷却制度	C_3S（%）	C_2S（%）	C_3A（%）	玻璃体（%）
平衡冷却	60	13.5	26.5	—
某点淬冷	68	—	—	32

预分解窑的生产实践证明，急速冷却熟料有以下优点。

（1）防止或减少 β-C_2S 转化成 γ-C_2S

C_2S 由于结构排列不同，因此有不同的结晶形态，而且相互之间能发生转化。煅烧时形成的 β-C_2S 在冷却的过程中若慢冷就易转化成 γ-C_2S，β-C_2S 相对密度为 3.28，而 γ-C_2S 相对密度为 2.97，β-C_2S 转变成 γ-C_2S 时其体积增加 10%，由于体积的增加产生了膨胀应力，因而引起熟料的粉化，而且 γ-C_2S 几乎无水硬性。当熟料快冷时可以迅速越过晶型转变温度使 β-C_2S 来不及转变成 γ-C_2S 而以介稳状态保持下来。同时急冷时玻璃体较多，这些玻璃体包裹住了 β-C_2S 晶体使其稳定下来，因而防止或减少 β-C_2S 转化成 γ-C_2S，提高了熟料的水硬性，增强了熟料的强度。

（2）防止或减少 C_3S 的分解

当温度低于 1260℃以下，尤其在 1250℃时 C_3S 易分解成 C_2S 和二次 f-CaO，使熟料强度降低 f-CaO 增加。当熟料急冷时温度迅速从烧成温度开始下降越过 C_3S 的分解温度，使 C_3S 来不及分解而以介稳状态保存下来，防止或减少 C_3S 的分解，保证水泥熟料的强度。

（3）改善水泥的安定性

当熟料慢冷时 MgO 结晶成方镁石，水化速度很慢，往往几年后还在水化，水化后生成 $Mg(OH)_2$，体积增加 148%，使水泥硬化试体体积膨胀而遭到破坏，导致水泥安定性不良。当熟料急冷时熟料液相中的 MgO 来不及析晶，或者即使结晶也来不及长大，晶体的尺寸非常细小，其水化速度相对于较大尺寸的方镁石晶体快，与其他矿物的水化速度大致相等，对安定性的危害很小。尤其当熟料中 MgO 含量较高时，急冷可以克服由于其含量高所带来的不利影响，达到改善水泥安定性的目的。

（4）减少熟料中 C_3A 结晶体

急冷时 C_3A 来不及结晶出来而存在玻璃体中，或结晶细小。结晶型的 C_3A 水化后易使水泥快凝，而非结晶的 C_3A 水化后不会使水泥浆快凝。因此急冷的熟料加水后不易产生快凝，凝结时间容易控制。实验表明，呈玻璃态的 C_3A 很少会受到硫酸钠或硫酸镁的侵蚀，有利于提高水泥的抗硫酸盐性能。

（5）提高熟料易磨性

急冷时熟料矿物结晶细小，粉磨时能耗低。急冷使熟料形成较多玻璃体，这些玻璃体由于种种体积效应在颗粒内部不均衡地发生，造成熟料产生较大的内部应力，提高熟料易磨性。

从上述分析可知，熟料的急冷对熟料质量、充分回收熟料余热有重要的促进作用。水泥企业选用冷却性能优异的第三代、第四代篦式冷却机，可以实现熟料的快速冷却，提高熟料的冷却效果。

任务 4　熟料的形成热

任务描述：熟悉熟料的形成热及热效应的含义；掌握熟料的理论热耗及实际热耗概念；掌握降低熟料热耗的有效措施。

知识目标：掌握熟料的理论热耗及实际热耗。

能力目标：掌握降低熟料热耗的有效措施。

4.1　熟料形成热的含义

水泥生料加热过程中发生的一系列物理化学变化，有些是吸热反应，有些是放热反应，将全过程的总吸热量，减去总放热量，并换算为每生成 1kg 熟料所需要净热量就是熟料形成热，也是熟料形成的理论热耗。熟料形成热与生料化学组成、原料性质等因素有关，与煅烧的窑炉及操作等无关。

4.2　熟料形成过程的热效应

水泥生料在加热过程中，其反应温度和热效应之间的对应关系值见表 4.4.1。

表 4.4.1　水泥熟料的反应温度和热效应

温度（℃）	反　　应	相应温度下 1kg 物料热效应
100	自由水蒸发	吸热 2249kJ/kg 水
450	黏土脱水	吸热 932kJ/kg 高岭石
600	碳酸镁分解	吸热 1421kJ/kg $MgCO_3$
900	黏土中无定型物质转为晶体	放热 259～284kJ/kg 脱水高岭石
900	碳酸钙分解	吸热 1655kJ/kg $CaCO_3$
900～1200	固相反应生成矿物	放热 418～502kJ/kg 熟料
1250～1280	生成部分液相	吸热 105kJ/kg 熟料
1300	$C_2S + CaO \longrightarrow C_3S$	微吸热 8.6kJ/kg C_2S

反应热效应与反应温度有关，比如高岭石脱水反应需要吸收的热量，在 450℃ 时为932kJ/kg，而在 20℃ 时为 606kJ/kg；碳酸钙分解吸热在 900℃ 为 1655kJ/kg，而在 20℃ 时为 177kJ/kg。物料在不同温度下反应，其热效应不同。

4.3 熟料矿物形成热

各水泥熟料矿物凡是固体状态生成的均为放热反应，只有 C_3S 是在液相中形成，一般认为是微吸热反应，具体数值见表 4.4.2。

表 4.4.2　熟料矿物形成热

反　　应	20℃时热效应（kJ/kg）	1300℃热效应（kJ/kg）
$2CaO+SiO_2$（石英砂）＝＝C_2S	放热 723	放热 619
$3CaO+SiO_2$（石英砂）＝＝C_3S	放热 539	放热 464
$3CaO+Al_2O_3$＝＝C_3A	放热 67	放热 347
$4CaO+Al_2O_3+Fe_2O_3$＝＝C_4AF	放热 105	放热 109
C_2S+CaO＝＝C_3S	吸热 2.38	吸热 1.55

4.4 熟料的理论热耗

以 20℃为温度的计算基准。假定生成 1kg 熟料需理论生料量约为 1.55kg，在一般原料的情况下，根据物料在反应过程中的化学反应热和物理热，可计算出生成 1kg 普通硅酸盐水泥熟料的理论热耗：

理论热耗＝吸收总热量－放出总热量

假定生产 1kg 熟料中生料的石灰石和黏土按 78：22 配合。取基准温度为 0℃，则熟料理论热耗的计算见表 4.4.3。

表 4.4.3　生成 1kg 硅酸盐水泥熟料的理论热耗

类别	序号	项目内容	热效应（kJ/kg）	所占比例（%）
吸收热量	1	干生料由 0℃加热到 450℃	736.53	17.3
	2	黏土在 450℃脱水	100.35	2.4
	3	生料自 450℃加热到 900℃	816.25	19.2
	4	碳酸钙在 900℃分解	1982.40	46.5
	5	物料自 900℃加热到 1400℃	516.50	12.0
	6	熔融净热	109	2.6
		合计	4261.03	100
放出热量	1	脱水黏土结晶放热	28.47	1.1
	2	矿物组成形成热	405.86	16.1
	3	熟料自 1400℃冷却到 0℃	1528.80	60.5
	4	CO_2 自 900℃冷却到 0℃	512.79	20.3
	5	水蒸气自 450℃冷至 0℃	50.62	2.0
		合计	2526.54	100

理论热耗为 4261.03－2526.54＝1734.49kJ/kg

由于原料、燃料不一样，原料的配比及熟料组成的变化，煅烧时的理论热耗电有所不同，其值一般波动在 1630～1800kJ/kg 熟料。

从表 4.4.3 可知，在水泥熟料形成过程中，碳酸盐分解反应吸收的热量最多，约占总吸收热量的一半；在放热反应中，熟料冷却放出的热量最多，约占放热量的 50% 及以上。因此，降低碳酸盐分解反应吸收的热量、提高熟料冷却余热的利用是提高热效率的有效途径。

熟料形成热还可用下列经验公式进行计算：

$$Q_形 = G_干 (4.5Al_2O_3 + 29.6CaO + 17.0MgO) - 284$$

式中　　　　　　　$Q_形$——熟料形成热（kJ/kg 熟料）；

　　　　　　　　　$G_干$——生成 1kg 熟料所需理论干生料量（kg）；

Al_2O_3、CaO、MgO——生料中各氧化物含量（%）。

4.5 熟料的实际热耗

在实际生产中，由于熟料形成过程中物料不可能没有损失，也不可能没有热量损失，而且废气、熟料不可能冷却到计算的基准温度（0℃或20℃），因此熟料的实际热耗比理论热耗大。每煅烧 1kg 熟料实际消耗的热量称为熟料实际热耗，简称熟料热耗，也叫单位熟料热耗。

1. 影响熟料热耗的主要因素

（1）生产方法与窑型

生产方法不同，熟料的单位热耗也不同。比如湿法窑生产需要蒸发 30%～40% 的水分，其蒸发所消耗的热量约占熟料热耗的 30%～35%，而预分解窑的生料是在悬浮状态下换热，其换热速率极快，热效率很高，所以预分解窑的熟料热耗较湿法窑低很多。

（2）废气余热的利用

熟料冷却机产生的 1000～1200℃高温气体可作为入窑的二次空气；600～900℃高温气体可作为入炉的三次空气；300～500℃高温气体可作为入煤磨的烘干热源；250～300℃低温气体可用来进行低温余热发电。出窑尾预热器的 300～350℃低温气废气可用来烘干生料、烘干煤粉、进行余热发电等。

（3）生料细度及易烧性

生料细度控制得越细，熟料的煅烧反应越容易、越完全，熟料热耗就越低；生料的易烧性越好，熟料的煅烧反应越容易、越完全，熟料热耗就越低。

（4）燃料煤粉发生不完全燃烧

燃料煤粉发生不完全燃烧包括机械不完全燃烧和化学不完全燃烧两种形式。煤粉发生不完全燃烧反应，放出的热量是完全燃烧反应的 30%～35%，不管发生哪种不完全燃烧反应，都容易造成熟料煤耗增加，熟料热耗也增加。

（5）窑筒体的散热损失

20 世纪 50 年代末期，德国回转窑单位熟料的筒体散热损失就已降到 350kJ/kg，而我国 20 世纪 80 年代单位熟料的窑筒体散热损失仍高达 650～1050kJ/kg 熟料，单位熟料的散热损失是德国的 2～3 倍。多筒冷却机单位熟料的散热损失 150～210kJ/kg，篦式冷却机虽然散热损失较少，但废气带走的单位熟料热损失高达 150～350kJ/kg。窑内使用隔热保温效果好的耐火砖，窑体的散热损失明显减少，可以降低熟料热耗。

（6）矿化剂

生料中加入适量的矿化剂、复合矿化剂，可以明显改善生料的易烧性，降低熟料液相出现的温度，加速熟料烧成反应，降低熟料热耗。

2. 降低熟料热耗的措施

（1）减少筒体散热损失

我国预分解窑的筒体散热损失平均为 $300\sim400kJ/kg$ 熟料，约占熟料热耗的 10% 及以上。国外由于采用隔热材料，热耗比我国低 $150\sim200kJ/kg$。生产实践证明，窑筒体温度每降低 $1℃$，约减少 $5.0kJ/kg$ 熟料。我国从 2000 年开始大力推广使用隔热保温材料，取得了较好的使用效果，比如预分解窑的预热器采用硅钙板、分解炉采用硅藻土等隔热保温材料，窑筒体和耐火砖之间加镶硅酸铝质隔热毡、采用 CB10、CB20 等隔热保温材料，使筒体表面温度下降 $30\sim50℃$，使用效果相当理想，很值得推广和普及。

（2）减少不完全燃烧热损失

根据热工测定统计，我国预分解窑发生不完全燃烧的热损失平均为 $150kJ/kg$ 熟料，约占熟料热耗的 5%，其中化学不完全燃烧热损失为 $140\sim160kJ/kg$，机械不完全燃烧热损失为 $50\sim130kJ/kg$。减少煤粉的不完全燃烧反应，可采取如下的技术措施：

①选择合理的过剩空气系数

在保证燃料煤粉完全燃烧的情况下，窑内保持较小的过剩空气量，减少废气带走的热损失，一般控制预分解窑的窑内过剩空气系数为 $1.05\sim1.15$；分解炉的过剩空气系数为 $1.10\sim1.20$。

②控制煤粉质量

影响煤粉燃烧速度的因素均影响燃烧反应的程度。为减少煤粉发生不完全燃烧反应的热损失，控制煤粉的细度 $\leqslant12\%$，水分 $\leqslant1.50\%$。

③准确的喂煤量

喂煤量的准确与否，直接影响窑内热工制度的稳定与否。如果窑内喂煤量过多，容易发生不完全燃烧反应，喂煤量过少，尽管避免煤粉发生不完全燃烧反应，但能够降低烧成带的煅烧温度，影响熟料的质量。采用德国生产的菲斯特转子秤进行煤粉计量，能准确地控制窑炉的喂煤量，保证煤粉计量准确。

④加强窑系统的密封

窑头和窑尾漏风，严重影响窑内通风和燃料煤粉的燃烧；预热器系统的漏风，严重影响入窑生料的分解率，比窑头和窑尾漏风的副作用还要大；箅冷机各风室的审风、漏风，影响熟料的冷却效果，降低入窑的二次风温和入炉的三次风温，影响煤粉的燃烧。所以要加强煅烧系统的密封工作，把漏风控制在最低水平。

（3）减少熟料热损失

我国回转窑熟料带走的热损失一般约占熟料热耗的 $8\%\sim10\%$。减少熟料带走的热损失，必须提高冷却机的热效率，生产上可以选用冷却性能优异的第三代、第四代箅式冷却机，提高熟料的冷却效果，降低熟料的冷却温度。

（4）减少废气带走的热损失

废气带走的热损失占熟料热耗的 $30\%\sim35\%$，是影响熟料热耗的最大因素。减少废气带走的热损失，可以采取以下技术措施：

①加强窑的热交换，提高热交换系数，降低废气温度。

②在保证燃料完全燃烧的情况下，窑内保持较低的过剩空气系数，减少废气量和漏风量。

③对预热器窑和预分解窑来说，窑尾废气经过4～6级预热器后，废气温度虽然降低至320℃及以下，但废气量很大，废气带走的热量相当可观，可作为烘干生料、烘干煤粉的热源，也可用来进行余热发电。冷却机产生的废气温度在250～300℃，可用来进行余热发电。

（5）减少窑灰带走的热损失

窑灰带走的热损失不多，可以通过采取减少窑灰逸出量、收尘器收集下的窑灰直接入窑等措施，减少其带走的热损失。

（6）加强余热的利用

根据废气温度的高低采取不同的利用措施，比如干法中空窑的废气温度在600～800℃，可以利用它生产高质量的高压过热蒸气，用来进行余热发电；预分解窑的窑尾废气温度只有300～350℃，冷却机的废气温度只有250～300℃，可以利用它生产低压过热蒸气进行余热发电。

思考题

1. 回转窑的主要功能。

2. 回转窑对燃煤的质量要求。

3. 煤粉在回转窑内是如何燃烧的？

4. 影响煤粉燃烧的因素。

5. 火焰的性能。

6. 回转窑的容积热力强度。

7. 影响分解反应的因素。

8. 影响固相反应的因素。

9. 影响烧成反应的因素。

10. 熟料快速冷却的优点。

11. 熟料的形成热。

12. 某水泥生产公司熟料的化学成分是：$C = 65.50\%$；$S = 22.50\%$；$A = 5.20\%$；$F = 3.30\%$；$M = 1.80\%$；$R = 0.80\%$；计算1400℃及1500℃时熟料产生的液相量。

13. 某水泥生产公司的NSP窑生产能力是4000t/d，其燃烧带的直径是4.50m，长度是20.00m，每小时用煤20.00t，煤的低位发热量是22990.00kJ/kg，物料填充率是10%，求其燃烧带的容积热力强度、截面积热力强度及表面积热力强度。

14. 某水泥有限公司的熟料矿物组成是：$C_3S = 67.3\%$，$C_2S = 11.2\%$，$C_3A = 10.3\%$，$C_4AF = 11.3\%$。1200℃条件下，C_3S、C_2S、C_3A、C_4AF生成反应的热效应分别为645、788、86、132kJ/kg，求1200℃条件下熟料矿物的形成热。

项目5　熟料冷却机

项目描述：本项目详细地讲述了筒式冷却机及篦式冷却机的结构、技术性能、工作原理等方面的知识内容。通过本项目的学习，重点掌握第三代及第四代篦式冷却机的操作控制技能。

任务1　筒式熟料冷却机

任务描述：熟悉单筒冷却机及多筒冷却机的结构、技术性能及工作原理；掌握提高筒式冷却机热效率的技术措施。

知识目标：熟悉单筒冷却机的结构、技术性能及换热原理；熟悉多筒冷却机的结构、技术性能及换热原理等方面的知识。

能力目标：掌握提高筒式冷却机热效率的技术措施。

水泥回转窑诞生时，并没有专门的熟料冷却设备，出窑熟料是通过自然堆放进行冷却。19世纪末期，出现了单筒冷却机，到20世纪初，为了提高熟料的冷却效率，德国率先成功开发研制出了多筒冷却机，1922年丹麦史密斯公司正式生产尤纳斯多筒冷却机，到20世纪60年代中期，又对老式尤纳斯多筒冷却机进行了重大的改进，开发了新型尤纳斯多筒冷却机；70年代初，德国KHD公司开发了洪堡-维达格多筒冷却机；伯力鸠斯公司开发了单筒/多筒组合式冷却机。由于多筒冷却机比单筒冷却机的热效率高，熟料出冷却机的温度低，不需专人看管，尽管设计上有许多问题，仍然得到了广泛开发和应用。

1.1　单筒冷却机

单筒冷却机属于逆流式气固换热型的冷却设备，是最早出现的冷却机，其结构如图5.1.1所示。

单筒冷却机的结构与回转窑的结构很相似，也是回转的圆筒，它同回转窑相对布置，

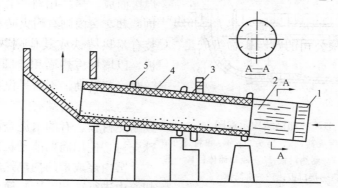

图5.1.1　单筒冷却机的结构示意图

1—出口篦子；2—扬料板；3—耐火砖；4—筒体；5—轮带

安装在窑头出料的下面。圆筒的直径一般为 2.0～5.0m，长度一般为 20～50m，斜度为 3％～5％，转速为 10～30r/min，熟料出口温度一般为 150～300℃。

筒体一般由 16～20mm 厚的钢板卷制焊接而成，筒内热端砌有厚度为 120～150mm 的耐火砖，冷端装有耐热铸铁或其他耐热材料制造加工的扬料板，以增加传热面积，末端焊有与筒体直径相同的卸料箅子，防止大块熟料进入冷却机。热端通过烟室与回转窑相连，并加以密封，热烟室内设有下料溜子，回转窑卸出的熟料通过溜子进入冷却筒内。冷风由出料端进入，与扬料板扬起的熟料进行热交换，熟料在冷却机内停留时间为 206～30min 左右。由于单筒冷却机的冷却风量较小，冷却风作为二次风入窑，因而热效率较高，二三次空气温度为 400～800℃，没有排气损失和污染。

单筒冷却机的构造简单，操作可靠，运转率高，可达 90％及以上，熟料冷却电耗低。但冷却风量小，熟料不能实现骤冷，冷却机出口熟料温度很难达到低于 100℃的水平，当窑产量提高时，出冷却机熟料温度也会提高，散热损失大，二次风温不稳定。为适应回转窑产量的提高，单筒冷却机的体积会大大增加，安装时要提高建筑基础的高度，土建投资增加，占地面积大。单筒冷却机不能随意抽取热废气，向分解炉或烘干机等设备提供热气体。单筒冷却机的技术参数如表 5.1.1 所示。

表 5.1.1 单筒冷却机的技术参数

项目内容	数据	项目内容	数据
生产能力（t/d）	≤5000	熟料出口温度（℃）	200～400
单位风量（Nm³/kg）	0.8～1.1	转速（r/min）	10～30
长径比（L/D）	5～10	热效率（％）	50～70
熟料入口温度（℃）	1200～1400		

1.2 多筒冷却机

多筒冷却机属于逆流式气固换热设备，由环绕在回转窑出料端窑体上的 6～15 个圆筒构成，长度一般为 4～7m，直径为 0.8～2.50m，长径比为 4.5～12.0，其结构如图 5.1.2 所示。

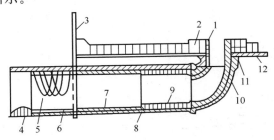

图 5.1.2 多筒冷却机结构示意图

1—下料套筒；2、9—耐火砖；3—窑头板；4—卸料箅子；5—链条；6—扬料板；7—耐热衬板；8—冷却筒体；10—下料弯头；11—接口板；12—窑筒体

筒体一般由 10～15mm 厚的钢板卷制焊接而成，热端用弯头连接在窑的筒体上，热端和弯头内砌有耐火砖和耐热钢板，冷端装有耐热铸铁或其他耐热材料制造的扬料板，以增加传热面积，圆筒与窑连成一体，随窑一起转动，不需另设传动装置。

冷却筒入料端有方套弯头，内砌耐火砖或耐热衬板，有的水泥企业弯头部分改用特殊瓷衬，使用周期能延长。

窑内烧成带的灼热熟料分别进入各个冷却筒内进行冷却。冷却筒内物料运动、气体运动和热交换过程同单筒冷却机一样，冷空气逆着熟料的流向与其相遇，熟料被冷却，空气被加热成热风，作为二次风全部入窑。

多筒冷却机构造简单，操作可靠，因固定在窑体上，所以不用占用地面，更不用专人看管。因为二次风是从窑的四周经冷却筒均匀地进入窑内，所以火焰形状比单筒冷却机的要好，有利于回转窑的操作，没有热烟气排风造成的热损失，也不存在排气除尘和环境污染问题。但由于多筒与窑头连成一体，增加了窑头筒体的负荷。冷却机长度较短，散热条件较差，弯头和衬板易被高温熟料磨损和烧坏，检修工作量较大，消耗材料较多；转弯接头损坏后易漏风，因此二次风温不高，一般为 450～750℃，熟料冷却效果差，冷却后熟料温度较高，可达 200～350℃，热效率较低，一般仅有 50%～60%。

对产量较大、热耗较低的悬浮预热器窑、窑外分解窑等，多筒冷却机因冷却能力不足，不便于抽取三次风而不被采用，同时，由于结构上的原因，筒体不能做得过大，否则窑头筒体的负荷将很大，从而限制了多筒冷却机冷却能力的提高和在新型干法回转窑上的应用，一般适用于产量较小的窑。

1.3　新型 Unax 多筒式冷却机

新型 Unax 多筒式冷却机是丹麦斯密斯公司 20 世纪 60 年代中期开发研制的，其结构剖面图如图 5.1.3 所示。

和传统的多筒冷却机相比，新型 Unax 多筒冷却机主要进行了以下几个方面的技术改进：

（1）增加冷却机的长度。老式多筒冷却机长径比（L/D）一般为 4.5～5.5，新型 Unax 多筒冷却机的长径比增加到 8～12。

（2）改进下料弯头结构，并砌有耐高温、耐磨陶瓷衬里。

（3）占筒长 1/2 以上的高温段，砌有耐火材料，加强隔热，保护筒体，减少散热损失。

（4）改进扬料装置，形成理想的料幕，强化对流换热，提高换热效率。

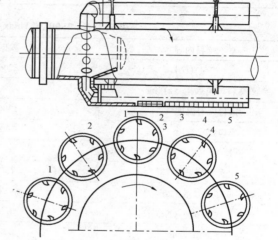

图 5.1.3　新型 Unax 多筒式冷却机剖面图

（5）延长窑头部分筒体，并在冷却筒前部的窑筒体上增设一组托轮，以减轻筒体的负荷，减少发生工艺及设备事故的几率。

（6）操作上将燃烧器尽量向窑内移动，使窑内保持较长的冷却带，以降低出窑熟料的温度，防止冷却机入口处发生粘结、堵塞现象。

（7）在冷却筒出口端增加水冷却装置，提高熟料的冷却效果。

新型 Unax 多筒冷却机在熟料冷却、换热效率、生产能力等方面较传统的多筒冷却机均有较大的提高。但由于结构复杂、体积庞大，大型 Unax 多筒冷却机在机械结构方面尚存在一些迫切需要进一步完善的问题，特别是对装有单独三次风管的预分解窑的抽取热风问题，至今仍未得到完善解决，这些问题在预分解窑迅速发展的今天，使新型 Unax 多筒冷却机在与篦式冷却机竞争中难以取得优势，限制了它的进一步发展及应用。

新型 Unax 多筒冷却机熟料的入口温度一般为 1000～1300℃，出口温度为 150～350℃，二次风温度一般为 700～800℃，冷却风量一般为 0.9 左右，散热损失一般为 135～315，热效率为 65%～72%，生产实践证明，其冷却后的熟料质量可与篦冷机的相当。表 5.1.2 为丹麦史密斯公司 Unax 冷却机标准系列；表 5.1.3 是产量为 2500t/d 的多筒冷却机操作参数；表 5.1.4 为多筒冷却机的技术参数。

表 5.1.2　Unax 多筒冷却机的标准系列

产量（t/d）	冷却筒个数（个）	冷却筒直径（m）	冷却筒长度（m）
650	9	1.65	9.0
750	9	1.65	10.8
900	9	1.80	11.4
1150	9	1.80	14.4
1400	9	1.90	15.0
1700	9	2.10	16.8
2000	9	2.10	19.8
2500	9	2.25	21.6
3000	9	2.40	24.0
3500	9	2.55	25.8

表 5.1.3　2500t/d Unax 多筒冷却机操作参数

项目内容	数据	波动范围
产量（t/d）	2500	±20%
熟料单位热耗（kJ/kg）	3200	±3%
进口熟料温度（℃）	1200	±3%
出口熟料温度（℃）	160	±3%
冷空气温度（℃）	20	—
二次空气温度（℃）	750	—
熟料冷却空气量（Nm³/kg）	0.9	—
熟料二次空气量（Nm³/kg）	0.9	—
漏入空气量（Nm³/kg）	0.03	—
一次空气量（Nm³/kg）	0.05	—
熟料粉尘量（Nm³/kg）	0.08	—

表 5.1.4　Unax 多筒冷却机的技术参数

项目内容	参数数据	项目内容	参数数据
生产能力（t/d）	≤4000	熟料入口温度（℃）	1000～1300
长径比	9～12	熟料出温度（℃）	150～300
单位风量（Nm³/kg）	0.8～1.2	热效率（%）	60～70

任务 2　篦式冷却机

任务描述：熟悉回转篦式冷却机及振动篦式冷却机的结构、工作原理；掌握推动篦式冷却机的结构、类型及工作原理。

知识目标：熟悉回转篦式冷却机及振动篦式冷却机的结构、工作原理；掌握四种推动篦式冷却机的结构、技术性能及工作原理。

能力目标：掌握推动篦式冷却机的操作控制技能。

篦式冷却机是一种骤冷的气固换热设备。熟料进入篦式冷却机后，在篦板上铺成厚度均匀的料层，由鼓风机鼓入一定压力的冷风，冷风在穿过熟料层的过程中，与熟料实现高效的热交换，冷风可在数分钟内将熟料由 1300℃ 冷却到 200℃，实现骤冷熟料的目的。熟料冷却后的温度较筒式冷却机低很多，可达 100℃ 及以下。篦式冷却机的冷却能力大，可以和日产 12000t 的预分解窑相配套。篦式冷却机属于快冷设备，有利于改善熟料质量，提高熟料的易磨性。但篦式冷却机比筒式冷却机的结构复杂，操作控制复杂，设备投资费用高很多，占地面积大。

按照篦板运动方式的不同，篦式冷却机可分为回转篦式冷却机、振动篦式冷却机及推动篦式冷却机三种类型，目前水泥企业常用的是推动篦式冷却机。

2.1 回转篦式冷却机

世界上第一台回转篦式冷却机是德国伯力鸠斯公司 1930 年开发研制的，其结构如图 5.2.1 所示。

回转篦式冷却机的结构与立波尔窑的回转炉篦式加热机很相似，具有可回转的无端篦条带，冷风自篦子下鼓入，为了加强冷却效果，热端还可鼓入高压风与熟料进行换热，冷却效率较筒式冷却机高，二次风温可以达到 600℃ 及以上。但熟料在篦板上是静止的，熟料分散、分布不够均匀，因而熟料冷却不够均匀，出冷却机的熟料温度常常偏高。篦板有往复两层，不易在篦板低部隔仓鼓风，更不适应设备大型化的发展需求，因此 20 世纪 60 年代以后，回转篦式冷却机的使用越来越少，目前已经全部淘汰。

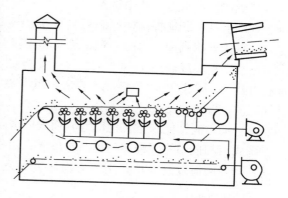

图 5.2.1 回转篦式冷却机的结构简图

2.2 振动篦式冷却机

为了改进克服回转篦式冷却机的结构缺陷，美国阿利斯—查默尔公司在回转篦式冷机出世不久就研制生产了第一台振动式篦冷机，其结构如图 5.2.2 所示。

振动篦式冷却机安装在窑体的下方，机身由钢板制成，分上下两层，用篦板分开，篦板镶在下层机壳的上部，整个下层机身都是靠弹簧吊起。冷端有一个大弹簧，一端固定在机身上，另一端连接在横穿机身的偏心轴上，由电动机带动偏心轴回转以振动机体。由于篦床振动所产生的惯性力，使熟料除向冷端移动外，还向两边散开，在整个篦床上形成一层跳跃着的料层。冷风由鼓风机鼓入下面的风室内，并穿过篦床上面的料层将熟料冷却而形成热风。熟料单位冷却空气量较大，一般为 4～4.5Nm³/kg 熟料，其中温度高的部分作为入窑的二次风，温度比较低的部分可作烘干原料的热风，多余的热风从烟囱排出。

振动篦式冷机的长度与宽度之比较大，一般都超过 15，甚至达到 20。由于振动篦式冷

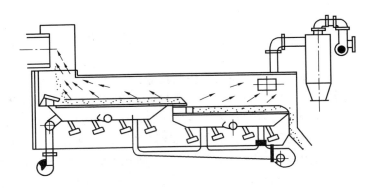

图 5.2.2　振动篦式冷却机的结构简图

机的长度过长，入窑二次空气温度较低，振动弹簧在设计和材质方面都有特殊要求，生产上弹簧经常发生断裂现象，影响窑的运转率，不适应设备大型化的要求，它的使用和发展受到限制，目前已经全部淘汰。

2.3　推动篦式冷却机

自 1937 年美国富勒公司成功研制第一台用于水泥熟料冷却的推动篦式冷却机以来，篦式冷却机在世界水泥工业中得到了广泛地开发和应用。随着水泥生产技术的不断发展和水泥企业管理水平不断地提高，厚料层操作推动篦式冷却机技术的重要性已越来越被人们所认识，它直接影响到回转窑的产量、热耗和运转率，特别是对于新型干法水泥企业更是如此。由于出窑熟料温度高达 1300～1400℃，篦板处于高温和高磨损条件下工作，且产量波动大，最高可达 30% 及以上，熟料带走的余热回收要求高，一般应大于 70% 及以上，并要求能提供稳定的、温度可达 1000～1200℃二次风和 700～900℃ 的三次风，故对篦式冷却机的机械性能、自动控制性能和工艺性能等方面的要求越来越高。

篦式冷却机始终围绕如何提高单位篦床面积的产量、提高热能回收率、降低单位冷却空气量、降低磨损以及维护费用等方面研究开发，先后经历了四个发展阶段，其主要性能见表 5.2.1。

表 5.2.1　推动篦式冷却机的性能指标

类　别	单位篦床面积产量 (t/ m² · d)	单位冷却风量 (Nm³/kg)	热效率 (%)
第一代	25～27	3.5～4.0	<50
第二代	32～43	2.7～3.2	65～70
第三代	40～50	1.7～2.2	70～75
第四代	45～55	1.5～2.0	75～80

1. 第一代推动篦式冷却机

篦冷机的工作原理是从窑头落下的高温熟料铺在进料端的篦床上，被篦板推动向前运动而铺满整个篦床，冷却空气从篦下透过熟料层，在此过程中熟料得以冷却，冷风得以加热变成热风，作为入窑的二次空气，也可作为入炉的三次空气。第一代推动篦式冷却机的主梁横向布置，为运送熟料需作纵向运动，横向布置的主梁在作纵向运动时很难做到密封，虽然篦下有隔仓板，也难以做到密封，在生产过程中，冷风从隔仓板上端漏出，形成篦下内漏风，因此冷却效率不高，料层控制的较薄，一般在 200～300mm 左右，冷却风量为 3.0～3.5Nm³/kg，单位面积产量约 20～25t/m²·d，冷却效率<50%，入窑二次空气温度一般在 600～750℃。

第一代推动篦式冷却机问世后，基本上满足了当时水泥生产条件下的湿法回转窑、半干法回转窑和小型普通干法回转窑的配套需要。

2. 第二代厚料层推动篦式冷却机

20 世纪 60 年代预热器窑逐步走向大型化，窑产量最大的为 4000t/d；20 世纪 70 年代预分解技术出现后，窑产量更是成倍增加，这时的第一代推动篦式冷却机面临了如下的技术难题：

（1）预热器窑的规格逐年增大，产量>1000t/d 时，熟料颗粒离析增加，细颗粒熟料随窑产量增大而增多，冷风透过料层时，部分细颗粒熟料流态化，篦板没法推动流态化颗粒，而一些堆积致密的细颗粒熟料层的熟料因料层阻力大，冷风没法透过，得不到充分冷却，仍然处在高温状况，极易将堆积下的篦板烧坏，其后果是出篦冷机熟料温度高，废气温度高，入窑二次空气温度低，冷却效率低，设备故障率高，窑的运转率低。

（2）一些水泥企业将传统窑改为预分解窑，窑产量成倍增加，但场地限制篦床面积增大，必须提高篦冷机的单位面积产量，才能满足扩建需求。显然，低单位面积产量、低热效率、薄料层技术操作的第一代推动篦式冷却机已很难满足窑系统大幅度提高产量和降低熟料热耗的技术要求，于是就产生了第二代推动篦式冷却机，即厚料层篦冷机。

第二代推动篦冷机与第一代推动篦冷机的主要区别在于：第一代篦冷机的风室大，有时几个风室共用一台风机，漏风窜风相当严重，风与熟料的热交换差、热效率低。而第二代推动篦冷机的风室较小，分多个风室，各风室配置独立的风机，改进了各室间的密封，减少了漏风窜风现象，改善了风与熟料的热交换，料层厚度可达 500～600mm，从而提高了篦冷机的热效率。其主要性能指标是：二次风温度达到 600～900℃；三次风温度达到 500℃ 及以上；冷却风量为 2.7～3.2Nm³/kg；单位面积产量约 32～42t/（m²·d）；冷却效率 65%～70%。

第二代推动篦冷机依然存在的技术缺点：

（1）由于活动框架穿越各风室运动，无法解决风室间的密封，风室隔墙经长期运行后磨损，导致漏风、窜风现象严重。

（2）以室为单位划分区域，纵向料层厚度不均匀，造成阻力不均，阻力小处冷却风短路，阻力大处篦床局部过热，篦冷机篦板烧坏变形或脱落等事故时有发生，严重影响窑的运转率。

（3）由于窑的回转作用而形成出窑横向熟料的粗、细料离析现象，篦床上的熟料层形成颗粒不均、熟料厚度不均，造成料层阻力不均，冷风集中透过阻力较低部位的料层，而阻力高的料层得不到冷风透过，在同一室的宽度方向，同样引发冷却风短路问题，导致难以消除的"红河"现象时有发生。

（4）靠风室供风冷却，无法精确调解各熟料区域的冷却用风量，高温熟料得不到淬冷，维持生产的唯一途径就是提高单位冷风量，造成了二、三次热风温度的下降，热效率降低。

（5）窑的来料颗粒变化大，造成料层阻力变化大，相应透过料层风量变化也大，难以控制通风量。缩小各室的通风面积，改善料层阻力，加强密封，提高冷却机效率，成为第二代篦冷机优化创新的突破点。

3. 第三代控制流推动篦式冷却机

随着预分解技术的日臻成熟和市场的竞争日益激烈，进一步改善篦冷机热回收性能、提高热效率、完善篦冷机运行稳定性、可操纵性，就成为第三代篦式冷却机研制开发的目标。第三代推动篦式冷却机针对熟料入机后纵向和横向料层厚度、颗粒组成及温度状况，采取两项重大改进：一是改变第二代厚料层篦冷机分风室通风、各室冷却区域面积过大、难以适应料层不均匀状况，将篦床划分为众多的供风小区，便于供风调整；二是采用由封闭篦板梁和盒式篦板组成的阻力篦板冷却单元，使每个阻力篦板冷却单元形成众多的控制气流，从而克服了第二代篦冷机的缺点，显著降低了单位冷却风量，大幅度提高了冷却效率。第三代推动篦式冷却机也叫控制流篦式冷却机，其主要性能指标是：二次风温度达到 1000℃ 及以上；三次风温度达到 800℃ 及以上；冷却风量为 $1.7 \sim 2.2 Nm^3/kg$；单位面积产量约 $40 \sim 50t/(m^2 \cdot d)$；冷却效率 70%～75%。

第三代控制流篦冷机的结构特点：

(1) 高温区采用固定和活动充气梁技术进行热回收，中温区采用高阻尼低漏料篦板，低温区采用富勒改进型篦板。

(2) 篦冷机结构上主要是充气梁安装高阻尼充气式篦板，固定式充气梁的供风由固定式分配风管实现篦板供风，活动式充气梁的供风由活套式分配风管或者关节式活动风管或者金属绕性软连接风管实现篦板供风。高阻尼低漏料篦板和富勒改进型篦板的供风由篦冷机空气室供风来实现。

第三代控制流篦冷机的技术特点：

(1) 料层厚度增加。由于采用充气梁技术、高阻尼技术和高压风机，熟料冷却风的穿透能力上升，熟料在篦床上的厚度一般控制为 $600 \sim 800mm$。

(2) 高温区风机的风压上升。由于采用高阻尼篦板和充气梁技术，供风风机的风压上升，一般在 $8000 \sim 12000Pa$ 左右，在实际工作时，高压风呈水平方向穿射出篦板并冷却高温熟料。

(3) 总风量显著下降。第三代篦冷机采用高阻尼篦板，篦板阻力远远大于二代篦冷机篦板，空气穿过篦板缝隙产生速度达到 40m/s 的风。生产实践证明，当冷空气速度达到 40m/s 时，篦床上物料的压力再增加，风速不会发生明显变化，也就是穿过高阻力篦板的冷风，继续穿过料层时，风速变化很小，通过篦床熟料层的冷风速度均匀，熟料冷却速度均匀，所以不需要太多的风量。

(4) 二次风温明显提高，篦冷机的热效率提高。二次风温由二代篦冷机普遍的 $600 \sim 900℃$ 上升为 $1000 \sim 1200℃$ 左右，促进了煤粉的燃烧，提高了窑产量和质量。

(5) 漏料量减少。高阻尼篦板的结构设计合理，篦板结构缝隙减少，外形尺寸加工十分精确，每块篦板本身漏料量大大减少，篦床上熟料总漏料量也大大减少。

(6) 单位电耗下降。采用空气梁技术，密封性能好，不容易产生漏风现象；在低温部位，不再像高温部位那样以每排篦板为单位配置冷却风量，而是采用分室供风，达到节省电能目的；高阻尼篦板大大减少了漏风和漏料，所以在产量不变的情况下，冷却单位熟料的电耗必然下降。

4. 第四代推动篦式冷却机

第四代推动篦式冷却机是丹麦史密斯公司和美国富勒公司共同开发研制的，也叫第四代推动棒式篦冷机，主要由熟料输送、熟料冷却及传动装置等三部分组成。与以往推动篦式冷却机的最大区别是熟料输送与熟料冷却是两个独立的结构。篦板是固定的，不输送物料。熟料输送是由固定篦床上的固定与活动交替排列的横杆做往复运动来实现的。运动横杆还起到搅拌、均化熟料的作用，使熟料完全暴露在冷空气中，迅速冷却。横杆通过固定夹固定更换、安装方便。横杆磨损对冷却机的运转及热效率没有影响。篦床与运动横杆之间始终保持有一层约 50mm 的料层，防止熟料的冲击，对篦板起到隔离保护的作用，所以篦板的寿命在 5 年及以上。

冷却熟料的冷风由固定篦床上的篦板提供，每块篦板采用机械式空气调节阀，实现冷却空气分布的自动调控，使由于温度变化、料层厚度不均及回转窑出料时产生的粗、细料离析等引起的熟料层阻力差异得以自动均衡，实现最佳的空气分布。其主要性能指标是：二次风温度达到 1100℃ 及以上；三次风温度达到 900℃ 及以上；冷却风量为 1.5～2.0Nm³/kg；单位面积产量约 45～55t/m²·d；冷却效率 75％～80％。

第四代推动棒式篦冷机的技术优点：

（1）熟料输送与冷却独立完成，篦板是固定的，磨损少，不会发生因篦板间隙加大而降低冷却效果，篦板寿命大大延长，设备运行可靠，设备故障率降低。

（2）篦板结构特殊，确保篦下无熟料落入风室，无须设置卸料斗、料封阀和拉链机等设备，工艺结构简单，操作维护方便。

（3）采用机械式空气调节阀，使冷空气的控制达到了最小模块化，无须使用密封风机，减少废气量，同等规格下风机数量减少一半。

（4）体积小，质量轻，体积及质量只是第三代控制流篦冷机的 1/2～1/3。

（5）模块化设计制造：安装快捷，能适应不同外形结构的各种规格篦式冷却机。

（6）附属设备、土建工程、安装工程少。

（7）易损件少，横杆的寿命一年半及以上，篦板寿命五年及以上，检修方便，节约成本。

（8）液压传动，轴承只需每年加油一次，维护工作量少。

第四代篦冷机的冷却效率和电耗等项工艺指标并不比第三代篦冷机先进多少，而且进料部位完全一致，但改进的结构装置主要解决了粉状和大块熟料的冷却及红热熟料对篦板的损坏，此外，取消风室下的拉链机，简化了工艺设备，提高了设备运转率，解决了第三代篦冷机难以解决的技术问题，满足了装备大型化及煅烧代替燃烧出现的工艺技术进展带来的需求，这是冷却机技术一大进步。

任务 3 水泥企业常用的篦式冷却机

任务描述：掌握水泥企业常用的第三代及第四代篦式冷却机的结构、技术性能及工作原理。

知识目标：掌握第三代及第四代篦式冷却机的结构、技术性能。

能力目标：掌握第三代及第四代篦式冷却机的换热原理。

3.1 IKN 型悬摆式箅冷机

IKN 型悬摆式箅冷机是德国 IKN 公司 20 世纪 80 年代开发研制的第三代推动箅式冷却机，它的成功问世，带来了水泥熟料冷却技术的革命。自 1991 年澳大利亚 Adelaidet-Brighton 水泥公司采用第一台全新 IKN 型悬摆式箅冷机以来，其优秀性能得到世界范围内水泥业界的高度赞誉，受到了德国、日本、菲律宾、韩国、中国、巴西、美国、哥伦比亚等国家青睐，1998 年成功和当时世界上最大生产能力 10000t/d 的预分解窑配套使用投产，目前已经实现和日产 12000t 熟料的预分解窑相配套。

1. IKN 型悬摆式箅冷机的技术特点：

（1）采用水平喷流的 COANDA 喷流箅板。

（2）采用空气梁技术的熟料入口分配系统（KIDS）。

（3）采用单缸液压传动的自调准悬摆系统。

（4）采用液压传动的隔热挡板。

（5）采用箱形辊式破碎机。

（6）采用气力清除漏料装置（PHD）。

2. 采用水平喷流的 DOANDA 喷流箅板

熟料层内的气流分布是有效冷却的关键。具体地说，固体和气体的流动速度在每一体积单元内必须一致。气体流动是在熟料层内的空隙中进行的，水平喷流贴近箅板表面，等效于箅板张开无数喷口。同时由于箅板对气流阻力很大，故使得气流在熟料层内所有空隙中的垂直上升速度几乎处处相等，因此在熟料层内可获得一条光滑的温度分布曲线，接近冷风的是冷熟料，而热熟料则靠热风端，如果熟料分布不均匀，气流便可能穿透某些阻力较小的部位，导致气流和熟料分布紊乱，降低它们之间的热交换。因此，获得气流均匀分布的最重要的因素是箅板对于气流的均匀高阻力。

在传统箅式冷却机中，垂直喷流引起反向空气流表面，造成箅板的损坏。这种箅板磨损可使箅板面积每年增加 4%，通常用缩小箅缝的办法来增加箅板对气流的阻力，然而窄缝会产生更加剧烈的空气喷流并在熟料层内引起湍流，导致更强的喷砂效应，使磨损加剧。

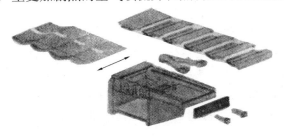

图 5.3.1　COANDA 喷流箅板的结构示意图

IKN 将具有水平喷流效应的 COANDA 箅板引入到熟料冷却中，从而找到了彻底解决这一问题的方法：用向箅板表面切向倾斜的弯曲气缝送气的方式来取代传统的垂直喷流。COANDA 喷流箅板的结构如图 5.3.1 所示，其设计保证熟料不能通过通气缝，喷出的强劲气流贴近箅板表面，同时其具有高阻力使得该气流场均匀向上分布，透过料层空隙，将夹杂在粗粒熟料之中的细粉缓缓地带到料层表面，于是料层空隙中的细粒被扫清，空隙成为良好顺畅的气流通道，这些通道匀布于整个料床内，使向上气流阻力很小且处处均匀。

3. 采用空气梁技术的熟料入口分配系统（KIDS）

传统箅冷机在熟料入口处都有下述问题：由于热交换差及冷却速度低而导致熟料矿物活性低且易磨性差；由于热回收率低而导致热耗大；由于箅板阻力小而导致熟料层经常被冷却

气流穿透，从而破坏熟料和气流之间的热交换，并使一些篦板直接承受高温熟料，导致篦板寿命减短。在此情形下不可能获得均匀的熟料分布，并易产生"红河"和"雪人"。

空气梁技术的发明可追溯到 14 年前 IKN 的第一台熟料入口分配系统（KIDS），由于发明了这一技术，实现了将冷却气流分别送入各排篦板的直接通风。在 KIDS 中，前 6 至 9 排篦板采用空气梁技术，先将若干 COANDA 喷流篦板连成为一个整体，再将它们嵌入空气梁并用一些特殊的水平螺栓将其相互固定在一起，以确保它们不发生垂直方向的变形，但允许受热膨胀或收缩时在水平方向的整体位移，篦冷机入口处的空气梁设计为固定式，具有极为可靠的机械性能。

IKN 采取了进一步的革新措施来控制熟料入口处的篦板阻力：可调节的空气栅格与 COANDA 喷流篦板的底部采用气密性连接。在 KIDS 后面的篦床采用仓式通气，每根空气梁下安有入口调节阀以保证将强劲气流通入活动篦板与固定篦板之间的缝隙之中，从而避免此处漏熟料而引起磨损。至今为止，200 多套 KIDS 已投产，用 KIDS 改造现有冷却机可得到均匀的熟料分布，提高热回收效率，降低冷却空气用量，延长篦板寿命。

4. 采用单缸液压传动的自调准悬摆系统

水泥熟料是一种磨蚀性强的材料，传统篦冷机由于"喷砂效应"引起的篦板磨损和活动框架辊轮支承部件每年可达 4%，故如何降低磨损是所有水泥厂家关心的问题之一，得益于水平喷流的 COANDA 喷流篦板，IKN 的冷却机已消除了由于"喷砂效应"及熟料穿过篦板而引起的磨损。

然而磨损也发生于固定和活动篦板之间的缝隙之中。这是由于活动框架下沉引起的，当活动篦板与固定篦板接触时就会产生磨损，传统辊式机械驱动的篦板运动不仅导致篦板本身的磨损，而且还导致相关部件（如托轮、轴承、滑动密封装置以及与它们相连的滑动接口等）的磨损。

为了避免这类磨损，固定篦板与活动篦板之间要保持相当小的垂直间隙并且需获得临界气流速度以清扫这些缝隙，使之无细料夹杂其中，鉴于这种认识研制出 IKN 悬摆式活动框架，框架采用了高强度铸件，安装精确，由于活动框架的摆动不再依赖传统冷却机的辊子运动，而是由弹簧钢板极小的弹性变形来完成，所以这种悬挂系统本身无任何磨损，故无需维护。

为了使合理的熟料分布以及熟料层内温度分布在运动过程不被破坏，IKN 开发了独特的液压传动装置，以缓慢向前和快速向后的运动方式进行运行。

5. 采用液压传动的隔热挡板

产生水平喷流的 COANDA 喷流篦板极大地加强了熟料和冷却空气之间通过传导和对流产生的热交换，但由于熟料向冷却机内壁，尤其是向低温冷端的辐射散热导致熟料层表面被冷却，这就限制了热回收率的进一步提高。IKN 采取的革新措施是在悬摆冷却机的气体分流交界处悬挂一个气冷的隔热挡板，其结构如图 5.3.2 所示，它可以用液压方式提起来或放下去，隔热挡板的冷却气体由其底部的 COANDA 喷嘴喷到熟料层表面，当大块熟料过来时，隔热挡板自动升起让其通过，在粉尘

图 5.3.2　自动升降隔热挡板
结构示意图

少和冷却机宽的情况下，隔热挡板带来的效益尤为显著。

当三次风是从冷却机机体内抽取时，需要考虑冷却机上的取风口位置，取风口一般位于或靠近冷却机上部机壳的气体分流处。在这种情况下，采用隔热挡板有效地隔开了回收热风和余风是极有利的。

6. 采用箱形辊式破碎机、较低的电耗

IKN 公司放弃使用锤式破碎机而选用箱形辊式破碎机，其原因是：

（1）箱形辊式破碎机的转速很低，一般每分钟大约只有 26 转，具有很高的耐磨性，而且不会引起扬尘，比使用锤式破碎机节省电耗大约 50%。

（2）通过调整辊间距来调整出破碎机熟料粒度，保证出破碎机的熟料粒度比较均匀，而且集中在生产控制的粒度范围之内。

（3）辊式破碎机对直径比较大的熟料块有较好的破碎效果，这主要归于辊子表面凹凸不平的辊齿，大块熟料是被辊齿一层一层剥掉，而不是像锤式破碎机一样需要将其打碎，并且每一个辊齿都被设计成同一规格，可以任意互换，大大提高了辊齿的使用寿命。

（4）当破碎机中进入了不可破碎的铁块等物品时，辊子在经过几次努力后会反转，铁块就会退出破碎机，这时只需人工前往取出铁块即可继续运转，因此可反转的辊子也很好地保护了辊齿，减少了维修工作量，提高了使用寿命。

7. 气力自动清除漏料系统

传统冷却机细粒熟料通过篦板漏入舱室，这些漏料通常用安装在冷却机下方的输送系统输送出去，易出现篦板磨损，许多活动接口必须密封润滑的维护。

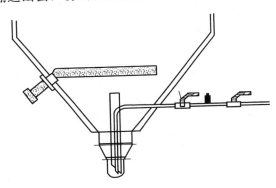

图 5.3.3 气力自动清除漏料系统

IKN 悬摆式冷却机运作时能保持极小的篦板间隙，这些间隙中的熟料被强劲的气流喷吹掉，一般情况下没有漏料现象发生。然而，当漏料极少时，可能会产生冷却气体中的水分引起的混凝土问题。为解决这一问题，IKN 开发了气力自动清除漏料（PHD）系统，其结构如图 5.3.3 所示，将一钢管伸入盛有细熟料的漏斗集料器中，由冷风机提供的一般风压在管中产生 20～30m/s 的风速，它可提起集料器中的细熟料，通过管道送至熟料破碎机下面的漏斗之中。直径达

20mm 的熟料均可被这一系统运走，即使所有漏斗中的管子同时连续吸料，耗气量也低于 0.02m³/kg 熟料。使用该系统，可节省一套位于冷却机下的熟料输送系统。

3.2　KC 型推动篦式冷却机

KC 型推动篦式冷却机是南京凯盛水泥设计研究院成功开发研制的第三代篦冷机，在我国数十条不同规模（1300t/d、1800t/d、2500t/d、3200t/d、5000t/d、6000t/d）的水泥熟料生产线上得到成功的应用。

1. 工艺设计及特点

根据冷却机篦床上物料温度、冷却特性和热回收要求，将冷却机分成"高温热回收 HTR 区"、"高温后续热回收 HTRC 区"、"中温冷却 MTC 区"和"低温冷却 LTC 区"四

个功能区，每个功能区分别采用不同的冷却技术。

在高温区选用特殊的高效阶梯箅板（HET）并采用固定床布置，彻底避免了第二代、第三代冷却机热端漏料的问题，避免了热端熟料通风不均的现象，提高了冷却机的热回收效率。在高温后续的冷却区、中温区、低温区分别采用高效充气梁箅板（HEA）、鱼刺形箅板（FB）、高效防漏箅板（PL），优化了冷却机的配置，为冷却机安全、稳定、可靠、热效率高提供了重要条件。

该冷却机采用了高效率的固定床技术，为消除固定箅床无推动力、易堆"雪人"的缺点，将前几排固定箅床向下倾斜布置，并在冷却机热端的箅板上方配置若干空气炮，在必要时用空气炮清除固定床上过厚、过大的物料。

2. 机械设计及特点

（1）传动装置

KC 型推动箅式冷却机采用液压传动形式。

①传动机构

传动机构是保证冷却机正常运转的核心部件，通过传动机构与箅床活动框架的连接，实现液压缸对箅床运动的动力传输，同时该机构还对箅床的支撑、导向和调节起重要作用。传动机构主要由液压缸、行走部分、支座和传动轴组成。

②液压系统

采用机械同步的方法保证每段箅床左右两个液压缸同时驱动一根主轴，即：油缸一端与壳体框架固定，另一端与主轴相连，工作时依靠导轨和导向轮导向，使整个活动部件平行移动，强制实现两侧液压缸的同步运行。

③液压电控系统

其功能是实现液压传动系统的控制、调整和自我保护等，主要由控制柜和控制软件等组成。电控系统可根据箅床运行情况，精准控制比例换向阀，调节液压油的流量，控制液压缸的运行速度。当箅床速度需要调节时，PLC 根据位置传感器的反馈信号，重新调整比例阀的开度，改变系统流量从而改变箅床的运行速度，由此可以控制箅床在任何可能的速度下运行。

（2）箅板

箅床是冷却机的核心元件，KC 型箅冷机主要采用了四种不同形式的箅板，即高效阶梯箅板（HEL）、高效充气梁箅板（HEA）、鱼刺形箅板（FB）和高效防漏箅板（PL），其结构如图 5.3.4 所示。

KC控制流箅板　　　　　　　　　　KC阶梯箅板

图 5.3.4　KC 型箅冷机的箅板

箅板的结构主要根据各功能区的工艺性能要求及熟料特性来确定。由于熟料粒度粗细不匀，料层厚薄不均，为降低料层阻力变化对冷却风的影响，则要求提高箅板的出口气流速度，使其具有高阻力及气流的高穿透性，克服由于熟料粒度变化及粗细料离析产生的不同料层阻力的影响，保持冷却风系统的稳定工作，确保熟料的冷却效果。

（3）篦床

篦床是冷却机的主要部件之一，它主要承担篦板及熟料载荷，并提供合理的供风管路结构。篦床主要包括固定篦床和活动篦床。

①固定篦床

固定篦床主要用来支撑固定篦板、熟料载荷以及运动件，其固定梁不仅要考虑篦板的连接简易且可靠，还要考虑通风系统阻力尽量小，加工方便等。在保证其承载要求下，尽量增加通风截面，使气流能较顺利地流动，且质量轻，装配方便。

②活动篦床

活动篦床主要用来支撑各活动篦板、熟料载荷并做往复运动，其活动梁比较长，在强度及刚硬性方面有较高的要求。活动篦床采用整体箱形结构，保证其具有足够的强度和刚性；合理设置加工面可以减少加工量，节约成本，同时也可以大大提高安装精度。

（4）输送装置

早期的篦冷机，采用了内置式熟料拉链机。在实际生产中，当拉链机出现故障时，需要停窑检修，影响窑系统的正常运行。现在的输送装置均采用了外置式拉链机。由于新型篦冷机采用了低漏料技术，漏料量较小，因此外置式拉链机故障率较低，可以做到不停窑便可对篦冷机进行维护和检修，大大提高了系统运转率。

如将熟料板式输送机进行适当延长，也可以取消该拉链机，这样可以进一步降低设备高度，节省土建投资，降低设备故障率，提高系统运行的可靠性。

（5）冷却机灰斗锁风

由于篦冷机采用外置拉链机或取消拉链机，冷却机各灰斗的密封就显得非常重要。用电动弧形阀密封，并使用粒位计控制弧形阀的工作，这样既可保证弧形阀的工作可靠性，也能通过弧形阀和物料的双重密封，提高风室的锁风效果，使冷却效果得到有效保证。

（6）破碎装置

破碎装置采用锤式破碎机，主要用来破碎大块熟料，以保证出篦冷机熟料的粒度。破碎机设置有调节装置，能够方便地保证和控制出料粒度，壳体的易碎部分均配备耐磨衬板以防磨损，破碎机锤头采用耐磨铸钢件，结构简单且寿命较长。

3.3 BMH 型篦式冷却机

BMH 型篦式冷却机是瑞典 BMH 水泥公司成功开发研制的第三代篦式冷却机。

1. BMH 型篦式冷却机的工作原理

BMH 篦冷机式用一定压力的空气对篦板上运动着的熟料易互相垂直的方向进行骤冷，它主要由供风系统篦床、废气处理及空气炮四部分组成。供风风机通过风管向篦床下的风室和篦板中吹风，冷空气通过篦板上的空袭与高温熟料完成热交换过程，冷却风机的风量和风压可根据各风室的密封情况、篦床上料层厚度以及窑的来料进行调节。BMH 篦冷机床由一段倾角 3°的炉篦和两段水平炉篦组成，篦床上的活动篦板通过往复运动把熟料推向下一级篦板，先经过一段篦床冷却，最后至摇头出口的熟料温度为 85℃。第一段篦床上入窑的二级风约 1000℃，提供窑内煅烧所需要的氧气和热量，三次风（约 750℃）与预热器内的生料逆向流动完成生料的预热过程。BMH 冷却机安装在窑头下料侧，通过空气炮储气罐的压缩空气向相关区域瞬间释放，形成冲击波作用在料堆上，实现清堵助流的目的。BMH 型篦式冷却机的工艺流程如图 5.3.5 所示。

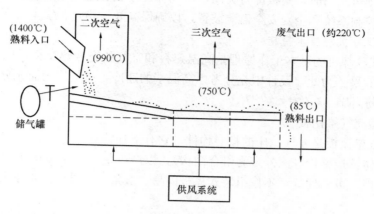

图 5.3.5　BMH 型篦式冷却机的工艺流程

2. BMH 型篦式冷却机的特点

（1）高效篦板（HE－MODULE）的使用，使得每一段篦床在水平空间不变的情况下，增大了篦床的冷却面积，提高了篦冷机的冷却能力，从而达到提高产量的目的；同时二次风温提高，节省了窑内煅烧所需的能量。

（2）供风系统的风机挡板可调节供风量，篦床篦速可控制熟料在篦床上流动的速度，从而控制熟料与冷空气的热交换时间，使得窑头出口的熟料温度可以控制。

（3）BMH 篦冷机中熟料热量的 80％回收到生产过程中，把作为燃烧用空气预热到很高的温度，从而使窑炉燃烧的空气保持尽可能低的温度。

（4）在窑头下料侧安装空气炮，根据堆料情况，采用手动和自动两种方式控制，达到清堵助流的目的，避免了人工捅料和人工爆破所耗费的人力物力，更好地实现安全生产和稳产高产。

（5）BMH 移动使篦冷却机技术先进，设计合理，成功避免了堆"雪人"现象。入篦冷机的熟料温度从 1400℃降至 85℃，冷却能力可高达 10000t/d，能很好地适应水泥企业生产能力越来越高的预分解窑。

3.4　TC 型梁篦式冷却机

TC 型篦式冷却机是天津水泥工业设计研究院 20 世纪 90 年代开发的第三代篦冷机。

1. TC 型篦冷机的基本结构

TC 型篦式冷却机由上壳体、下壳体、篦床、篦床传动装置、篦床支撑装置、熟料破碎机、漏料锁风装置、漏料拉链机、自动润滑装置及冷却风机组等组成。

熟料从窑口卸落到篦床上，沿篦床全长分布开，形成了一定厚度的料床，冷却风从料床下方吹入料层内，渗透扩散，对熟热料进行冷却。透过熟料后的冷却风为热风，热端高温风被作为燃烧空气入窑及分解炉，部分热风还可以作烘干之用，有效的热风利用可以提高热回收，降低系统热耗，多余的热风经过收尘处理后排入大气。冷却后的小块熟料经过栅筛落入篦冷机后面的输送机中，大块熟料则经过破碎、再冷却后汇入输送机中；细粒物料及粉尘通过篦床的篦缝及篦孔漏下进入集料斗，当斗中料位达到一定高度时，由料位传感系统控制的锁风阀自动打开，漏下的细料便进入机下的漏料拉链中而被输送走。当斗中残存的细料还不足以让风穿透锁风阀门时，阀板即行关闭，从而保证了良好的密封性能。TC型篦式冷却机配有三元自动控制系统和全套安全监测装置，以确保高效、稳定、安全可靠地工作。

2. TC型篦冷机的技术措施

TC型篦式冷却机的基本工作原理是高温熟料和空气的充分热交换，以达到高效冷却熟料和热回收的效果。为此，设计中充分考虑高温端的速冷、风料均匀而充分的热交换和篦床合理配置等关键环节。

(1) TC型充气梁篦板

TC型充气梁篦板是充气篦床的核心构件，它有下列特点：

①采用整体铸造结构（国外多为组合结构），以减少加工及组装的工作量，并有良好的抗高温变形性能。可靠性好，不像组装式篦板因易"散架"而导致严重事故，这对活动充气篦板尤为重要。

②TC型充气梁篦板内部气道和气体流出设计力求有良好的气动性能，出口冷却气流顺着料流的方向喷射并向上方渗透，强化冷却效果。

③TC型充气梁篦板的气流出口为缝隙式结构，加之密闭良好的充气小室，使几乎所有鼓进的冷风都通过出口缝隙，因而其气流速度明显高于普通篦板的篦孔气流速度，这一特点使TC型充气梁篦板具有两个特性：一是高阻力，二是气流高穿透性。它对熟料冷却工艺有重要意义，前者增加了篦床阻力对系统阻力的百分比，相对缓解了料层阻力变化的影响，当料层波动时仍可保持冷却风均匀分布，确保冷却效果；后者则有利于料层深层次的气固热交换，特别是红热细熟料的冷却有特殊的作用；有利于消除"红河"现象，解决了第二代篦冷机难以克服的主要问题。

④充气篦板气道为纵向迷宫式，不会塞入细料（塞入细料可导致充气梁失效），维护时亦不因践踏而塞料。

(2) TC型低漏料阻力篦板

主要用于篦床的中温区。这种篦板既减少了细熟料的漏料量，又增加了篦板的通风阻力。篦板的阻力的增加同样可降低不均匀料层阻力对篦床总阻力的影响。因而虽然用冷风室供风对熟料进行冷却，但仍可满足冷却需要。这种篦板也是整体铸造，其特点是：抗高温变形能力很强；气流通过气道速度和阻力较高；低漏料；使用寿命可以达两年以上。

(3) 充气管

①固定式充气风管。采用局部软连接结构，以便固定式充气篦板梁的调整和热位移，便于安装和维修。

②活动式充气风管。便于调整和降低运行阻力。活动风管可调角度和轴向调整，运动时适应性强，便于安装。

③活动部分和固定部分在机外连接，便于检修和观测，安全可靠。

④风管设有内外双层密封，漏风小，密封效果好。

(4) 组合式篦床

TC型篦冷机采用组合式篦床，篦床配置通常分为三部分：

①高温区

熟料淬冷区和热回收区，在该区域采用TC充气梁装置，其中前端采用若干排倾斜15°

的固定充气梁或倾斜 3° 的活动充气梁，以获得高冷却效率和高热回收效率。在高温区采用固定式充气梁装置，将大大降低热端篦床的机械故障率。

②中温区

采用低漏料阻篦板，该篦板有集料槽和缝隙式通风口，因冷却风速较高而具有较高的篦板通风阻力，因而具有降低料层阻力不均匀的良好作用，有利于熟料的进一步冷却和热回收。

③低温区

即后续冷却区。经过前段 TC 型充气篦板冷却区低漏料篦板区的冷却，熟料已显著降温，故仍采用改型 FuLLER 篦板，完全可以满足该机的性能要求。

（5）采用厚料层冷却技术

最大料层厚 600～800mm，增大料层厚度使冷却风与热熟料有充分的热交换条件，并增加风料接触面积和延长接触时间。充分的热交换使热熟料得到有效的冷却并提高冷却熟料后的热风温度，有利于热回收。厚料层冷却工艺不仅提高单位篦板面积的冷却能力，还使篦板受到温度较低的冷料层的保护，避免与热熟料直接接触而受到损害。

（6）合理配备冷却风

在淬冷区和热回收区为充气篦床，配备合适风量、风压的冷却风是保证其冷却性能的关键。风量取决于料量、料温及所要求的冷却后的出料温度，它通过风与料的热平衡计算，再根据 TC 型篦床工业试验等实践经验加以修正；风压的确定取决于管路系统阻力计算、TC 型篦床阻力数据和料层阻力等因素。

（7）自动控制和安全监测

自动控制是保证 TC 型篦冷机性能稳定、安全操作的重要因素之一。TC 型篦冷机仍采用三元控制，即篦速控制、风量控制和余风排放控制，所不同的是第二代篦冷机内压力为控制依据，而第三代篦冷机以供风系统的固定和活动风管管内压力的综合数值为依据。

必要的监测及保护装置是设备安全运转不可缺少的部分。TC 型篦冷机设有下列监测和保护装置：篦板测温和报警装置，料层状况电视监测装置，风室漏料锁风阀的故障报警及电动机过载保护装置，拉链机断链报警装置、冷却风机监测和报警保护装置等。

3. TC 型篦冷机主要技术参数

TC 型篦冷机的主要技术参数见表 5.3.1。

表 5.3.1　TC 型篦冷机的主要技术参数

篦冷机型号	TC-1062	TC-1176	TC-1196
产量（t/d）	2000～2300	3000～3500	4000～4500
段数	2	3	3
单位冷却风量（Nm³/kg）	2～2.3	2～2.3	2～2.3
热效率（%）	70～75	70～75	70～75
出料粒度（mm）	≤25	≤25	≤25
进料温度（℃）	1350℃	1350℃	1350℃
出料温度（℃）	65＋环温	65＋环温	65＋环温
篦板有效面积（m²）	52.6	78.8	106

3.5 NC 新型控制流篦式冷却机

NC 新型控制流篦式冷却机是南京水泥工业设计研究院在 NC-Ⅱ型及 NC-Ⅲ型篦冷机的基础上，吸收了国外各大著名水泥设备生产公司的最新篦冷机技术，并采用了新结构和新材料而成功开发研制的。

1. NC 新型控制流篦式冷却机的结构性能

(1) NC 新型控制流篦式冷却机共配置有入口固定篦床和一至三段推动篦床，根据产量和篦板面积配置不同台数的风机（包括密封风机）。其中固定篦床倾斜 15°，采用高效节能的高阻力控制流篦板，能用较小的风换取最大的热量供燃烧使用，并由充气梁供风，以利优化配置。一台侧部风机，形成"马靴"效应，消除侧部"穿流"；一台中部风机，以强化料床中部供风。为防止"堆雪人"现象的产生，除考虑篦床结构和篦板出风方向外，特别设计了一组空气炮。第一段篦床倾斜 3°，仍采用了高效节能的高阻力控制流篦板，而且根据粗细料颗粒组成分布及料温变化情况采用了空气量供风和风室供风的混合供风形式。在冷却风机各支管上配置有调节阀，确保充气梁篦板的高效及高阻力、少流量性能要求，以满足更为细化的冷却风量的调节控制要求，加强骤冷效果，有效提高热回收效率并有效消除"红河"现象；第二段篦床倾斜 3°布置或水平布置，采用高阻力低漏料篦板，以减少漏料量，由风室供风；第三段篦床（≥4000t/d）水平布置，采用高阻力低漏料篦板，以减少漏料量，并减少篦板的磨损，由风室供风。篦冷机下出料采用灰斗加锁风阀的方案，外置封闭式熟料拉链机或直接接链斗输送机。

(2) 采用气密及气流性能好的新型空气梁供风结构，篦板进风截面大而开阔，以利于改善及细化不同篦板区域的冷却供风且易于调配，彻底避免热端篦床风室漏窜风、熟料冷却不均匀的问题。此外，横梁底部设置有事故排料孔，方便事故后的清灰；风量的调节控制方便可靠。新型空气梁强度、刚性高，抗变性能强。

(3) 取消了活动充气梁，从根本上解决了固定风管与活动充气梁之间的柔性连接可靠度欠佳、易于疲劳损坏、易于磨损、漏风量偏大、难以适应篦床沉降状况变化的问题。

(4) 篦冷机采用液压传动，与传统的机械传动相比，由于取消了减速机、链条、链轮、连杆机构等部件，具有结构简单，外观流畅，故障点少，易于调节，适应性好，可靠性好，运转率高等优点。同一段篦床的前端和后端各设一组导向轮，工作时依靠导轨和导向轮，使整个活动部位平行移动，强制实现两侧液压缸的同步运行，并充分考虑液压系统的可靠性和使用性。

(5) 精加工篦板用螺栓固定，且采用独特的定位结构，具有简单可靠、互换性强，安装及检修方便、快捷等特点，从而为提高窑系统的运转率打下基础。

(6) 在篦冷机主体、熟料拉链机（如工艺布置需要）、熟料破碎机方面保留了 NC-2 型、NC-3 型篦冷机的结构特点和优势。如下部壳体采用型钢框架结构使整机牢固稳定，便于安装；篦床以独立托轮和挡轮分别承载和防偏且对支撑轴和梁不产生附加弯矩，保证运行平稳可靠、找正及更换方便；破碎机采用可调式存板结构，使用中能严格控制出料粒度；独立锤轴，便于单个或部分锤头更换；壳体带耐磨衬板，提高其使用寿命；出料栅条（1∶21）为特殊结构和材质，具有耐磨、寿命长、更换方便等特点。

2. NC 新型控制流篦式冷却机的主要技术参数

以和 5000t/d 预分解窑相配套的 NC 新型控制流篦式冷却机为例，其主要技术参数如表

5.3.2 所示。

表 5.3.2 5000t/d NC 新型控制流篦式冷却机的主要技术参数

序号	项目内容	技术参数	序号	项目内容	技术参数
1	规格（m）	3.9×32.5	6	篦板冲程（mm）	130
2	生产能力（t/d）	5000	7	每分钟冲程次数	4～25
3	入料温度（℃）	1400	8	出料粒度 mm	≤25
4	出料温度（℃）	65℃＋环温	9	系统热回收率（%）	70
5	篦板有效面积（m²）	121.2	10	冷却风量（Nm³/kg）	≤2

3. NC 新型控制流篦式冷却机技术性能

（1）新型控制流篦式冷却机单位面积产量高，节能降耗显著

新型控制流篦板的热回收区换热效果好，能提供温度高而稳定的二次和三次空气；熟料热回收量高，比传统篦冷机增加 80kJ/kg 以上，热回收效率达 72%；熟料冷却空气用量（标况）小于 2，其余风排放量可减少约 20%；熟料出料温度低。

（2）篦板结构、性能优越

采用的新型控制流篦板具有高阻力及气流渗透性和冷却性能好等特点，能更有效地克服熟料粒度变化及粗细料离析产生的不同料层阻力的影响。这种新型控制流篦板，其篦面出风达到了最大限度的均匀，能在篦床纵、横向对不同单元和区域分别进行合理的细化供风，保持气固两相的热交换的有效和稳定；彻底消灭冷却盲区，有效消除了熟料的"红河"现象，并确保了熟料充分均匀的冷却和出料温度的进一步降低。

（3）篦板使用寿命长

新型篦板在材质和热处理工艺上进行了全面考虑，具有高强度、耐热和高抗氧化性及抗磨损能力。运行时采用厚料层操作，能阻隔热量向篦板的热传导，并能减轻出窑"大蛋"对篦床的冲击，有效保护篦板。后冷却区的高阻力低漏料篦板漏料少，具有优良的抗磨损性能，篦板使用寿命延长，正常使用时，固定篦床篦板使用寿命 3 年以上，热端篦板使用寿命不低于 1.5 年。

（4）液压传动

采用液压传动，运行平稳，调速方便；对工况变化（包括烧成熟料的质量变化和篦冷机产量波动等）适应性强，可靠性好，运转率高。

3.6 SF 型第四代篦式冷却机

SF 型第四代篦式冷却机是丹麦史密斯公司和美国富勒公司共同开发研制的，是目前应用最广的第四代篦式冷却机，其篦床结构如图 5.3.6 所示。

SF 型第四代篦冷机利用篦上往复运动的交叉棒式来输送熟料，使篦冷机的机械结构简化，固定的篦板便于密封，熟料对篦板的磨蚀量小，没有漏料，篦下不需设置拉链机，降低了篦冷机的高度。在 SF 型第四代篦冷机中，每块空气分布板均安装了空气流量调节器（MFR），它采用自调节

图 5.3.6 SF 型第四代篦冷机的篦床

的节流孔板控制通过箅板的空气流量，其结构如图 5.3.7 所示。MFR 保证通过空气分布板和熟料层的空气流量恒定，而与熟料层厚度、颗粒尺寸和温度无关。如果由于某种原因，通过熟料层的气流阻力发生局部变化，MFR 就会立即自动补偿阻力的变化以确保流量恒定。MFR 没有采用电气控制，而是基于简单的物理定律和空气动力学原理。MFR 防止冷却空气从阻力最小的路径通过，这有助于优化热回收以及冷却空气在整个箅床上的最佳化分布。

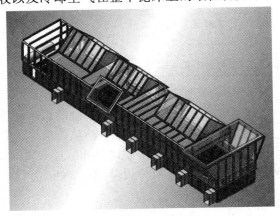

图 5.3.7 空气流量调节器（MFR）　　　　图 5.3.8 TCFC 型箅冷机的结构简图

3.7 TCFC 型第四代箅式冷却机

TCFC 型第四代箅式冷却机是天津水泥工业设计研究院与丹麦富士摩根公司 1997 年共同开发研制的，其结构如图 5.3.8 所示。

1. 工作原理

该冷却机由上壳体、下壳体、箅床、箅床液压传动装置、熟料破碎机、自动润滑装置及冷却风机组等组成。由于是无漏料冷却机，箅床下不再设灰斗和拉链机。热熟料从窑口落到箅床上，在箅床输送下，沿箅床全长分布开，形成一定厚度的料床，冷却风从料床下方向上吹入料层内，渗透扩散，对热熟料进行冷却。冷却熟料后的冷却风成为热风，热端高温热风作为入窑的二次空气及入分解炉的三次空气，其余的部分热风还可作为烘干煤粉和余热发电之用，热风利用可达到热回收、从而降低系统热耗的目的，多余的热风经过收尘净化后排入大气。冷却后的小块熟料经过栅筛落入冷却机后的输送机中；大块熟料则经过破碎、再冷却后汇入输送机中。

对现代冷却机的性能要求是高冷却效率、高热回收率和高运转率，为实现上述的高性能，箅床的设计是关键。

TCFC 冷却机入料口设计为台阶式固定铸造箅板，配有一个独立的风室，配合 STAFF 阀使用，独特的倾角设计使得在接近箅板的最下层形成一层较薄的沿输送方向缓慢移动的冷熟料层，由窑口落下的熟料在料压和重力的作用下，在底层熟料上向前滑动并铺开。所有熟料在斜坡上不做长时间的停留，避免形成堆积现象。如果出现了大块料堆积或"雪人"，在端部壳体加装了一组空气炮，可以根据需要间断地开炮，清理过多的积料，保证生产运行平稳。

传动段是水平的，通过四连杆机构组成步进式箅床，由液压驱动，箅床由数列组成，每列有前后两个液压缸同步驱动，各列相对独立。所有列一起向前运动，带动料床向前运动，然后所有列分批间隔后退，由于熟料间摩擦力的作用，前端熟料被卸在出料口。通过列间的交替往复运动，达到输送熟料的目的。

为保证各室良好的气密性，在连杆穿过隔墙板处设有必要的密封装置，以防止室间窜风和向机外漏风。整个箅床是无漏料装置，因为在列间装有气封装置和尘封装置。

卸料端装有锤式破碎机，小于预定尺寸的熟料（一般为 25mm 以下）通过栅筛箅条卸到熟料输送机被运走，大块熟料则落入破碎机破碎，并抛回箅床再冷却，再破碎直到达到要求的粒度为止。在破碎机前方的上壳体上悬挂垂直链幕，避免破碎机将熟料块抛回箅床时抛得过远，减少不必要的熟料再冷却循环，在破碎机打击区两侧壳体设有冲击板。在上下壳体适当位置上分别设置了人孔门和观察孔。上部壳体砌筑隔热耐火衬料，减少热损失和保护壳体，降低环境温度。

2. 结构技术特点

（1）模块化设计

TCFC 型箅冷机由新颖而紧凑的模块组建而成，适应于不同规模水泥企业的需求。模块的优化组合，减少了用于设计和安装的时间，并且易于维护。TCFC 型箅冷机模块结构如图 5.3.9 所示。

图 5.3.9　TCFC 型箅冷机模块结构

（2）优化固定斜坡设计

根据物理学原理优化设计固定斜坡，使固定斜坡段的熟料停留时间短，形成堆积的几率小，减少进料口常常出现"堆雪人"事故，使熟料在整个箅床上均匀分布，提高进料段的热交换效率。

（3）四连杆机构

该项专利技术突破了第三代冷却机的传动方式，经过计算机模拟技术，保证四连杆机构能够进行 100% 的线性运动，巧妙地通过三角架的旋摆运动产生箅床的往复直线运动。同时，自动润滑系统保证每个轴承都能得到很好的润滑，大大延长了四连杆机构的使用寿命。如图 5.3.10 所示。

（4）步进式 STAFF 风量控制阀

步进式 STAFF 风量控制阀是专利产品，主要由主通风管、调节阀、扇形板和阻尼板等组成，其结构如图 5.3.11 所示。

风量控制阀由 5 个风管及 1 个阻尼盖组成，它们的功能分别是：

①主通风管保证基本风量，它是不可调节的风管。

②高气流调节管、中等气流调节管、低气流调节管分别是大、中、小 3 种在运行中可自

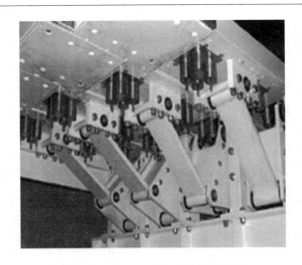

图 5.3.10 四连杆的结构简图

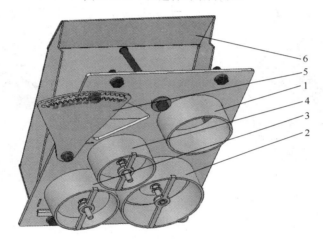

图 5.3.11 风量控制阀示意图

1—主通风管；2—低气流调节管；3—高气流调节管；
4—中等气流调节管；5—扇形板；6—阻尼盖

动调节风量的阀门。

③阻尼盖通过位置的调节补偿物料层的阻力，并起到防尘作用；阻尼盖通过它与控制阀形成一定的角度，与主通风管共同完成基本风量与风压的协调控制。

④扇形板是根据实际要求调节空气总量的，它只是在生产调试时可以用来调整风量，但在正常运行中就不能用来大调节风量。

风量控制阀是一种机械气流控制装置，并不需要电力或者其他动力驱动，根据气流压降进行非常细致而渐进的调节，控制每块篦板所用的风量。

就 TCFC 型篦冷机而言，要获得一定的冷风来冷却熟料，冷却风量与 STAFF 的通风面积有关，主通风管和扇形板保证所连接篦板的基本通风量，3 个带活塞的气流调节阀则根据料层情况在一定范围内调节冷却风量。当篦床料层阻力较大、冷却风量较小时，调节阀上的活塞自动下落，篦床阻力下降，从而增大风量；而当熟料层阻力较小、冷却风量较大时，活塞自动上升，使得篦下阻力上升，从而减小冷却风量。步进式流量调节功能优化冷却风分布，提高热交换效率。

提高 TCFC 型篦冷机的冷却效率和热回收效率，就要保证冷却风量与料层厚度相适应。通过 STAFF 阀的调节，使冷却风"按需分配"，熟料厚的地方、料层阻力大的地方通过的风量大，反之亦然。步进式 STAFF 风量控制阀优化了冷却风的分布，提高热交换效率，同时也节约了风机的电耗。

TCFC 型篦冷机高温区采用风量控制阀有如下的优点：

①使高温熟料急剧冷却，这是提高熟料质量，如水化活性及易磨性等的必要条件。

②使熟料分布均匀，这是冷却气流在最大温差下进行良好热交换、保证高的热回收率的必要条件。

③使熟料层部分流态化，这是冷却系统均匀分布的前提条件。

（5）液压传动系统

TCFC 型篦冷机采用液压传动，其结构如图 5.3.12 所示。纵向每一列篦床由一套液压系统供油，每一个模块控制几个液油缸，液压缸带动驱动板运动。采用多模块控制驱动系统，避免了因个别液压系统出现故障引起的事故停车，在生产中可以关停个别故障液压系统，其他组液压系统继续工作，不但保证设备连续生产，还可实现在线检修，更换个别故障液压模块，使整机的运转率大幅提高。

图 5.3.12 液压传动系统结构示意图

（6）篦床

TCFC 型篦冷机的篦床由固定篦床和水平篦床组成，其入口端高温固定篦板结构如图 5.3.13 所示，篦床传动结构如图 5.3.14 所示。

水平篦床由若干列纵向排开的篦板组成，纵向篦床均由液压推动，运行速度可以调节，进料端仍然采用第三代固定倾斜篦板，但是在底部增加了可控气流调节阀，此结构可以消除堆"雪人"现象；熟料堆积在位于水

图 5.3.13 入口端高温固定篦板

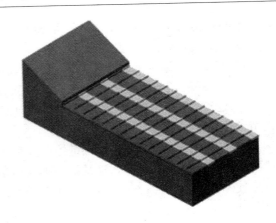

图 5.3.14　箅床传动结构简图

平输送段的槽型活动充气箅床上，随活动箅床输送向前运行，冷风透过料层达到冷却熟料的目的。

　　熟料冷却输送箅床由若干条平行的熟料槽型输送单元组合而成，其运行方式如下：首先由熟料箅床同时统一向熟料输送方向移动，然后各单元单独地或交替地进行反向移动。每条通道单元的移动速度可以调节，且单独通冷风，保证了熟料得以充分冷却。在箅板上存留一层熟料，以减缓箅板受高温红热熟料的磨蚀。相邻两列模块单元连接处采用迷宫式密封装置密封，贯穿整个箅冷机的长度方向，确保相邻两列箅板往复运动过程中免受熟料和箅板间的磨损，且由于箅板的迷宫式设计，熟料不会从输送通道面上漏下，不再需要第三代箅冷机那样的灰斗和拉链机等设备，设备高度得到了大幅度的下降，土建成本也随之减少。

　　3. TCFC 型第四代箅式冷却机的优点

　　第四代箅冷机与第三代箅冷机的技术参数对照如表 5.3.3 所示。

表 5.3.3　第四代箅冷机与第三代箅冷机的技术参数对照表

形式	单位面积产量 （t/m²d）	单位冷却风量 （Nm³/kg）	热效率 （%）	熟料热耗降低 （kcal/kg）	单位冷却 电耗之比	土建投资 之比	维修费用之比
第三代	38～42	1.9～2.2	70±2	—	100%	100%	100%
第四代	44～46	1.7～1.9	＞75	10～18	80%	75%	20%～30%

　　TCFC 型第四代箅式冷却机单位冷却风量的降低及热回收效率的提高，能耗降低幅度明显。以 5000t/d 生产线为例，与第三代箅冷机相比，每年可节约标准煤 3500t，节约煤炭成本 350 万元；每吨熟料节电 1.5kWh，每年节电 450 万元；没有漏料灰斗、卸料锁风阀及熟料拉链机，降低设备成本；取消以往地坑，节省大量土方和混凝土浇注量。降低冷却机的标高，使窑尾塔架、回转窑整体标高也降低，降低土建投资成本；箅床设计采用特殊的箅盒结构和步进式熟料输送方式，寿命较第三代箅冷机提高 3～5 倍，大大降低维修费用；箅床采用模块化设计，易损件规格种类少，备件通用性强，成本低；进一步提高热回收效率，显著提高入窑、入分解炉的燃烧空气温度 20～30℃以上，有利于煤粉的燃烧，大幅度降耗熟料单位煤耗。

3.8　η 型第四代箅式冷却机

　　η 型第四代箅式冷却机是 2004 年瑞典 BMH 公司开发研制的，由进料部位和无漏料箅床的槽型熟料输送通道单元组合而成,完全改变了篦冷机熟料的运行方式,其结构如图5.3.15 所示。

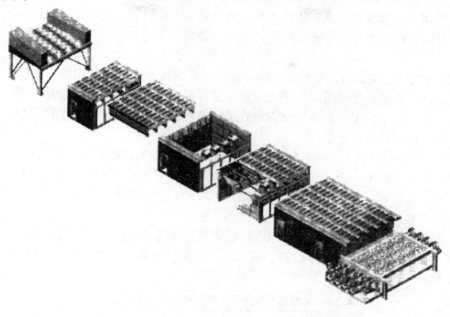

图 5.3.15　η 型第四代篦冷机结构示意图

进料段使用可控气流固定倾斜篦板,此结构可以有效消除堆"雪人"的危害,篦板面上存留一层冷熟料,以减缓篦板受高温红热熟料的磨蚀,进料口段熟料通风面积小,且由手动阀板调节风量,能使冷风均匀透过每块篦板上的熟料层。采用红外线测温装置,检测篦板的最高温度,避免篦板长时间受高温的侵蚀。采用雷达测试技术,检测篦床上的熟料层厚度,能使熟料在篦床上均匀布料与冷却,保证入窑二次风温和入炉三次风温的均匀、稳定。

熟料篦床由若干条平行的槽型输送单元组合而成,其输送熟料的原理如图 5.3.16 所示。

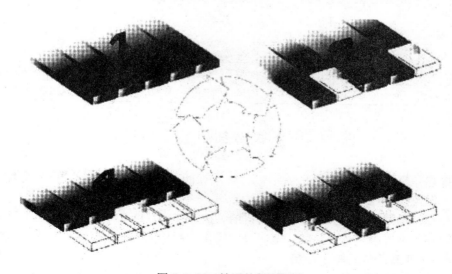

图 5.3.16　输送熟料原理图

首先由熟料箅床同时向熟料输送方向移动（冲程向前），然后各单元单独或交替地进行反向移动（冲程向后）。每条通道单元的移动速度都可以调整，且单独通冷风，保证熟料得到完全充分的冷却，尤其在冷却机一侧熟料颗粒细且阻力大的时候，此部位的通道单元就要自动增加停留时间和冷却风量，保证熟料得到完全充分的冷却，消除了红热熟料产生的"红河"事故。

η 型箅冷机的结构紧凑，配置辊式破碎机，每条输送通道单元采用液压传动，通道单元面上设置长孔，每条输送通道单元采用迷宫式密封装置密封，不需清除粉尘装置，熟料不会从输送通道面上漏下，不需在冷却机内设置细颗粒熟料输送装置，部件磨蚀量少，维护工作量低，熟料输送效率高而稳定。

η 型箅冷机仍然采用分室供风，但和其他型式的箅式冷却机又有明显的不同之处，η 型箅冷机不仅在横向段节，而且在纵向段节均可分室供风，所有的冷却部位实现均匀供风。通过对风室侧面的供风，使冷却机两侧不易通风的部位，有足够的冷风来冷却熟料，保障了此部位熟料完全充分的冷却，避免出现"红河"事故。

η 型箅冷机的使用效果很好，不但适合新建的预分解窑生产线，而且也适合使用第三代箅冷机的水泥生产企业进行技术改造。表 5.3.4 是欧洲瑞典一家水泥生产公司使用 η 型箅冷机替代原来第三代箅冷机后的技术性能对照表。

表 5.3.4 η 型箅冷机与第三代箅冷机的技术性能对照表

项目内容	改前的第三代	η 型箅冷机
熟料生产能力（t/d）	1772	1907
冷却面积（m²）	44.4	42.6
箅床负荷 [t/（d·m²）]	39.9	44.8
熟料冷却温度（℃）	205	102
环境温度（℃）	30	32
废气温度（℃）	230	327
二次空气温度（℃）	830	1053
热耗（kcal/kg）	832	785
单位冷却风量 [m³/kg（stp）]	1.81	1.589
单位回收 [m³/kg（stp）]	0.893	0.893
冷却机效率（%）	66.1	77.7
冷却机热损失（kcal/kg）	120	89.3

任务 4　箅式冷却机的操作控制

任务描述：掌握第三代箅冷机的结构、技术性能及操作控制；掌握第四代箅冷机的结构、技术性能及操作控制。

知识目标：掌握第三代及第四代箅冷机的结构、技术性能。

能力目标：掌握第三代及第四代箅冷机的操作控制技能。

4.1　第三代箅冷机的操作控制

第三代箅冷机是新型干法水泥熟料煅烧过程中的常用主机设备，它主要承担出窑熟料的冷却、输送和热回收等重任，其操作控制是否合理，直接影响到熟料的冷却效率、余热回收利用率及水泥窑的运转率。

1. 箅下风系统压力的控制

（1）高温区的料层厚度一般可以通过观察监控画面进行判断，后续若干段的料层厚度只能通过箅下风系统压力间接判断。如果熟料粒度没有发生变化，箅下风系统压力增大，说明该段箅床上的料层厚度增厚；反之就变薄。如果熟料厚度没有发生变化，箅下风系统压力增大，说明该段箅床上的熟料粒度发生变化，即熟料中的粉料量相对增多；反之粉料量就相对减少。

（2）箅冷机分段控制速度时，一般用二室的箅下风系统压力联锁控制一段的箅床速度，二段箅床速度为一段的（1.1～1.2）倍，三段箅床速度为二段的 1.1～1.2 倍。不同水泥生产厂家的实际生产状况不同，箅床速度的控制数值也不同，此数值仅供参考。

（3）箅下风系统压力增大的原因及处理。当某室的箅下风系统压力增大时，该室的风机电流减小。如果驱动电机的电流增加、液压油压力增加，则说明箅床熟料厚度增加，这时操作上要加快箅床速度。如果驱动电机的电流、液压油压力基本没有变化，则说明箅床熟料厚度没有变化，风压增大是物料中的细粉量增多造成的，这时操作上要增加该室的风量。

（4）某室出现返风的原因及处理。当箅下风系统压力等于或超过风机额定风压时，风机鼓进的冷风不能穿透熟料而从进风口向外冒出，这种现象叫返风。发生返风现象时，鼓风机电流会降低很多，几乎接近空载。这时就要果断地减料慢转窑，仔细检查室下积料是否过多、箅床熟料料层是否过厚，以防止因冷风吹不进而造成高温区的物料结块、箅板和大梁过度受热发生变形。如果是室下堆积的细粉过多，就要先处理堆积细粉，并缩短下料弧形阀的放料时间间隔，保证室下不再有积料；如果是熟料料层过厚，就要加快箅床速度，尽快使料层变薄，恢复正常的冷风量。

2. 料层厚度的控制

（1）箅冷机一般是采用厚料层技术操作的。因为料层厚，可以保证冷却风和高温熟料有充足的时间进行热交换，获得较高的二次风温、三次风温。

（2）料层厚度的控制实际上是通过改变箅床速度的方法来实现的。箅床速度控制的慢，则增大料层厚度，使冷却风和热熟料有充分的热交换条件，并增加冷却风和热熟料的接触面积，也延长其接触时间，冷却效果好；反之，箅床速度控制的快，则料层厚度变薄，熟料冷却效果差。

（3）实际控制料层厚度时，还要注意出窑熟料温度、熟料结粒的变化情况。当熟料的易烧性好、窑内煅烧温度高时，料层可以适当控制薄些，防止物料在高温区粘结成块。当出现飞砂料、低温煅烧料时，料层适当控制厚些，防止发生冷风短路现象。

3. 箅床速度的控制

（1）合理的箅床速度取决于熟料产量和料层厚度。产量高、料层厚时，箅床速度宜快；反之，产量低、料层薄时，箅床速度宜慢。

（2）箅床速度控制过快，则料层薄，出箅冷机的熟料温度偏高，熟料的热回收利用率偏低；反之，箅床速度过慢，则料层厚，冷却风穿透熟料的风量少，箅床上部熟料容易结块，出箅冷机的熟料温度也偏高。

（3）箅床驱动机构。活动箅板的速度实际上是由箅床驱动机构控制的。对于采用液压传动的篦冷机，生产操作控制要考虑篦床的行程和频率两个参数。行程如果调得过长，则篦板速度因为非正常生产因素而必须加快后，很容易发生撞缸事故。反之，行程如果调得过短，在保持相同料层厚度的前提下，必然要加快篦板速度，加快液压缸和篦板的磨损，也容易发生压床事故。

4. 冷却风量的控制

（1）冷却风量的控制原则

在熟料料层厚度相对稳定的前提下，加大使用篦冷机"高温区"的风量，适中使用"中温区"的风量，尽可能少用"低温区"的风量。加风的原则是由前往后，保持窑头负压；减风的原则是由后往前，保持窑头负压。

（2）冷却风量的使用误区

错误地认为冷却风量越大越好，可以最大限度地回收熟料余热，有利于降低熟料温度。错误地认为冷却风量越小越好，可以最大限度地提高二次风温及三次风温，有利于窑和分解炉的煤粉燃烧。

（3）正确判断高温区的冷却风量

借助电视监控画面，通过观察高温区的熟料冷却状态来判断。出高温区末端的熟料，其料层的上表面不能全黑，也不能红料过多，而是绝大多数是暗灰色，极少数是暗红色。

（4）"零"压区的控制

篦冷机的冷却风量与二、三次风量、煤磨用风量、窑头排风机抽风量必须达到平衡，以保证窑头微负压。在窑头排风机、高温风机、煤磨引风机的抽力的共同作用下，篦冷机内存在相对的"零"压区。如果加大窑头排风机抽力或增厚料层，使高温段冷却风机出风量减小，"零"压区将会向窑头方向移动，导致二、三次风量下降，窑头负压增大；减小窑头排风机抽力或料层减薄，使高温段冷却风机风量增大，"零"压区将会后移，则二、三次风温下降风量增大，窑头负压减小。所以如何稳定"零"压区对于保证足够的二、三次风量是非常关键的。

5. 篦板温度的控制

（1）篦板温度控制系统的设置

为了保证篦冷机的安全运转，在篦冷机的高温区热端设有4～6个测温点，用于检测篦板温度，并通过 DCS 系统，建议设定 80℃ 为报警值。

（2）篦板温度高的原因及处理

①冷却风量不足，不能充分冷却熟料。操作上要根据熟料产量适当增加冷却风量。

②篦床运行速度过快，冷却风和熟料进行的热交换时间短，冷却风不能充分冷却熟料。操作上要适当减慢篦床速度，控制合适的料层厚度，保证冷却风和熟料有充足的热交换时间。

③大量垮落窑皮、操作不当等原因造成篦床上堆积过厚熟料，冷却风不能穿透厚熟料层。操作上要加快篦床的速度，尽快送走厚熟料层，恢复正常的料层厚度。

④熟料的 KH、SM 过高，熟料结粒过小，细粉过多，漏料量大。操作上要改变配料方案，适当减小熟料的 KH、SM 值，提高煅烧温度，改善熟料结粒状况，避免熟料结粒过小、细粉过多。

6. 出篦冷机熟料温度的控制

（1）出篦冷机熟料温度的设计值

该设计值是 65℃＋环境温度，这在国际上已经成为定规。但实际生产中要达到这个数值有相当难度，如操作不当，经常达到 150℃或 150℃以上。

（2）出篦冷机熟料温度高的原因及处理

①冷却风量不足，操作上要加大冷却风量。如增大冷却风门还是感觉冷却风量不足，就要根据鼓风机电流的大小、篦下风压的大小，判断是否因为熟料料层厚度太厚而造成冷风吹不透熟料层。

②系统窜风、漏风严重。传动梁穿过风室处的密封破损，造成相邻风室的窜风；风室下料锁风阀磨损，不能很好地实现料封，造成外界冷风进入风室；人孔门、观察门等处有缝隙，造成外界冷风进入风室。这时采取的改进措施是找到漏风点，修复、完善破损的密封。

③窑头收尘器风机的风叶严重磨损，造成系统抽风能力不足；操作上为了保证窑头的负压值在控制范围之内，人为的减小冷却风量。这时采取的措施是更换严重磨损的风叶，从根本上彻底解决系统抽风能力不足的问题。

④生料配料不当。如熟料的 KH 过低，煅烧过程中产生的液相量偏多，熟料结粒变粗，也容易结大块，其冷却程度受到很大影响，不能完全被冷透。如 IM 过大，煅烧过程中产生的液相量偏多、液相黏度偏大，熟料结粒变大，也容易结大块，其冷却程度受到很大影响，也不能完全被冷透。如 SM 过高，煅烧过程中产生的液相量偏少，熟料结粒过小，细粉过多，其流动性变大，冷风和熟料不能进行充分的热交换。如 SM 过低，煅烧过程中产生的液相量偏多，熟料结粒变粗，也易结球，不能完全被冷透。这时采取的措施是调整熟料的配料方案，即采用"两高一中"的配料方案，比如 $KH＝0.88\pm0.02$；$IM＝1.7\pm0.1$；$SM＝2.7\pm0.1$（此配料方案数值仅供参考）。

7. 出篦冷机废气温度的控制

（1）控制原则

在保证窑头电收尘器正常工作的前提下，尽量降低出篦冷机的废气温度。

（2）出篦冷机废气温度高的原因及处理

①窑内窜生料，熟料结粒细小、粉料多，其流动性很强，与篦下进来的冷风不能进行充分的热交换。这时操作上要大幅度减小一室、二室的供风量，必要时停止篦床运动，防止大量粉料随二次风进入窑内，影响煤粉燃烧。同时要加强煅烧操作，防止因二次风量的减少和二次风温的降低而引发煤粉的不完全燃烧。

②窑头电收尘器的抽风偏大，将分解炉用风、煤磨用风强行抽走。这时操作上要降低窑头风机的转速，减少抽风量。

4.2　SFC4X6F 型第四代篦冷机的操作控制

SFC4X6F 型篦冷机是丹麦史密斯公司研发的第四代推动棒式篦冷机，是和日产 6000t 水泥熟料的新型干法窑相配套的冷却设备。该篦冷机采用推动棒作为输送设备，采用固定不动的空气分布系统，每块篦板均带有空气动力平衡式空气流量调节器，采用了模块化设计控制。具有可靠性强、运转率高、气流分布稳定、热回收和冷却效率好、冷却风机电耗低，维修工作量小等优点。

1. SFC4X6F 型篦冷机的结构

（1）篦板采用固定的安装方式

该篦冷机的篦板只是承担冷却熟料、不再承担输送熟料的任务，所以篦板采用了固定的安装方式。篦下仅限于连续均匀合理的分配冷却空气，篦床下的区域具有锁风功效；输送熟料的功能则由篦床上的推动棒来完成，由于篦板与推动棒之间的间隙大约有 50 mm，此处的熟料是固定不动的，这些冷熟料不仅能防止落下的熟料对篦板的冲击，又防止了篦板被烧坏和磨损。同时还能保持整体篦板的温度均匀，避免产生局部热胀冷缩应力，减小高温和磨蚀的影响，大大延长了篦板的使用时间。

（2）模块化结构

该篦冷机由 4 列 6 个模块组成，包括 5 台液压泵，其中 4 列推动棒使用 4 台液压泵，1 台作为备用；每台液压泵带有 6 个并联布置的液压活塞；各个风室篦板都有自动风量调节阀。

该篦冷机是作为模块系统来制造的，它由一个必备的入口模块和若干个标准模块组成。入口模块一般有 5~7 排固定篦板的长度，2~4 个标准模块的宽度。标准模块由 4×14 块篦板组成，尺寸为 1.3m×4.2m，其上有活动推料棒和固定推料棒各 7 件。每个模块包括一个液压活塞驱动的活动框架，它有两个驱动板，沿着四条线性导轨运动。驱动板通过两条凹槽嵌入篦板，凹槽贯穿整个模块的长度方向。驱动板上装有密封罩构成的阻尘器，防止熟料进入篦板下边的风室。密封罩同样贯穿整个篦冷机的长度方向，在密封罩往复运动时，确保了篦冷机免受熟料的磨损。

（3）推动棒

整个篦冷机内有固定棒和推动棒两种棒，这二种棒间隔布置在篦冷机的纵向方向。固定棒紧固在篦板框架的两侧，推动棒是由驱动板驱动。驱动板附带在移动横梁上。不像其他的篦冷机，移动横梁不对任何篦板和其支撑梁支撑，也就是说没有篦板支撑。推动棒是运输熟料的重要装置，有压块固定在驱动板与耳状板之间。由柱销销在篦板上方的内部支撑模块上；推动棒由定位器固定，所以易磨损部件均容易安装和更换。为阻止风室内的风不被溢出，柱销外装有密封罩。

推料棒横向布置，沿纵向每隔 300mm 安装 1 件，即隔 1 件是活动推料棒，隔 1 件是固定推料棒，活动推料棒往复运动推动熟料向尾部运动，推向出料口。推动棒的断面是不等边三角形，底边 125mm，高 55 mm。所有棒及其密封件、紧固件、压块均采用耐热、耐磨蚀铸钢材料制成，在篦床的横向方向每块篦板上都装有 1 个棒，在这些棒之间，1 个是通过液压缸往返运动，行程约为 1 块篦板的长度，则下一根棒是固定不动的。推动棒在输送熟料的同时，对整个熟料层也起到了上下翻滚的作用，使所有熟料颗粒都能较好接触冷却空气，提高了冷却效率。

（4）运行模式

①任意模式：四段篦床各自运行，并可以任意调节各段篦床的篦速，相互之间没有影响。

②往返模式：四段篦床同时向前推到限位后，二段和四段先返回，一段和三段再返回，如次往返运动。

③同开模式：四段篦床同时往返运动，此种模式一般在产量较高、篦冷机料层分布比较

均衡时使用。

（5）空气流量调节器（简称 MFR）

MFR 有两个技术特点：一是具有最大压差补偿能力；二是在适用压差范围内，可控制气流流速恒定。

该篦冷机的每块空气分布板均安装了 MFR。MFR 采用自调节的节流孔板控制通过篦板的空气流量，保证通过空气分布板和熟料层的空气流量恒定，而与熟料层厚度、尺寸和颗粒温度等无关。如果由于某种原因，通过熟料层的气流阻力发生局部变化，MFR 就会立即自动补偿阻力的变化以确保流量恒定。MFR 没有电气控制，而是基于简单的物理定律和空气动力学原理实现调节，MFR 防止冷却空气从阻力最小的路径通过，并在其操作范围内（阀板角度可以在 10°～45°之间任意调节）都将能保证稳定的气流通过篦板。这些优点有助于优化热回收以及冷却空气在整个篦床上的最佳分布，从而降低燃料消耗或提高熟料产量。

（6）空气分布板

该篦冷机的空气分布板具有压降低的特点。在正常操作下，由于节流孔板有效面积大，MFR 几乎不增加系统的压降，所以篦板压力明显比传统的冷却机低，节约电力消耗。组装冷却机时在各个模块下面形成一个风室，每个风室有一台风机供风。SF 型推动棒式冷却机的风室内部没有任何通风管道。在推动棒和空气分布板之间有一层静止的熟料作为保护层，降低了空气分布板的磨损。

（7）篦板结构及装机风量

SF 型推动棒式篦冷机的篦板采用迷宫式，篦缝为横向凹槽式，每块篦板底部都安装了 MFR，使整个篦床上的熟料层通过风量相等，达到冷却风均匀分布的最佳状态。在正常操作下，由于节流孔板有效面积大，MFR 几乎不增加系统的压降，所以篦板下的压力明显比传统的篦冷机低，节约了电力消耗，在篦冷机各个模块下面都有独立风室，每个风室由各自风机供风。SFC4X6F 型第四代篦冷机分 7 个风室，8 台风机，总风量 554700m³/h；如果采用第三代篦冷机则要 16 台风机，总风量要达到 672800 m³/h。

（8）结构特点

①进料冲击区采用静止的入口单元。

②风室的通风取消了低效的密封空气。

③采用空气动力平衡式空气流量调节器，确保最佳的空气分布。

④熟料的输送和冷却采用了两个独立的装置。

⑤降低了冷却空气用量，减少了冷却风机的数量，从而减少了熟料的冷却能耗。

⑥取消了密封风机；取消了手动调节风量的闸板；取消了风室的内风管等设施。

⑦消除了活动篦板；取消了侧面密封；杜绝了漏风和漏料；取消了漏料锁风阀；篦下无须设置输送设备。

2. 主要操作控制参数

正常生产时，主要通过调整篦速及篦冷机的用风量，来控制合理的篦压及料层厚度，尽量提高入窑的二次风温和入炉的三次风温。主要操作控制参数如下：

（1）熟料产量 250～270t/h。

（2）二次风温 1150～1250℃。

（3）三次风温 800～900℃。

（4）废气温度 220℃±20℃。

（5）熟料温度 100～150℃。

（6）一室篦压控制在 5～5.5kPa。

（7）料层厚度控制在 700～750mm。

（8）液压泵供油压力控制在 170～180Pa。

（9）8 台风机的风门开度。

8 台风机的风门开度见表 5.4.1 所示。

表 5.4.1　8 台风机的风门开度

固定篦床 （%）	一室 （%）	一室 （%）	二室 （%）	三室 （%）	四室 （%）	五室 （%）	六室 （%）
80～95	80～95	80～95	80～90	80～90	70～80	60～70	60～70

3. 篦冷机内偏料、积料过多的处理

由于出窑熟料落点的影响，篦冷机左侧料层要高于右侧料层，造成篦冷机两侧料层分布不均匀，这时可以采取料层高一侧篦速稍快于料层低一侧篦速的办法来调整，即把左侧的一段、二段篦速稍微调快一些，右侧三段、四段篦速比左侧调低 2～3r/min，保证左侧和右侧具有比较均匀的料层厚度。

正常生产时，一室篦压控制在 5～5.5kPa，料层厚度控制在 700～750mm，液压泵供油压力控制在 170～180Pa。如果篦床上熟料层过厚，篦冷机负荷过大，液压泵油压达到 200Pa，可能会发生篦床被压死的现象。这时就要采取大幅度降低窑速、减料，同时四段篦床要分别开启，即一次只能开启其中的一段或两段，等篦冷机内熟料被推走一部分后，再开启其他段篦床。

4. 出篦冷机熟料温度高及废气温度高的处理

由于出窑熟料的结粒状况较差，含有大量的细粉，它们在篦冷机内被风吹拂，漂浮在篦冷机的空间，当它们积聚、蓄积到一定程度会顺流而下，形成冲料现象，引起出篦冷机熟料温度和废气温度超高，严重时还会危及拉链机的运转。针对发生的这种现象，采取如下的技术处理措施：

（1）改善配料方案，适当降低熟料的 KH 值，提高熟料易烧性，改善熟料的结粒状况，减少熟料中的细粉含量。

（2）优化窑及分解炉的风、煤、料等操作参数，稳定窑及分解炉的热工制度，改善熟料的结粒状况，减少熟料中的细粉含量。

（3）在条件允许的情况下，尽量提高篦冷机的用风量。通过调整篦板速度控制熟料层的厚度，保证冷却风均匀通过熟料层，降低出篦冷机熟料的温度。

（4）注意观察篦冷机后三室风机电流的变化，如发现后三室风机电流有明显的依次下滑然后上升现象，表明已经发生冲料现象，这时就要及时调整篦板速度，关闭后两室的风机风门，避免有大股料涌入拉链机，避免拉链机发生事故。

（5）采取掺冷风的方法，降低篦冷机的废气温度高。

5. 篦冷机堆"雪人"的预防措施

由于窑况不稳、结粒不均等现象，在篦冷机进料端易形成堆"雪人"现象，不仅严重影响窑的正常运转和熟料产质量，还直接威胁到推动棒的安全。为避免发生堆"雪人"事故，采取如下的预防措施：

（1）定期检查篦冷机前端的 11 台空气炮，正常生产时的循环时间设定为 30min；如果遇到堆"雪人"事故，循环时间由 30min 调整到 20min。

（2）在篦冷机前端开设 3 个点检孔，要求每班两次定时检查、清扫积料情况。

（3）煤粉燃烧器的端部伸进窑内 150mm，在窑头形成大约 1.0m 左右的冷却带，降低出窑熟料温度。

（4）采用薄料快烧的煅烧方法，控制熟料结粒状况，避免熟料中的细粉过多。

4.3 SCH416R 型第四代篦冷机的操作控制

SCH416R 型第四代篦冷机是成都水泥工业设计研究院开发研制的。

1. 基本结构和工作原理

SCH416R 型第四代篦冷机主要由上壳体、下壳体、阶梯模块、M306 模块、M310 模块、推雪人装置、辊式熟料破碎机、液压传动系统、干油润滑系统及冷却风机组等组成。

高温熟料从窑口卸落到阶梯篦床上，首先由阶梯篦床的高压风机对物料急冷，然后在风和重力的作用下滑落到标准模块上，并在往复扫摆的刮板推送下，沿篦床均匀分布开，形成一定厚度的料层，篦床上的物料在篦冷机刮板推送下缓慢向出料口移动。在篦冷机卸料端装有辊式熟料破碎机，细小的熟料（20mm 以下）通过辊缝直接落入熟料输送机上运走，大块熟料则被破碎后进入熟料输送机运送至熟料库中。每一排模块下部构成 1 个风室，并由 1 台风机提供冷却风，冷却风经篦板吹入料层，对熟料进行充分冷却。冷却熟料后的高温热风燃烧空气入窑及分解炉（预分解窑系统），其余部分热风可作用余热发电和煤磨烘干，低温段的热风将经过收尘处理后排入大气。

篦冷机由液压传动系统驱动，每 1 排模块由 1 台油泵驱动，各排模块刮板速度可单独调节。篦冷机采用单线式干油集中润滑系统。该系统可以确保每个润滑点都得到充分润滑，并及时反馈润滑系统故障。

2. 运行前的准备工作

（1）初次投料前的准备

新设备初次投料前，需要在整个篦床上铺满直径 20mm 左右的圆形鹅卵石，厚度与刮板表面平齐。另外需要在阶梯模块和第一段标准模块再铺 300mm 厚鹅卵石或冷熟料，其目的是：①刮板下方的鹅卵石会一直停留在原地，有利于篦床布风，对冷却效果有帮助；②刮板上方的鹅卵石可以防止大块高温熟料对篦床的冲击。

（2）再次投料前的准备

①篦床上的异物是否清理干净。

②链幕是否完整可靠。

③破碎机进口是否清理干净。

④观察玻璃是否完好无损。

⑤篦室照明是否完好无损。

⑥液压油位是否到规定位置。

⑦润滑油是否足够。

⑧冷却水是否正常供应。

⑨推雪人装置是否退回到初始位置。

（3）每次投料前的准备工作

每次停箅冷机尽量不要将箅床上的物料刮光，否则再次开机必须在阶梯箅板和第一段标准模块上人工堆积300mm厚冷熟料保护箅板。

3. 箅冷机的启动操作

（1）箅冷机冷却风机的启动

箅冷机冷却风机启动时，应全部关闭风门，待启动完成后再根据需要缓慢增加至合适的开度；若风机配的是变频电机，则启动时应从0～50Hz启动，等启动完成后再根据需要缓慢增加频率直至所需转速。

在箅床上有热熟料的情况下，尽量确保风机正常运转，否则箅板、刮板、轴承都有烧毁的可能，时刻注意观察箅板温度的变化，将其控制在60℃以内。

为防止风室出现反风现象，在箅冷机运行过程中尽量避免箅冷机的风机部分开、部分不开，可以把不需要的风机关小，保证风室有一定正压力。

（2）箅冷机液压传动的启动

①中控启动破碎机。

②中控启动需要工作的液压泵电机，电机的备妥信号转变成运行信号，并且反馈电机电流，几秒后，箅床备妥信号出现，则可进行下一步。

③设定好各模块的速度（启动次数要求设定为6次，待反馈次数达到5次以上后再根据实际需要增速或减速），分组启动模块。此时各模块备妥信号转变成运行信号并反馈实际运行速度，实际运行速度刚开始可能小于或大于设定速度，这是正常现象，实际速度会慢慢向设定速度接近。若长时间速度反馈还是为零，则应马上通知现场巡检工查明具体情况。

4. 箅冷机的速度控制

（1）在正常工况下，各段模块设定为相同速度，或者第一段稍慢后几段同速，尽量不要出现后段慢前段快的情况。

（2）正常生产时料层控制在大约600mm，尽量不要超过700mm，否则遇到回转窑塌料，箅冷机可能反应不过来导致压死。料层可以通过箅冷机侧面摄像头直观观察，若摄像头出现故障，短时间可通过风室风压临时判断料层厚度，表5.4.2是各风室在箅冷机满负荷带料时的风压参考值。

表5.4.2 风室的风压参考值 （Pa）

阶梯箅板	第一室	第二室	第三室～倒数第二室	最后一室
7500	5000	4500	3500	2000～3000

（3）在箅冷机工作过程中，若发现某个模块动作异常或者停止动作，应立即加快该模块的整体速度，让与故障模块相邻的其他模块承担故障模块的输送量，同时适当加快该模块下游模块的速度，以尽量减少故障模块所在组模块的阻力。然后通知巡检工。

（4）通过摄像头观察以及窑主电机电流异常变化来判断是否出现塌窑皮或窑内来料突然增加的情况，此时应提前提高箅速，将料层降下去以迎接超量来料。

（5）只要回转窑有下料量，箅冷机就不能停，至少维持3次/min的推动频率，直到料层厚度接近400mm，停箅冷机，以保证箅冷机刮板上始终覆盖1层起保护作用的冷料。

5. 篦冷机的停机操作

（1）篦冷机冷却风机的停机

不管篦冷机有没有停机，冷却风机都必须等篦床上的熟料完全冷却后才能关闭。风机关闭时，直接关闭风机电机，然后将风门关死。

（2）篦冷机传动主体的停机

①停机前，首先确保回转窑不下料，然后通知现场巡检工检查篦床上的料层厚度，既不能太高也不能过低，当料层厚度接近 400mm 时，方可停篦冷机，保证下次投料时篦床上有 1 层起保护作用的冷熟料。

②中控停止模块，可以点击全停按钮将模块同时停止，也可以从头部到尾部依次停止。

③如果确定 15min 内不再启动篦床，可将液压主泵全停止。

④如果确定超过 1d 时间不启动篦冷机，到现场将控制柜主空气开关关闭。

6. 在线抢修

SCH416R 型第四代篦冷机在模块发生故障后可以做到在线抢修。即某一模块出现故障后，回转窑可以不止料，只需要减少投料量和回转窑的转速，在不停篦冷机的情况下就可以进入风室进行在线抢修。

（1）判断发生故障的模块，提高该故障模块所在段的篦床整体速度，利用该段未发生故障的模块承担故障模块的物料输送量，同时适当提高下游篦床的整体速度，以尽量减少发生故障模块的阻力。

（2）减少发生故障模块所在风室的供风量，（不能全部关闭供风量，否则风室内部温度升高，对维修人员和设备有害），维修人员打开检修门进入风室。

（3）关闭故障模块进油管上的截止阀，停止对该模块供油。

（4）针对不同故障进行相应处理。

（5）处理完毕后，还原模块进油管截止阀，模块应该恢复动作。

（6）关闭检修门，恢复风机供风。

（7）故障模块所在篦床段及下游篦床继续维持刚才设定的高速度运行一段时间，将处理故障时的堆积物料推走后，再恢复整段篦床的正常运行速度。

思考题

1. 单筒冷却机的换热过程。

2. 多筒冷却机的技术特点。

3. 推动篦式冷却机的发展演变过程。

4. 第四代推动篦式冷却机的技术特点。

5. IKN 型悬摆式篦冷机的结构特点。

6. SF 型第四代篦式冷却机的工作原理。

7. TCFC 型第四代篦式冷却机的控制系统。

8. 第三代篦冷机的操作控制。

9. SFC4X6F 型第四代篦冷机的操作控制。

10. SCH416R 型第四代篦冷机的操作控制。

项目 6　煤粉燃烧器

项目描述：本项目主要讲述了单通道煤粉燃烧器及多通道煤粉燃烧器的结构、技术性能及工作原理等方面的知识内容。通过本项目的学习，熟悉单通道煤粉燃烧器的结构、类型及工作原理；掌握多通道煤粉燃烧器的结构、技术性能及工作原理；掌握多通道煤粉燃烧器的常见故障及处理方法；掌握多通道煤粉燃烧器的操作控制技能。

任务 1　单通道煤粉燃烧器

任务描述：熟悉单通道煤粉燃烧器的结构、类型及工作原理；掌握单通道煤粉燃烧器的技术缺点。

知识目标：熟悉单通道煤粉燃烧器的结构、类型及工作原理。

能力目标：掌握单通道煤粉燃烧器的技术缺点。

1.1　单通道煤粉燃烧器的结构

20 世纪 70 年代以前，回转窑煅烧广泛使用单通道煤粉燃烧器。单通道煤粉燃烧器结构非常简单，就是一根很长的前端有一小段较小直径通常被称为喷嘴的圆管。单通道喷煤管是利用一次风直接将煤粉喷入窑内，因为煤粉和空气之间相对速度为零，煤粉和一次风混合严重不良，在喷煤管前端始终保持一定长度的"黑火焰"，煤粉经常会产生不完全燃烧现象，操作上不得不采取加大供应过剩空气的办法。

由于回转窑煅烧熟料对火焰有较严格的要求，单通道煤粉燃烧器无法适应这种要求，所以其结构不断改进和发展，出现了多种形式的单通道煤粉燃烧器，其结构如图 6.1.1 所示。由于煤粉与一次风仍然在喷煤管内混合，这些多种结构形式的单通道煤粉燃烧器，在本质上都没有重大的技术突破。

1. 一次变径单通道型

喷煤管端部的平直部分叫平梢，其作用是稳定火焰，防止火焰刷窑皮，损伤耐火砖，影

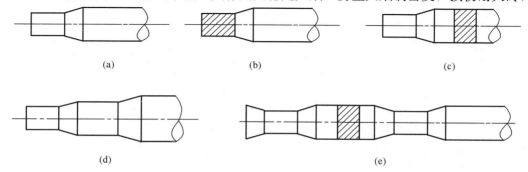

图 6.1.1　单通道煤粉燃烧器的结构示意图

（a）一次变径型；（b）端部带旋流叶片的一次变径型；（c）中部带旋流叶片的一次变径型；

（d）二次变径型；（e）中部加粗并带旋流叶片的多变径型

响耐火砖的使用寿命。

紧邻平梢的部分叫拔梢，其作用是改变风煤的运动方向和速率大小，增加风煤混合的均匀程度。

2. 端部带有旋转叶片的一次变径型

平梢内增设旋转叶片，其优点是使风煤发生旋转，改变风煤的运动方向和速率大小，增加风煤混合的均匀程度；缺点是使火焰旋转，有时会冲刷窑皮，损伤耐火砖，影响耐火砖的使用寿命。

3. 中部端部带有旋转叶片的一次变径型

旋转叶片由端部移到中部，其作用是使风煤发生旋转，改变风煤的运动方向和速率大小，增加风煤混合的均匀程度，增加煤粉的燃烧速度；克服了火焰冲刷窑皮。

4. 二次变径单通道型

设置两个拔梢，优点是两次改变风煤的运动方向和速率大小，增加风煤混合的均匀程度，有利于煤粉的燃烧；缺点是制作加工两个拔梢有难度、费时费力。

5. 中部加粗并带有旋转叶片的多变径型

平梢端部增加喇叭口，有利于二次风扩散进入火焰的中心区，增加煤粉的燃烧速率；旋转叶片使风煤发生旋转，改变风煤的运动方向和速率大小，增加风煤混合的均匀程度；多个拔梢可以多次改变风煤的运动方向和速率大小，增加风煤混合的均匀程度。但制作加工这种喷煤嘴更加有难度、更加费时费力。

1.2 单通道煤粉燃烧器的缺点

1. 一次风量大

由于煤粉单靠一次风输送和分散，所以必须有足够的风量，一般占总风量的 20%～40% 才能达到要求的风速。一次风量过大，不但降低煤粉温度，而且还减少入窑的二次风量，影响煤粉的燃烧，煤粉容易发生不完全燃烧现象，不仅影响熟料的产质量，也浪费能源。

2. 烧成温度不易提高

煤和空气在喷煤管内混合，由直径较小的喷嘴喷入窑内燃烧，主要靠一次风、二次风和窑头罩漏风供氧，一次风提供的氧气，一般在煤粉挥发分燃烧阶段就已消耗殆尽，剩余少量的氧很难到达火焰的中心区，煤粉中的固定碳燃烧所用的氧主要由二次风提供，可是它必须以扩散形式穿过很厚的火焰层或煤粉层，需要克服很大的阻力才能到达火焰的中心区，所以一般此区都严重缺氧，大量的碳粒即固定碳和 CO 不能在燃烧带燃烧，造成烧成带温度不易提高，不但影响熟料的产质量，也增加熟料的单位热耗增。

3 煤粉的品质要求高

单通道煤粉燃烧器对煤质的适应性差，如果煤质较差、煤粉细度较粗、水分较大或波动大，则燃烧更加困难，易造成在窑后或窑尾燃烧，使烧成带热力强度不集中，影响熟料的产质量，不利于窑尾收尘设备的安全运行。所以单通道煤粉燃烧器要求煤质较优，不能使用无烟煤或其他劣质煤。

4. 容易产生结皮和结圈

由于煤粉容易产生不完全燃烧现象，大量生成的 CO 和 Fe_2O_3 发生还原反应，生成的 FeO 极易与其他氧化物形成低熔点的化合物，导致液相提早出现，烧成带的液相量增多，很容易产生结皮和结圈现象。

5. 火焰形状不易控制

由于单通道煤粉燃烧器的煤粉与一次风在喷煤管内不容易混合均匀，煤粉很容易发生不完全燃烧现象，火焰的黑火头很长，又无调节机构来改变这种状况，火焰形状不理想时，只能借助窑尾排风机拉风进行微量调节，调节效果很差，根本不能适应窑况的变化，造成热工制度不稳，常有火焰扫窑皮现象发生，损伤耐火砖，影响窑的安全运转周期。

6. NO 有害气体多

由于单通道煤粉燃烧器的煤粉燃烧速度慢，黑火头长，氮和氧分子在火焰高温区停留的时间较长，形成 NO_x 机会多，生产量大，一般要比多通道煤粉燃烧器的生产量高 1 倍以上。

任务 2　多通道煤粉燃烧器

任务描述：掌握三通道及四通道煤粉燃烧器的结构、技术性能及工作原理；掌握三通道及四通道煤粉燃烧器的常见故障及处理方法；掌握三通道及四通道煤粉燃烧器的操作控制技能。

知识目标：掌握三通道及四通道煤粉燃烧器的结构、技术性能及工作原理等方面的知识内容。

能力目标：掌握三通道及四通道煤粉燃烧器的常见故障及处理方法；掌握三通道及四通道煤粉燃烧器的操作控制技能。

为解决克服单通道燃烧器的缺点，20 世纪 70 年代，丹麦史密斯公司率先开发研制出双通道煤粉燃烧器，使用性能比单通道煤粉燃烧器有较大的改善和提高；20 世纪 80 年代，丹麦史密斯公司、法国皮拉德公司、德国洪堡公司等又相继开发研制出三通道、四通道、五通道等多通道煤粉燃烧器，更好地适应了燃料和窑况的变化需要。燃烧器的发展，强化了燃料的燃烧，回转窑用燃料由烟煤改为低挥发煤、无烟煤、劣质煤和混合煤等，充分发挥了燃料燃烧的热效率。

2.1　三通道煤粉燃烧器的结构及工作原理

三通道煤粉燃烧器的结构如图 6.2.1 所示。

三通道煤粉燃烧器利用直流、旋流组成的射流方式来强化煤粉的燃烧过程。其特点是将喷出的一次风分为多股，即内风、外风和煤风等，它们各有不同的风速和方向，从而形成多

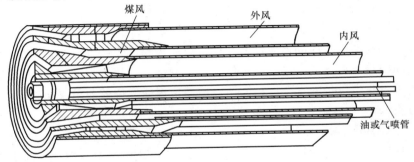

图 6.2.1　三风道煤粉燃烧器结构示意图

通道。内风通道的出口端装有旋流叶片，所以称为旋流风。采用旋流可以在火焰的中心造成回流，以便卷吸高温烟气，旋转射流在初期湍流强度大、混合强烈，动量和热量传递迅速。煤风采用高压输送，煤粉浓度高，流速较低，风量较小，煤粉着火所需求的热量较小，所以有良好的着火性能。外风采用直流风，直流射流早期湍流强度并不是很大，但具有很强的穿透能力，使煤粉着火后的末端湍流增加，大大强化了固定碳的燃尽。外风风压依然很高，风速也较高，风量并不大，故可以增强外风卷吸炽热燃烧烟气的能力。送煤风和煤采用高浓度低速喷射，通常在保证不发生回火的条件下接近输送粉料的速度（20～40m/s）。内外净风出口速度高达 70～220m/s。内流风和外流风把煤粉夹在中间，利用其速度差、方向差和压力差与煤粉充分混合，有利于煤粉的充分燃烧。由于喷嘴射流的扩散角度不同，旋转强度不同，射流速度不同，这样就极大促进了射流介质与周围介质的动量交换、热量交换等。由于旋转作用所产生的离心力，改变了射流在横断面上的压强分布，从射流中心轴线沿切向至射流边界的压强降低，射流轴向速度也逐渐衰减，低压中心将吸入射流前方的介质，使其产生一个回流，形成一个包含在射流中心内部的回流区，即在火焰中心形成的低压区或负压区，也叫火焰的内回流区。

内风、煤风和外风采用同轴套管方式制作，喷出后风煤混合过程是逐渐进行的，相当于煤粉的燃烧是分级的。煤粉分级燃烧使整个燃烧过程更加合理，燃烧过程产生的有害成分相对减少。三通道煤粉燃烧器的内风、外风和煤风三者的总风量，只相当于单通道煤粉燃烧器所需空气的 8%～12%，故可大大减少煤粉着火所需的热量，并可充分利用熟料冷却机排出的热气流。高湍流强度、高煤粉浓度和高温回流区的存在，是三通道燃烧器强化煤粉着火、燃烧和燃尽的根本原因。

2.2 四通道煤粉燃烧器的结构及工作原理

四通道煤粉燃烧器与三通道燃烧器相比，其结构就多加了一股中心风和拢焰罩，其结构如图 6.2.2 所示。

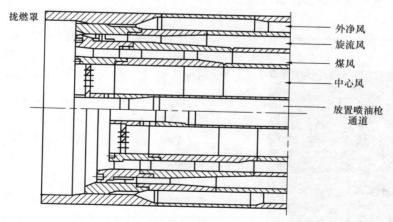

图 6.2.2 四通道煤粉燃烧器结构示意图

四通道煤粉燃烧器拢焰罩的作用：

（1）随着拢焰罩长度的增加，主射流区域旋流强度亦不断增大，有助于加强气流混合、促进煤粉分散、保证煤粉的充分燃烧。

（2）增加火焰及窑内高温带的长度，避免出现局部温度，有利于保护窑皮。为得到相同长度的火焰，可以增大燃烧器出口旋流叶片的角度，在缩短火焰长度的同时，提高了旋流强度，强化了煤粉的燃烧。

（3）提高煤粉的燃尽率。如果拢焰罩长度选择的合理，其燃尽率最高可以达到 98.00%。

四通道煤粉燃烧器中心风的作用：

（1）防止煤粉回流堵塞燃烧器喷出口

中心风的风量不宜过大，一般占一次风量的 10% 左右，过大不仅增大了一次风量，而且会增大中心处谷底的轴向速度，缩小马鞍形双峰值与谷底之间的速度差，对煤粉的混合和燃烧都是不利的。

（2）冷却及保护燃烧器的端部

燃烧器端部周围充满了热气体，没有耐火材料保护，完全裸露在高温气体中，再加上负压的回流作用，往往使端面喷头内部温度很高，缩短其使用寿命。中心风能够将端面周围的高温气体吹散，不仅冷却了端面，而且冷却了喷头内部，达到保护燃烧器端部的目的。

（3）稳定火焰

通过板孔式火焰稳定器喷射的中心风与循环气流能够引起减压，使火焰更加稳定，并延长火焰稳定器的使用周期。

（4）减少 NO_x 有害气体的生成

火焰中心区域是煤粉富集之处，燃烧比较集中，形成一个内循环，在很小的过剩空气下就能完全燃烧。中心风使窑内流场衰减过程明显变慢，煤粉与二次风的接触表面减小、时间增长，但混合激烈程度并没有减弱，因而可降低废气中的 NO_x 的含量。

（5）辅助调节火焰形状

尽管中心风的风量不大，压力也不大，但它对火焰形状的调节起一定的辅助作用。

2.3　水泥企业常用的多通道煤粉燃烧器

1. Duoflex 型三通道煤粉燃烧器

Duoflex 型三通道煤粉燃烧器是丹麦史密斯（F. L. Smidth）公司在总结过去使用的三通道煤粉燃烧器 Swirlex 型和 Centrax 型经验的基础上，于 1996 年开发研制的，其结构如图 6.2.3 所示，端面结构如图 6.2.4 所示。

Duoflex 型三通道煤粉燃烧器主要有以下技术特点：

（1）在一次风量为 6%～8% 的前提下，优化选择一次风喷出速度和一次风机的风压，燃烧器的推动力大幅度提高，达到 1700% m/s 及以上，强化燃烧速率，充分满足各种煤质及二次燃料的燃烧条件，同时还能维持一次风机的单位电耗较低。

（2）为降低因提高一次风喷出速度而引起的通道阻力损失，在旋流风和轴流风出口端的较大

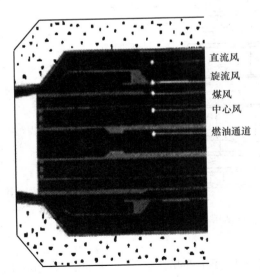

直流风
旋流风
煤风
中心风
燃油通道

图 6.2.3　Duoflex 型三通道煤粉燃烧器
结构示意图

的空间处使两者预混合，之后由同一个环形通道喷出。由于喷煤管前端的缩口形状，使轴流风相混后有趋向中心的流场，对旋流风具有较强的穿透力，以利一次风保持很高的旋流强度，有助于对燃烧烟气的卷吸回流作用。

图 6.2.4　Duoflex 型三通道煤粉燃烧器
端面结构示意图

（3）将煤风管置于旋流风和轴流风管的双重包围之中，借以适当提高火焰根部 CO_2 浓度，减少 O_2 含量，同时在不影响着火燃烧速率的条件下维持较低温度水平，从而有效抑制热力 NO_x 的生成量。

（4）为了抵消高旋流强度在火焰根部可能产生的剩余负压，防止未点燃的煤粉被卷吸而压向喷嘴出口，造成回火，影响火焰稳定燃烧，在煤风管内增设了一个中心风管，其中通风量约为一次风总量的 1%，在中心管出口处设有多孔板，将中心风均匀地分布成诸多流速较高的风束，防止煤粉回火，实为一个功能良好的火焰稳定器。中心风管还具有冷却和保护点火用油管或气管的作用。

（5）煤风管可前后伸缩，采用手动蜗轮调节，并有精确的位置刻度指示，借助煤风管的伸缩，可在维持轴流风和旋流风比例不变的情况下，调节一次风出口通道面积达 $1:2$，即一次风量的调节范围可达到 $50\%\sim100\%$，而且在操作过程中就可以进行无级调节。对于适应煤质变化，及时控制调节燃烧与火焰形状十分方便。所谓"双调节"，其含意是只要前后移动煤风管的位置，就可以按比例同时减少或增加轴流风量与旋流风量，相应起到减增一次风总量的作用，而不需分别去调节轴流风和旋流风的两个进口阀门，不需要考虑两者的风量和二者的比例关系，减少了调节难度和流体阻力。

（6）煤风管伸缩处采用膨胀节相连，确保密封，其伸缩长度范围一般为 100 mm 左右，视燃烧器规格而异，当其退缩到最后端位置时一次风出口面积最大，相应的一次风量也最大，这时在燃烧器出口端就形成了一段约 100 mm 的拢焰罩，对火焰根部有一定的紧缩作用。反之，当其伸到最前端位置与喷煤管外套管出口几乎相齐时，则出口面积最小，风量最小，拢焰罩的长度将趋于零。一般生产情况下，大都将煤风管的伸缩距离放在中间位置，拢焰罩的长度也居中，以便前后调节。

（7）燃烧器各层管径都加大，以加强其总体刚度与强度，管道之间的前后两端相互连接或相互支撑的接触处均进行精密加工，后端用法兰连接，前端由定位突块、恒压弹簧和定压钢珠等精密部件组成的紧配合装置相连。这种结构同时还具有内外套管之间的调中、定位与锁定功能，确保各层通道的同心度。设计中准确地考虑了热胀冷缩的因素，套管间允许一定的轴向位移，另有一刻度标记专用于测量其热胀冷缩产生的位移，以便操作中煤风管位置的准确复位或校正一次风的出口面积等参数。

（8）加大了煤风管进口部位的空间（面积），降低该处风速，同时缩小了煤粉进入的角度，在所有易磨损的部位都敷上耐磨浇注料，尽量减少磨损，延长使用寿命。喷嘴前端及其部件都用耐热合金钢制成，喷嘴外部包有约 120mm 厚的耐火浇注料，所有浇注料的寿命完全可以与窑头的耐火砖相匹配，甚至更长。

（9）中心管较大，留有一定的空间，可以增设二次燃料的喷射管，替代部分煤粉，以备水泥窑日后烧废料之需要。

2. 德国 PYRO-JET 型四通道煤粉燃烧器

PYRO-JET 型四通道煤粉燃烧器的燃烧原理如图 6.2.5 所示。

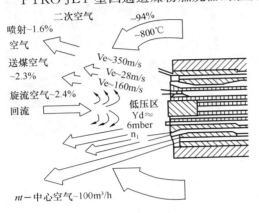

图 6.2.5 PYRO-JET 型四通道煤粉
燃烧器的燃烧原理图

PYRO-JET 型四通道煤粉燃烧器是德国洪堡公司开发研制的。此燃烧器由 4 个同心管组成，形成 4 个通道，中心管是第一通道，用作喷油，在启动和用混合燃料时采用；管 1 与管 2 之间为第二通道，内设有涡流原件，使空气以 160m/s 速度喷射并形成涡流；煤粉与输送空气以 30m/s 速度通过通道 3 的锥形环状扩口，呈倾斜形喷入窑内；最外圈即通道 4 为喷射空气用，以 350～440m/s 速度喷射入窑内。其特点是燃油点火装置油枪放置在中心管，外风（喷射风）由 8～18 个均匀分布的小圆孔喷出，使出口面积大大减小，提高了外风的喷出速度，风速最高可达 440m/s，超过了音速，所以也称"超音速煤粉燃烧器"。外风采用小圆孔喷出，除风速提高外，还保证不易变形，延长使用寿命。

PYRO-JET 型四通道煤粉燃烧器具有以下优点：

（1）火焰温度高，火焰短而稳定。

（2）可采用 20%～80% 的石油焦作燃料。

（3）减少窑内结皮和结圈。

（4）减少有害成分 NO_x 含量 30% 以上。

（5）一次风量比例低，一般为 6%～8%，最小可降低 4%，降低单位熟料热耗 40～150kJ/kg。

3. 法国 Rotaflam 型四通道煤粉燃烧器

Rotaflam 型四通道煤粉燃烧器的结构如图 6.2.6 所示。

Rotaflam 型四通道煤粉燃烧器是法国皮拉德公司开发研制的。其主要特点是内净风通过稳定器上的许多小孔喷出，所以又把内净风称为中心风。外净风分成两部分，外层外净风即轴流外净风，稍有发散呈轴向喷射；内层外净风即旋流外净风，靠螺旋叶片产生旋流喷射。煤风夹在两股外净风与中心风之间，降低火焰根部的局部高温，抑制有害气体 NO_x 气体的生成。燃烧器最外层套管伸出一部分，称为拢焰罩，就像照相机的遮光罩一样。外层的环形间隙改为间断间隙，可保证受热时不变

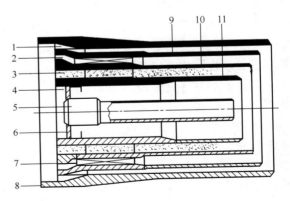

图 6.2.6 Rotaflam 型四通道煤粉燃烧器结构示意图
1—轴流风；2—旋流风；3—煤风；4—中心风；
5—燃油点火器；6—火焰稳定器；7—螺旋叶片；
8—拢焰罩及第一层套管；9—第二层套管；10—第
三层套管；11—第四层套管

形，即使损坏了也容易更换。套管采用优质耐热钢，延长了燃烧器的使用寿命。一次风的比例降到大约 6%。

Rotaflam 型四通道煤粉燃烧器的技术特点：

（1）油枪或气枪中心套管配有火焰稳定器。

火焰稳定器的内净风道直径比其他种类的燃烧器要大得多，前部设置一块圆形板，上面钻有许多小孔，使火焰根部能保持稳定的涡流循环，在火焰根部产生一个较大的回流区，可减弱一次风的旋转，降低一次风量，使火焰更加稳定，温度容易提高，形状更适合回转窑的要求。火焰稳定器的直径较大，煤风环形层的厚度减薄，煤风混合均匀充分，一次风容易穿过较薄的火焰层进入到火焰中部，加快煤粉的燃烧速速，缩短了黑火焰的长度。

（2）采用拢焰罩技术，可避免气流迅速扩张，产生"盆状效应"，避免出口一次风过早扩散，在火焰根部形成一股缩颈，使火焰形状更加合理，避免窑头产生高温现象，减少窑口筒体出现喇叭口的几率，延长窑口护铁板的使用寿命。

（3）直流外净风由环形间隙喷射改为间断的小孔喷射，二次风能从外净风的缝隙中穿过进入火焰根部，使火焰集中有力，同时使 CO_2 含量高的燃烧气体在火焰根部回流，降低 O_2 含量，避免生成过多的 NO_x 气体。

（4）旋流叶片安装在旋流外净风的风道前端，以延缓煤粉与一次净风的混合。

（5）可以在正常生产状态下，通过调整各个通道间的相对位置，改变出口端的截面积来改变内风及外风的速度，实现调整火焰。

（6）由于火焰根部前几米具有良好的形状，可使火焰最高温度峰值降低，使火焰温度更趋均匀，有利于保护窑皮，防止结圈。

4. 强旋流型四风道煤粉燃烧器

强旋流型四风道煤粉燃烧器是西安路航机电工程有限公司开发研制的，其结构及燃烧原理如图 6.2.7 所示。

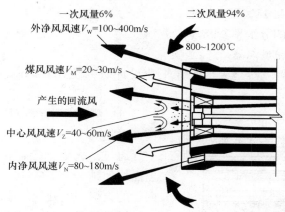

图 6.2.7　强旋流型四风道煤粉燃烧器结构示意图

强旋流型四风道高效煤粉燃烧器是以高推力，低一次风产生速度差、压力差、方向差，使煤粉与高温二次风充分接触、混合、扩散，强化燃烧。利用直流风和旋流风二者的适当调节，增减旋转扩散强度和轴向收拢作用，对火焰的形状和长度进行无级调整，可得到任意扩散角和流量相匹配的良好效果，以适应各种回转窑对火焰的要求。

强旋流型四风道煤粉燃烧器是以高推力、低一次风产生速度差、压力差、方向差，使煤粉与高温二次风充分接触、混合、扩散，实现强化燃烧。外直流风道采用间断孔技术，喷口不易变形，喷口面积可调，速度可调，作用是卷吸高温二次风，扩大和增强内外回流区，稳定收拢火焰，并对火焰中心补氧；内直流风能够有效防止火焰产生发散现象，冲刷窑皮和耐火砖；旋转内风有助于一次风、二次风和煤粉之间强烈混合，使高温气体向火焰根部中心产生强烈回流区，加快煤粉的燃烧速度。

使用挥发分＞22％，低位发热量＜18000kJ/kg 的劣质煤时，操作上注意如下事项：

（1）把内旋流风喷出口面积调至最大，加大内旋流风的阀门开度，甚至开到 100％。

（2）适当减小内外轴流风的阀门开度。

（3）在不影响熟料质量的前提下，适当增加溶剂矿物量。

（4）控制煤粉细度 0.08mm 筛余≤5.0％；水分≤1.0％。

（5）采取薄料快转的煅烧方法。

（6）控制二次风温在 1100℃ 及以上。

（7）控制入窑物料的分解率≥95％。

使用无烟煤时，操作上注意如下事项：

（1）控制煤粉细度 0.08mm 筛余≤3.0％；水分≤1.0％。

（2）减少内旋流风的风门开度，在窑口 3～5m 处挂不上窑皮时，可把内旋流风的风翅往后拖 10～30mm。

（3）适当增大煤风的电机电流。

（4）增大窑尾主排风机的风门开度，减少三次风门的风门开度，窑尾温度提高 10～30℃。

（5）适当增加溶剂矿物量，保证窑皮的长度和厚度。

（6）燃烧器适当内移一段距离。

（7）控制二次风温在 1100℃ 及以上。

（8）控制入窑物料的分解率≥95％。

5. TC 型四风道煤粉燃烧器

TC 型四风道煤粉燃烧器是天津水泥工业设计研究院开发研制的，其结构如图 6.2.8 所示。

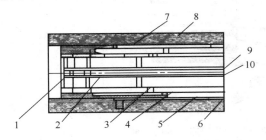

图 6.2.8　TC 型四风道煤粉燃烧器结构示意图
1—油嘴喷头；2—油枪；3—中心风管；4—煤风管；5—旋流风风管；6—轴流风风管；7—扒钉；8—耐火浇注料；9—油枪进油管；10—回油管

TC 型四风道煤粉燃烧器最内层为中心风道，在它的头部装有火焰稳定器，只有少量的空气通过。火焰稳定器由耐热钢板组成，圆板上面均匀地分布着小孔，允许中心风接触圆板面上的火焰，此处的风速约为 60m/s。

煤粉风道位于中心风道的外层，煤风夹带着煤粉气流以很小的分散度将煤粉喷入，与一次风混合后进行燃烧，风速为 23m/s 左右。旋流风的出口装有一个 20°的旋流装置，使旋流风在出口处产生旋转，同时向四周喷射，旋流风的旋转方向与回转窑的旋转方向一致。

喷煤管的最外层为轴流风道，其头部为带槽形通道的出口，可以单独喷射空气，通过改变出口截面，改变出口风速和方向，改变火焰形状。

外部套管位于燃烧器的最外部，这个部件比其他头部装置长出 60mm，其目的是为了产生碗状效应时而发生气体膨胀。在喷煤管的外风管上设有防止喷煤管弯曲的筋板。

煤风入风管为上下分半式结构，中分面通过螺栓和定位销连接，在其内部设有分半式可更换耐磨套。在煤粉管入口处的磨损三角区内设有耐磨层，耐磨性强。另外分半式耐磨套的被冲刷面亦设有耐磨层，这种设计的特点是在更换时非常方便，不需将喷煤管抽出，直接更换。

在喷煤管的煤粉入口处设有检查孔，可随时检查其磨损情况。

每个风管的相应位置设有丝杠调节装置和相应的膨胀节，通过调节丝杠的伸缩，可调节相应的风管。其调节范围为沿轴向±50mm，并专门设置了调节手柄。

油枪主要由压紧螺母、雾化片、分油器、接头等部分组成，油枪的头部是一种雾化燃烧器，喷嘴本体连接两个平行的油管，分别为进油管和回油管，用支承板定位这两根油管，保证燃烧器对准喷煤管中心，通过调节回油管路上的回油节流装置来控制喷嘴处的压力，从而调节其雾化效果。

每根油管端部装有一个专门的快速密封接头，可以不使用任何工具，将安装在相应油管上的连接头迅速地锁定，在更换油枪的过程中，起快速接头的作用。每一端都装上一个防止回流的装置，在断开时，能有效地防止油流出来。

工艺送煤风管与燃烧器之间用伸缩节装置连接，两端有可伸缩的球形连接装置，保证水平、垂直及轴向方向调整燃烧器位置，其调整角度为 10°，调整距离为 1500mm。

TC 型四风道煤粉燃烧器的结构特点：

（1）与普通三通道煤粉燃烧器相比，其旋流风的风速与轴流风的风速均提高 30%～50%，在不改变一次风量的情况下，燃烧器的推力得到大大提高。

（2）旋流风与轴流风的出口截面可调节比大，达到 6 倍以上，即对外风出口风速调节比大，对火焰的调整非常灵活，对煤质的波动适应性强。

（3）喷头外环前端设置拢焰罩，以减少火焰扩散，有利于保护窑皮和点火操作。

（4）喷头部分采用耐高温、抗高温氧化的特殊耐热钢铸件加工制成，提高了头部的抗高温变形能力。

（5）煤粉入口处采用高抗磨损的特殊材料，且易于更换。

TC 型四风道煤粉燃烧器的燃烧特点：

（1）火焰形状规整适宜，活泼有力温度高，窑内温度分布合理。

（2）热力集中稳定，卷吸二次风能力强。

（3）火焰调节灵活，简单方便，可调范围大，达 1∶6 以上。

（4）热工制度合理，对煤质适应性强，可烧劣质煤、低挥发分煤、无烟煤和烟煤。

TC 型四风道煤粉燃烧器的操作特点：

（1）点火操作

使用柴油点火后，先将喷油量适当开大，同时开启送煤风机，以保护喷煤管，开启窑尾废气排风机，以保持窑头有微负压。待窑尾温度升到 200℃时可以加煤，实现油煤混烧，同时开启净风机，保持火焰顺畅，在燃烧过程中逐渐减少用油量，待窑尾温度达到 400℃时停油，全部烧煤后加大一次净风量。

（2）燃烧器位置的调整

燃烧器位置，到定时检修的时间都必须停窑检查和调整，窑头截面调整为中心偏斜50～60mm，下偏50mm，窑尾截面偏斜为700mm，偏下至砖面，两点连成一线，即为燃烧器的原始位置。在正常生产中，还要根据窑况对燃烧器作适当调整，保证火焰顺畅，保证既不冲刷窑皮，又能压着料层煅烧。

（3）火焰的调节

在生产过程中，火焰必须保持稳定，避免出现陡峭的峰值温度。只有较长的火焰，才能形成稳定的窑皮，延长烧成带耐火砖的使用周期。调节火焰主要是依据窑内温度及其分布、窑皮情况、窑负荷曲线、物料结粒状况、物料被窑壁带起的高度、窑尾温度和负压等因素的变化而进行。当烧成带温度偏高时，物料结粒增大，多数超过50mm及以上，负荷曲线上升，伴随筒体温度升高。此时，应采取减少窑头用煤、适当减小中心风、径向风、适当增加轴向风等方法来调节火焰，降低烧成带温度。烧成带温度偏低时，应采取适当加大中心风、径向风、减小轴向风等的操作方法来调节火焰，强化煤粉的燃烧，提高烧成带的温度。当烧成带掉窑皮、甚至出现"红窑"时，说明烧成带温度不稳定或局部出现了温度峰值，要及时减少窑头喂煤量，移动喷煤管位置，拉长火焰，稳定烧成带温，控制熟料结粒，及时补挂窑皮。

2.4 多通道煤粉燃烧器的功能

（1）降低一次风用量，加强对高温二次风的利用，提高系统热效率，从而降低熟料热耗

高温二次风有大量的热量，可显著提高火焰温度和系统热效率，少用一次风多用二次风就能降低熟料热耗，达到节能的目的。

一次风量的大小是表征燃烧器性能优劣的重要参数。一次风量小，不仅使燃烧器的形体小、质量轻，更重要的是节能幅度大，产生的污染物 NO_x 的含量减少，对环境保护有利。新型三通道煤粉燃烧器的一次风量为12％～16％；新型四通道煤粉燃烧器的一次风量为6％～10％，比单通道煤粉燃烧器下降80％左右。由于一次风量减少，煤粉与空气混合充分且均匀，煤粉的燃尽率提高，更好地满足烧成带所需要的温度。

（2）增强燃烧器推力，加强对二次风的吸卷，提高火焰的温度

多通道煤粉燃烧器的煤粉与空气在管外混合，煤粉受轴向和径向风的作用，轴向风、径向风和煤风从三个通道喷出，风煤混合均匀、充分，燃尽率高，增强燃烧器推力后，火焰内部燃烧产物的再循环程度提高，使火焰集中不散发；同向大速差在燃烧器端部形成负压，产生热烟回流，卷吸温度高的二次风，强化煤粉燃烧；火焰形状适宜且温度高，窑内温度分布合理，在烧成带火焰集中有力，物料在窑内的升温速度快，能利用新生态氧化物的活化能大，有利于熟料矿物的快速形成。由于火焰温度提高，烧成时间短，物料在高温烧成带停留的时间短，可提高熟料的产量，也可提高熟料的质量。

多家水泥企业的生产实践证明，在生产条件相同的情况下，采用四通道煤粉燃烧器，其产量比单通道的可提高10％左右，强度提高10MPa；其产量比三通道可提高3％～5％，熟料强度提高3％～8％。

（3）增强对各通道的风量、风速的调节手段，使火焰形状和温度场按需要灵活控制

多通道燃烧器调节火焰形状的两股一次风都不含煤粉，所以不受输送煤粉因素的制约和

干扰，管道内不存在的磨损问题，出口断面可以调节使两股气流的风量和出口风速达到最佳值。火焰形状调节幅度大，通过改变净风出口风速、轴流扩散和旋流强度，能够实现火焰在长度和宽度方面互不影响地无级调节最佳化。操作时通过改变内、外风速和风量比例，可以灵活调节火焰形状和燃烧程度，以满足窑内煅烧熟料温度分布的要求。当旋流强度增大时，火焰变得粗而短，高温带会相对更集中；反之火焰被拉长。在操作中，根据煅烧需要，操作员可以进行火焰的灵活调节，如喂煤量、内外净风量和风速均可灵活调节，以满足窑况的需要。调节时通过手柄操作，指示仪表和装置进行监测，调节操作灵活、简单、方便范围广。

（4）对燃料的适应性强，有利于低挥发分、低活性燃料的利用

煤的可燃成分主要是挥发分和固定碳，挥发分低的劣质煤或无烟煤，着火温度比通常的烟煤要高得多。回转窑煅烧熟料采用低挥发分烟煤、无烟煤及高灰分的劣质烟煤时，除控制煤粉细度外，最关键的就是要有合适的煤粉燃烧器来强化煤粉的燃烧。新型多通道煤粉燃烧器采用热烟气回流技术，超音速的外风与煤风、内风形成极大的速度差，在燃烧器出口区域造成负压回流区，将窑内已着火的高温烟气及高温二次风卷吸到燃烧器喷口，与温度低的一次风、煤混合，使未着火的煤粉气流混合物被迅速加热，析出挥发分而快速着火。

低挥发分煤用三通道燃烧器的主要特点：

与传统烟煤燃烧器相比，内旋流风与轴流风速度均提高 30%～50%。一次风量无改变，燃烧器推力得到提高。内、外流风出口截面积可调比增大到 6 倍以上，即内、外风速调节比大，调整火焰灵活，对燃料质量波动适应性增强。喷头外环前端设置挡风火焰圈，便于得到稳定火焰，对点火及保护窑皮有利。喷头部分采用耐高温、抗氧化耐热钢材料。煤粉入口处采用抗磨损碳化钨材料，并易于更换。

无烟煤用四通道燃烧器的特点：

与低挥发分煤用三通道煤粉燃烧器相比，主要在于旋流风及轴流风速度又提高大约 30%，同时一次风量有所增加，使燃烧推力更大。其他如头部结构、材质、煤粉入口处材质与低挥发分煤用三通道燃烧器基本相同。

（5）降低环境污染

多通道煤粉燃烧器，可以保证火焰具有恰当的形状，避免出现峰值温度；在火焰根部形成负压回流区，火焰核心出现局部还原气氛，因而抑制 NO_x 的形成，降低了废气中 CO 和 NO_x 浓度。同时由于一次风量少，也延缓了"高温" NO_x 形成时所需氧原子的供应时间，从而减少高温 NO_x 的形成，有利于环境保护。

2.5 多风道煤粉燃烧器的操作控制

2.5.1 多风道煤粉燃烧器的方位调节

1. 喷煤管中心在窑口截面上的坐标位置

生产实践证明，喷煤管中心在窑口截面上的坐标位置以稍偏于物料表面为宜，如图 6.2.9 所示，图中的 O 点为窑口截面的中心点，A 点即为喷煤管中心在窑口截面上的坐标位置。如果火焰过于逼近物料表面，一部分未燃烧的燃料就会裹入物料层内，因缺氧而得不到充分燃烧，增加热耗，同时也容易出现窑口煤粉圈，不利于熟料煅烧；如果火焰离物料表面太远，则

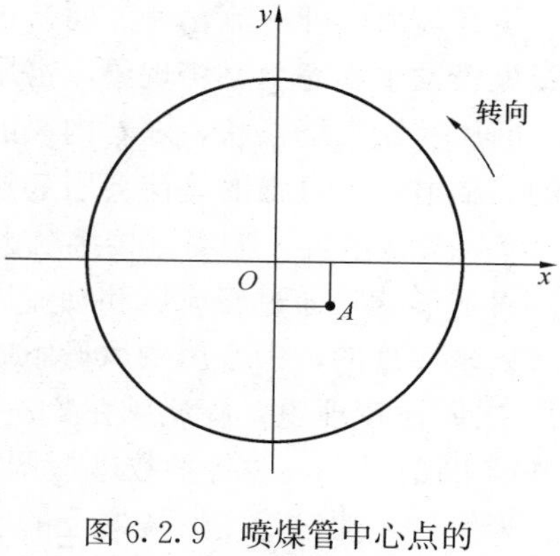

图 6.2.9　喷煤管中心点的坐标位置

会烧坏窑皮和窑衬，不仅降低耐火砖的使用寿命，还会增加窑筒体的表面温度，甚至引起频繁的结圈、结蛋等现象。窑型不同、燃烧器种类不同，喷煤管的中心位置设定值也不同，比如 $\phi 4m \times 60m$ 的预分解窑，其喷煤管的中心位置一般控制 A（30，−50）比较合理。

2. 喷煤管端部伸到窑口内的距离

喷煤管端部伸到窑口内的距离与燃烧器的种类、煤粉的性质、物料的质量、冷却机的型式及窑情变化有关。如果伸入窑内过多，相当于缩短窑长，火焰的高温区向后移，尾温随之增高，对窑尾密封装置不利；如果伸入窑内过少，相当于增加窑长，火焰的高温区向前移，出窑的熟料温度增加，甚至达到 1400℃，窑头密封装置和窑口护板的温度增高，容易受到损伤，窑口筒体容易形成喇叭口状，影响耐火砖的使用寿命。根据生产实践经验，预分解窑喷煤管端部伸到窑口内的距离一般控制 100～200mm 比较合理。

2.5.2 多风道煤粉燃烧器的操作调节

1. 冷窑点火时的操作

（1）将燃烧器的喷嘴面积调节到最小位置。

（2）将轴流风阀门和旋流风阀门打到关闭。

（3）关闭进口阀门，启动一次风机。

（4）启动气体点火装置。

（5）启动油或气燃烧器。

（6）调整火焰的形状。如果火焰一直向上延伸，必须稍稍打开一次风阀门，增加一次风量，但必须避免过分增加一次风量，以免干扰火焰的稳定性。

（7）火焰稳定后即关闭气体点火装置，并轻轻将其退出燃烧器。

（8）一次风量可随窑温上升逐步加大，为防止火焰冲击衬里，必须始终保持足够的一次风量。

（9）窑衬里温度达到 800℃ 左右时，关掉油燃烧器，启动煤粉燃烧器，开启内风和外风。

2. 火焰形状的调整

外风控制火焰的长度。外风过小，导致煤粉和二次空气不能很好地混合，燃烧不完全，窑尾 CO 浓度高，煤灰沉落不均而影响熟料的质量，甚至引起结前圈；火焰下游外回流消失，火焰刚度不够，引起火焰浮升，使火焰容易冲刷窑皮，影响耐火砖的使用寿命。外风过大，引起过大的外回流，一方面挤占火焰下游的燃烧空间，一方面降低火焰下游氧的浓度，导致煤粉发生不完全燃烧现象，窑尾温度升高。

内风控制火焰形状，随着内风的增加，旋流强度增加，火焰变粗变短，可强化火焰对熟料的热辐射，但过强的旋流会引起双峰火焰，既发散火焰，易使局部窑皮过热剥落，也易引起"黑火头"消失，喷嘴直接接触火焰的根部而被烧坏。

火焰形状是通过旋流风和轴流风的相互影响、相互制约而得到，火焰形状的稳定是通过中心风来实现的，中心风的风量不能过大，也不能过小，一般中心风的压力应该控制在 6～8kPa 之间比较理想，旋流风在 24～26kPa，轴流风在 23～25kPa，各风道的通风截面积不小于 90% 的情况下，对各参数进行调整。要想得到火焰形状的改变需要有稳定的一次风出口压力来维持，通过稳定燃烧器上的压力，改变各支管道的通风截面积来达到改变火焰形状的目的。

当烧成带温度偏高时，物料结粒增大，大多数熟料块超过 50mm，被窑壁带起的高度超过喷煤管高度，窑负荷曲线上升，且火焰呈白色发亮，窑筒体表面温度升高。此时烧成带，应减少窑头用煤，适当减小内流风，加大外流风用量，使火焰拉长，降低烧成带温度。

当物料发散、结粒很差，物料被带起的高度很低，窑内火焰呈淡红色时，说明窑内温度偏低。这时应适当加煤，增大内流风，减少外风，强化煤粉的煅烧，提高烧成带的温度。当出现"红窑"时，说明火焰出现峰值，烧成带温度偏高，或耐火砖已经脱落，这时应该减少喂煤量，加大外风，减少内风，并及时移动喷煤管，控制熟料的结粒状况，及时补挂窑皮。

3. 一次风量的合理控制

在保证火焰稳定的前提下，一次风量尽可能少，以此来降低热耗，防止窑内结圈；加强对二次热风的卷吸能力，使燃料与空气混合均匀，火焰形成"细而不长"的燃烧状态，以防止强化燃烧所形成的局部高温度对烧成带窑皮的负面作用，从而延长耐火砖的使用寿命，也降低 NO_x 的排放量。

4. 控制煤粉和助燃空气的混合速率

二次风温度可达 1000℃ 及以上，窑头燃烧火焰温度高达 1800℃ 左右，其燃烧反应一般已进入扩散控制区。在扩散控制区里，煤粉燃尽时间受煤粉细度的影响较大，而受煤粉品种特性影响较小，在燃料品种和煤粉细度一定的情况下，为在整个烧成范围内形成均匀燃烧的火焰，必须控制煤粉和助燃空气混合速率，保证煤粉的燃尽时间，同时在实际操作中，还要考虑稳定火焰的一些措施，如在设定燃烧器煤粉的出口速度时应以不发生脉冲为前提，在冷窑启动过程中或窑况不稳定、烧成带温度过低、二次风温不高的情况下，可采用油煤混烧的方式来稳定火焰。

5. 保持适度的外回流

适度的外回流对煤粉与空气混合有促进作用，可以防止发生"扫窑皮现象"。如果没有外回流，则表明不是所有的二次空气都被带入一次射流的火焰中，这样在射流扩展附近常常发生耐火砖磨损过快现象，降低窑的运转率。

6. 煅烧低挥发分煤的关键因素

由于低挥发分燃料一般具有较高的着火温度，并且因挥发分含量低，挥发分燃烧所产生的热量不足以使碳粒加热到着火温度而使燃烧持续进行，要采用能够产生强烈循环效应的燃烧器，通过强烈的内循环，使炽热的气体返回到火焰端部，以提高该处风煤温度，加速煤粉的燃烧速度。

2.5.3　多风道煤粉燃烧器的常见故障及处理

1. 喷煤管弯曲变形

多通道喷煤管，由于质量重，伸入窑内和窑头罩内的长度较长。为延迟喷煤管的使用寿命，外管需打上 50~100mm 厚的耐火浇注料，保护其不被烧损；由于窑内有熟料粉尘存在，尤其遇到飞砂料，它们很容易堆积在喷煤管伸入窑内部分的前端，如图 6.2.10 所示。

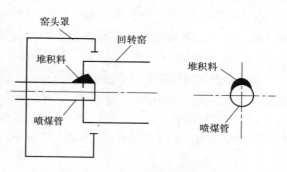

图 6.2.10　堆积在喷煤管前端的粉尘

喷煤管由多层套管组成，具有一定刚度，粉料堆积较少时影响不大。可是，当堆积较多时，再加上受高温作用，使喷煤管钢材的刚度降低，于是整个喷煤管弯曲。被压弯的喷煤管，射流方向发生变化而失控，这时必须报废换新，造成较大的损失。一旦发现弯曲，就无法平直过来。

在生产中，通常采用较长的管子，内通压缩空气，将堆积的尘粒定期吹掉；或利用一根长钢管，从窑头罩的观察孔或点火孔伸入，以观察孔为支点，轻轻拨动或振捣，将堆积尘粒清除。这种操作必须熟练、小心谨慎，否则会伤及喷煤管外的耐火浇注料，这时候的浇注料因受高温作用已经软化，稍不小心或不熟练就会有损坏的可能，一经发现浇注料损坏就必须立即抽出更换，因为浇注料损坏后，喷煤管在很短时间内就能被烧坏。

2. 耐火浇注料的损坏

（1）炸裂

喷煤管外部的耐火浇注料保护层最易出现的损坏形式是炸裂，多由于浇注料的质量不好，施工时没有考虑扒钉和喷煤管外管的热膨胀，浇注料表面抹得太光所致。

（2）脱落

因为二次风温度过高，入窑后分布不均匀，从喷煤管下部进入的过多，使喷煤管外部的浇注料保护层受热不均匀，造成脱落，初期出现炸裂裂纹，受高温气体侵入，裂纹两侧的温度更高，由于温差应力的结果，加上扒钉和焊接不牢靠，导致一块块脱落。在浇注料施工之前，扒钉和外管外表没有很好的除锈，浇注料与金属固结不牢靠，当受高温作用时与金属脱落。扒钉和外管外表面没有涂一层沥青或缠绕一层胶带等防热胀措施，当扒钉和外管受热膨胀后，将耐火浇注料胀裂而后脱落。

（3）烧蚀

耐火浇注料受高温、化学作用，其表面一点一点地掉落，逐渐减薄烧损，最后失效。这种失效是慢性的，在露出扒钉时就应更换。只要更换及时，不会造成任何损失，换下后重新打好浇注料，以便使用。

3. 外风喷出口环形间隙的变形

对于外风喷出口是环形间隙的煤粉燃烧器，外风喷出口在最外层，距窑的高温气体最近，受高温二次风的影响大，受中心风或内流风的冷却作用又最小，所以最容易变形。变形后，外风的射流规整性就更差，破坏了火焰的良好形状。采用小喷嘴喷射不但方便灵活，而且能延长喷煤管的使用寿命，尤其是在烧无烟煤时，外风风速一般达 350m/s，只要更换一套带有较小直径的小喷嘴即可，其余基本不变或不需要改变，简单灵活。喷射外风的小圆孔是间断的，而不是连续的环形间隙，所以不容易变形，保证了外风射流的规整性和良好的火焰形状。所以，外风喷出口环形间隙的变形与结构是否合理密切相关。

4. 喷出口堵塞

多通道燃烧器在喷出口中心处形成一个负压回流区，导致煤粉和粉料在此区域的孔隙中回流沉淀，而且厚度会不断增加，轻者对一次风的旋转流产生不利影响，严重时将喷出口堵塞，危害极大。喷出口堵塞后，射流紊乱，破坏火焰的规整性。采用中心风就能有效地解决煤粉回流倒灌和窑灰沉淀弊端，所以带有中心风的四通道燃烧器比无中心风的三通道优越得多。

5. 喷出口表面磨损

不论是环形间隙出口形式，还是小圆孔和小喷嘴的出口形式，或者是螺旋叶片出口形式，使用时间长了都要发生磨损。这种磨损往往是不均匀的，使喷出口内外表面出现不规矩的形状，特别是冲蚀出沟槽，就会严重破坏射流的形状，破坏火焰的规整性，导致工艺事故频繁发生，这时就应迅速更换燃烧器喷煤管，不宜勉强再用。

6. 内风管前端内支架磨损严重

内风管距端面出口 1m 处上下左右各有一个支点，确保煤风出口上下左右间隙相等。当支架磨损后，内风管头部下沉使煤粉出口间隙下小上大，如图 6.2.11 所示，火焰上飘且不稳定，冲刷窑皮，出现此种情况要及时修复支架，确保火焰的完整性。

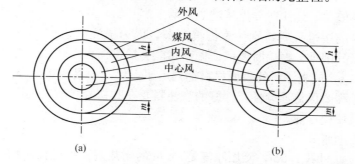

图 6.2.11　煤风出口上下间隙
(a) 支架未磨损；(b) 支架磨损后

2.5.4　提高燃烧器浇注料使用周期的措施

1. 浇注料的选材

选择刚玉莫来石喷煤管专用耐火浇注料，有利于提高燃烧器浇注料的使用周期。刚玉-莫来石质耐火浇注料，其承受的最高温度达到 1780℃，超出莫来石质耐火浇注料承受的最高温度 230℃，完全满足窑内 1700℃的环境温度条件；其 Al_2O_3 含量达到 75%，超出莫来石质耐火浇注料 15%，克服了高温作用下容易出现裂纹和剥落现象；其施工加水量相对较低，拌制时比莫来石质耐火浇注料至少降低 1%，增加了浇注料的整体结构强度；其体积密度相对较高，比莫来石质耐火浇注料高 $0.2g/cm^3$，增加浇注料的密实度，减少产生裂纹和裂缝，增加浇注料的整体结构强度。

2. 扒钉的选材和制作

(1) 采用 1Cr25Ni20Si2 耐热钢制作扒钉，其直径为 $\phi8mm \times 6mm$，形状为"V"形，"V"形底部要加工出 20mm 左右的焊接面，扒钉经过防氧化和防膨胀处理，表面涂上一层 2mm 左右的沥青，端部缠一层塑料电工胶布，纵横呈"十"字排列，间距大约为 50mm。

(2) 使用 THA402 电焊条进行焊接。

3. 施工前的准备

(1) 按浇注料的设计厚度（比如 80mm）制作尺寸准确、安装拆卸方便的铁质模板，其厚度是 3mm，长度是 1.5m；模板由两部分半圆体组成，中间用螺栓进行固定和连接，在支设模板以前，模板内表面要保证光滑。

(2) 要将燃烧器竖直固定放置。

(3) 要清理干净搅拌机内部的残余积料。

4. 施工过程

(1) 安装模板

在竖直放置的燃烧器下端，准确地安装好第一段模板，使燃烧器的中心线和模板的中心线保持重合。

（2）拌制浇注料

按生产厂家提供的配合比，准确称量拌制浇注料的材料，并装入搅拌机内预先搅拌 2～3min，保证干混物料搅拌均匀，然后再加水。此环节要特别注意控制加水量不能过多，其值控制在大约 5％即可。

（3）浇注施工

采取分段浇注施工，浇注时要先从燃烧器的下端开始，从模板的周向同时加料，并且一边加料一边振捣。浇注过程要特别注意振捣环节，因为浇注空间小，其间还密布了许多扒钉，操作振动棒极其困难。振捣时要保证振动棒能够插进模板内，并且要做到快插慢拔，每次振捣时间大约 40s，使浇注料的表面材料达到返浆，保证模具与燃烧器之间的浇注料振捣密实；浇注施工过程要保持连续性，拌好的浇注料要在其初凝之前完成浇注振捣，否则必须废弃，以免影响其使用性能。

（4）预留施工膨胀缝

沿长度方向，每间隔 1.5m，使用厚度是 3mm 的耐热陶瓷纤维棉制作一道预留膨胀缝；沿环向方向，每间隔 1.5m 预留一道施工膨胀缝，其预留位置设在两个模板的交接处，使用厚度是 3mm 木质的三合板制作预留膨胀缝，三合板要用两侧的模板夹紧，避免在振捣的过程中出现倾斜的现象。

（5）脱模

浇注施工结束后，浇注料要保证至少有 72h 的养护时间，待其完全硬化后方可脱模使用。

5. 使用及维护

投入使用时，要特别注意控制升温速度，在投入使用前 2h，应注意缓慢升温，升温速度控制小于 2℃/min。使用中要经常检查燃烧器前端上部是否堆积少量高温熟料，并使用高压空气进行喷吹，尽量避免使用钢钎清理，以免损伤积料周边的浇注料；中心风的阀门保持全开，有利于实现对燃烧器端面的冷却，以防止其发生变形。

思考题

1. 单通道煤粉燃烧器的技术缺点。
2. 三通道煤粉燃烧器的结构及工作原理。
3. 四通道煤粉燃烧器的结构及工作原理。
4. 四通道煤粉燃烧器中心风的作用。
5. 四通道煤粉燃烧器拢焰罩的作用。
6. 多通道煤粉燃烧器的功能。
7. 多通道煤粉燃烧器的方位调节。
8. 多通道煤粉燃烧器的常见故障及处理。
9. 多风道煤粉燃烧器的操作调节。
10. 提高燃烧器浇注料使用周期的措施。

项目7　悬浮预热器窑

项目描述：本项目主要讲述了旋风预热器回转窑及立筒预热器回转窑的工艺流程、主要设备的结构及工作原理等方面知识内容。通过本项目的学习，掌握悬浮预热器的结构及工作原理；掌握旋风预热器回转窑的技术特点；掌握立筒预热器回转窑的技术特点。

任务1　悬浮预热器

任务描述：掌握悬浮预热器的结构、技术性能、类型及工作原理。
知识目标：掌握悬浮预热器的结构、技术性能、类型及工作原理等方面的知识内容。
能力目标：掌握悬浮预热器技术较传统煅烧技术的进步。

1.1　传统的煅烧技术和悬浮预热器技术

1. 传统的煅烧技术

在干法回转窑中，熟料的煅烧过程主要分为预热分解和烧成三个阶段。在预热和分解阶段，要求温度不高，吸热量大，烧成阶段，需要的热量不多，但要求较高的温度并保持一定时间。传统的回转窑生产水泥熟料，生料的预热分解和烧成过程都在窑内完成。回转窑是作为燃烧器、换热器、反应器集输送设备融为一体的煅烧设备。作为煅烧设备，回转窑能够提供端面温度分布均匀的温度场，保证物料在高温下有足够的停留时间，较好地适应熟料烧成过成。但作为传热、传质设备就不理想，因为物料在窑内成堆积状态，热气流从物料的表面流过，气流与物料的接触面积小，传热速度低；窑内分解带的物料处于层状堆积状态，料层内部分解的 CO_2 向气流扩散的面积小、阻力小、速度慢，并且料层内部颗粒被 CO_2 气膜包裹，CO_2 气体的分压大，分解温度要求高，降低了碳酸钙的分解速。

2. 悬浮预热器技术

悬浮预热器技术是指低温粉状物料均匀分散在高温气流之中，在悬浮状态下进行热交换，使物料得到迅速加热升温的技术，其优越性主要表现在：物料悬浮在热气流中，与气流的接触面积大幅度增加，对流换热系数也较高，因此换热速度极快，大幅度提高了生产效率和热效率。

1.2　悬浮预热器的特性

悬浮预热器的种类很多，基本都可以归纳为两大类：旋风预热器和立筒预热器。它们具有共同的特征：利用稀相气固系统直接悬浮换热，使原来在窑内堆积状态进行的物料预热及部分碳酸盐分解过程移到悬浮预热器内，在悬浮状态下进行换热，生料粉能与气流充分接触，气固相间接触面积极大，传热速率极快，传热效率高。

无论是旋风预热器还是立筒预热器都由多级换热单元组成。多级换热的目的在于提高预热器的热效率。根据热力学第一定律，即使在良好的换热条件下，最终只能达到气固两相温度相等的平衡状态，气固热交换存在一个热力学极限温度。单机换热达不到有效回收废气余热的要求，不利于废气中热的有效利用，为此，需要利用多级预热器串联运行。如图 7.1.1

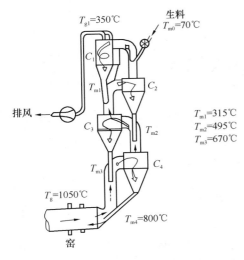

图 7.1.1　多级预热器的预热效果图

为生料经过多级预热器的预热效果图。

多级预热器串联的组合方式形成了单体内气固同流而宏观气固逆流的换热系统，每级预热器单元必须同时具备气固混合、换热和气固分离三个功能。

1.3　悬浮预热器的分类

1. 按制造厂商命名分类

按制造厂商命名分类，可以分为洪堡型、史密斯型、多波尔型、米亚格型、ZAB 型、维达格型、普列洛夫型等多种形式。

2. 按热交换工作原理分类

按热交换工作原理分类，可以分为同流热交换为主、逆流热交换为主及混流热交换等三种形式。

3. 按预热器组成分类

按预热器组成分类，可以分为数级旋风筒组合式、以立筒为主的组合式及旋风立筒混合组合式等三种形式。

纵观以上三种分类方法，第一种比较直观，但不便于归纳分析，第二种和三种虽然着眼角度不同，但有内在联系。由数级旋风筒组合而成的预热器，物料与气流的热交换主要在各个旋风筒进风管道和旋风筒内进行，成为同流热交换为主的悬浮预热器；以立筒为主的组合式预热器，虽然系统中匹配有 1～2 级旋风筒，但旋风筒主要起收尘作用，物料与气流的热交换主要在立筒内进行，称为以逆流热交换为主的悬浮预热器；在旋风筒与立筒混合组成的预热器中，同流及逆流两种热交换方式都起重要作用，称为混流热交换型悬浮预热器。严格地说，各种悬浮预热器都有同流和逆流热交换效果，都属于混流热交换设备。悬浮预热器的分类见表 7.1.1。

表 7.1.1　悬浮预热器的分类

按制造厂商命名分类	按热交换工作原理分类	按预热器组成分类
洪堡型、史密斯型、维达格型	同流热交换为主	数级旋风筒组合
ZAB 型、普列洛夫型	逆流热交换为主	以立筒为主
多波尔型、米亚格型	混合热交换	旋风和立筒混合组合

任务 2　旋风预热器回转窑

任务描述：掌握旋风预热器窑的工艺流程；掌握旋风预热器的结构及工作原理；熟悉旋风预热器回转窑的性能特点。

知识目标：掌握旋风预热器窑的工艺流程；掌握旋风预热器的结构、技术性能及工作原理。

能力目标：掌握提高生料在旋风预热器换热管道内的分散与悬浮的操作技能。

2.1　旋风预热器窑工艺流程

旋风预热器窑主要由回转窑及窑后的旋风预热器组成。旋风预热器由若干级换热单元串联组成，通常为 4～6 级，习惯上预热器各级旋风筒由上向下排列和编号。图 7.2.1 为四级旋风预热器回转窑的工艺流程，预热器由四级旋风筒串接而成，其中最上一级即第一级旋风筒要求收尘效率极高，以减少飞灰损失，降低生料消耗和减轻收尘设备的负荷，所以通常采用两个直径较小、高径比较大的旋风筒并联使用。图 7.2.1 的四级旋风预热器的组成方式为：$2 \times C_1$-$1 \times C_2$-$1 \times C_3$-$1 \times C_4$，简称 2-1-1-1 预热器系列。

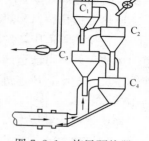

图 7.2.1　旋风预热器窑工艺流程

生料由提升机喂入第一级旋风筒 C_1 的进料管中，被热烟气分散，悬浮于热烟气中并进行热交换，然后被热烟气带入一级旋风筒 C_1，生料在离心力和重力作用下与烟气分离，沉降到旋风筒底部，由下料管喂入第二级旋风筒 C_2 的进风管，被进入 C_2 筒的气流分散、悬浮、加热，再被气流带入旋风筒 C_2 内，在 C_2 旋风筒内与气流分离，生料依次再被喂入三级旋风筒 C_3、四级旋风筒 C_4 的进风管，依次被分散、悬浮、加热，最后在旋风筒 C_4 内与气流分离，经下料管喂入窑内。生料经过四级旋风预热器被四次加热，而窑尾排出的热烟气，依次经过 C_4、C_3、C_2、C_1 级旋风筒，与生料换热后，进入预热器系统，经收尘净化后由烟囱排入大气。

2.2　旋风预热器的工作原理

旋风预热器每一级换热单元由旋风筒和换热管道组成，每级预热单元同时具备气固混合、换热和气固分离三个功能，如图 7.2.2 所示，单个旋风筒的工作原理与旋风收尘器类似，只不过旋风收尘器不具备换热功能，仅具备较高的气固分离效率，预热器旋风筒具有一定的换热作用，保持必要的气固分离效率即可。

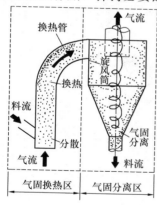

图 7.2.2　旋风预热器结构功能图

旋风筒进风管道的风速一般在 16～22m/s 之间，气体流动时雷诺系数 $Re > 10^4$，基本属于高度湍流状态。由加料管自然滑落喂入的生料粉在高速气流的冲击下迅速分散，均匀悬浮于气流中。由于气体温度高，生料温度低，接触面积极大，故气固之间的换热速率极快。生产实践证明，气固之间 80% 及以上的换热在进风管道中就已经完成，换热时间仅需要 0.02～0.04s，只有 20% 以下的换热在旋风筒中完成。

在管道中完成大部分热交换后，生料粉随气流以切线方向高速进入旋风筒，在筒内旋转向下，至旋风筒底部又反射旋转向上。固体颗粒在离心力和重力的作用下完成和气体的分离，经下料管喂入下一级旋风筒或入窑，气体经内筒排出。

旋风预热器的大部分换热在管道中完成，说明了料粉在悬浮状态下的热交换速率是极快的。旋风筒本身也具有一定的换热能力，只是由于入口处气固温差已经很小，旋风筒没有发挥换热功能的机会，因此设计时主要考虑旋风筒的分离效率。旋风筒的分离效率从表面上看不直接影响换热，但如果分离效率较低，将使较多的粉料由温度较高的单元流向温度较低的单元，降低热效率。

旋风筒的分离效率主要与旋风筒的结构和气体参数有关。旋风筒的直径较小，分离效率较高，增加旋风筒的高度有利于提高分离效率，排风管（内筒）直径较小，插入较深时，分离效率较高。其他如旋风筒入口风速、颗粒粉尘大小、含尘浓度及操作的稳定性等，均会影响旋风筒的分离效率。

换热管道是旋风预热器系统中的重要部分，承担着物料分散、均匀分布、锁风和换热的任务。在换热管道中，生料和气流之间的温差及相对速度都较大，热交换剧烈。如果换热管道内风速太低，可能造成生料悬浮不良而影响热交换，甚至是生料难以悬浮而沉降集聚，并使管道尺寸过小；风速过高则增大系统阻力，增加电耗，一般根据实践经验选定，通常设定为 $10\sim25m/s$。

连接管道除管道本身外还装设有下料管、撒料器、锁风阀等装置，它们与旋风筒一起组合成一个换热单元。为使生料迅速分散悬浮，防止大料团难以分散甚至短路冲入下级旋风筒，在换热管道下料口通常装有撒料装置，并可以促使下冲物料至下料板后飞溅并分散。撒料装置有板式撒料器和撒料箱两种形式。板式撒料器结构如图 7.2.3（a）所示，一般安装在下料管底部，撒料板伸入管道中的长度可调，伸入长度与下料管安装的角度有关，必须根据生料状况调节优化，以保持良好的撒料分散效果。撒料板暴露在炽热的烟气中，磨蚀严重，寿命较短。撒料箱结构如图 7.2.3（b）所示，下料管安装在撒料箱体的上部，下料管安装角度和箱内的倾斜撒料板角度经过试验优化并固定，撒料箱经优化并选定角度，打上浇注料后，既能保证撒料效果，又能降低成本，延长寿命。

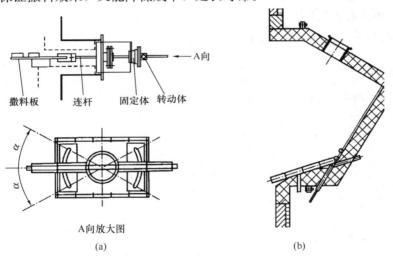

图 7.2.3　撒料板及撒料箱结构
（a）撒料板；（b）撒料箱

旋风筒下料管应保证下料均匀通畅，同时应密封严密，防止漏风。如密封不严，换热管道中的热气流经下料管窜至上级旋风筒下料口，引起已收集的物料二次飞扬，将降低分离效率。因此，应在上级旋风筒下料管与下级旋风筒出口换热管道的入料口之间的适当部位装设锁风阀（翻板排灰阀）。锁风阀可使下料管经常处于密封状态，既保持下料均匀通畅，又能密封物料不能填充的下料管空间，防止上级旋风筒与下级旋风筒出口换热管道间由于压差产生气流短路及漏风，做到换热管道中的热气流及下料管中的物料"气走气路，料走料路"。目前广泛使用的锁风阀有单板式和双板式两种，如图 7.2.4 所示。一般倾斜的或料量较小的下料管多采用单板阀，垂直的或料流量较大的下料管多采用双板阀。

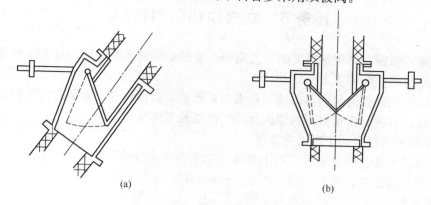

(a)　　　　　　　　　　　　　　(b)

图 7.2.4　锁风阀结构示意图
(a) 单板式锁风阀；(b) 双板式锁风阀

2.3　旋风预热器窑的优点

与其他回转窑型相比，旋风预热器窑具有以下优点：

1. 单位产品热耗低

带旋风预热器回转窑的熟料热耗一般为 3000～3300kJ/kg，且热耗随窑的生产能力增大而降低。我国小型旋风预热器回转窑的熟料热耗一般在 3500～3800kJ/kg，具有巨大的节能潜力。

2. 窑的单位容积产量高

由于旋风预热器的预热效果好，入窑生料温度高且碳酸盐已经有 40％～50％分解了，使窑的产量大幅度提高。与干法长窑的平均值相比，窑的单位容积产量提高 1.5～3 倍。

3. 维护工作量少

旋风预热器内部没有运动部件，附属设备不多，所以维护工作量少。

4. 单位产品投资少

旋风预热器窑的单位产品投资费用约为干法长窑的 80％～90％。

5. 占地面积小

与同生产规模干法窑相比，带旋风预热器的窑占地面积可减小 50％～60％。

正是由于这些生产工艺优点，使旋风预热器窑得到广泛应用，发展十分迅速，其技术成果为预分解窑的出现打下理论和实践基础。

2.4　旋风预热器窑的缺点

1. 流体阻力大，动力消耗高

旋风预热器系统的流体阻力为 4～5kPa，因此窑尾排风机的功率消耗极大。

2. 对原燃料适应性较差

当生料或燃料中碱、氯、硫等有害成分含量较多时，预热器系统易结皮堵塞，影响正常运转。

3. 建筑框架高，基建投资大

一般旋风预热器框架都在 50m 以上，大型预热器框架甚至达 80m 以上，要求有良好的地基基础，土建费用高。

任务3 立筒预热器回转窑

任务描述：掌握立筒预热器窑的工艺流程；掌握立筒预热器的结构及工作原理；熟悉立筒预热器回转窑的性能特点。

知识目标：掌握立筒预热器窑的工艺流程；熟悉立筒预热器回转窑的性能特点。

能力目标：掌握立筒预热器的结构、技术性能及工作原理。

3.1 立筒预热器窑的生产工艺流程

立筒预热器主要有盖波尔型、ZAB型和普列洛夫型三种形式。立筒预热器窑主要由回转窑及窑后的立筒预热器组成，其生产工艺流程如图7.3.1所示。

1. 盖波尔型

盖波尔型立筒预热器窑的生产工艺流程如图7.3.1所示。

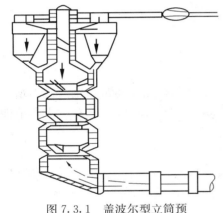

图7.3.1 盖波尔型立筒预热器窑的生产工艺流程

盖波尔型预热器内部有三个缩口，将立筒分为四个钵室，断面为圆形，立筒顶部为旋风筒；立筒用缩口将内部分成若干钵室作为换热单元，缩口的喷射作用使窑尾上升的废气变速运动，生料在其中上下回流而形成悬浮状态，并进行热交换。窑尾热烟气从底部进入立筒由上向下流动，生料由立筒顶部管道喂入，被上升气流分散、悬浮，随气流进入旋风筒，经预热、分离后，由旋风筒下料管喂入立筒肩部，分散于热气流中预热，并被卷吸扰动而进入涡流区，被涡旋气流推向边壁沉降到缩口斜坡，堆积到一定程度时，在重力作用下滑过缩口逆气流落入下一钵室继续预热。生料在每一钵室内的换热主要以同流为主，但钵室间形成宏观的物料却逆气流而向下运动。生料由上向下依次进入下一钵室预热，被预热的生料自立筒底部进入窑内。

2. ZAB型

ZAB型立筒预热器窑的生产工艺流程如图7.3.2所示。

ZAB型与Krupp型的结构和工作原理基本相同，其特殊之处在于缩口设计成彼此偏心，目的是加大扰动，形成较强的涡环，促进气固换热与分离。ZAB型预热器由三级立筒和两级旋风筒组成，立筒断面为椭圆形，缩口偏心布置。

3. 普列洛夫型

普列洛夫型立筒预热器窑的生产工艺流程如图7.3.3所示。

普列洛夫型立筒预热器是捷克开发的，又称捷克立筒，其特点是筒内不设缩口，窑气自筒下部切向进入，螺旋上升，生料从上部加入，在回旋气流作用下沿筒壁向下运动，直至入窑。气固之间形成了逆向运动并完成换热。当预热器的高径比 H/D 等于5时，其预热效果可与旋风筒相当。其优点是结构简单、操作方便、漏风少，系统压降不超过3.5kPa，在窑尾废气量产生较大波动时，也不致给操作带来困难，使用效果较好。

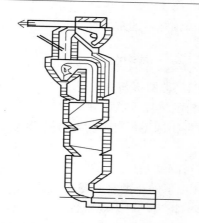

图 7.3.2　ZAB 型立筒预
热器窑的生产工艺流程

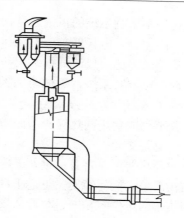

图 7.3.3　普列洛夫型立筒
预热器窑的生产工艺流程

3.2　立筒预热器的工作原理

立筒预热器的工作原理可简单描述为喷腾分散、同流换热、涡环分离。窑尾热烟气从底部进入立筒由下向上流动，物料以团块的形式自上一钵室的缩口落下，在重力作用下进入下一钵室缩口，由于气流的喷腾作用而被高速气流分散，悬浮于气流中，随气流上升进行换热，并被卷扰动而进入涡流区，被涡旋气流推向边壁沉降到缩口斜坡而产生气固分离，物料堆积到一定程度时，在重力作用下滑过缩口，逆气流落入下一个钵室。料粉在每一钵室中经历分散—分离—堆积—滑落等几个过程。

立筒预热器内气流涡环的存在是气固分离的基本原因，与旋风预热器不同，涡环分离靠的是径向速度，而旋风预热主要靠切向速度。在可比条件下，立筒中的径向速度比旋风筒中的切向速度的数字要小一个数量级，这是立筒预热器的分离能力远不及旋风预热器的原因。

立筒预热器的每一钵室相当于一级，分别完成分散、换热和分离的三个功能。在每一钵室中实质上以同流换热为主，由于多室串联，在钵室间形成宏观的气固逆流。

普利洛夫型立筒预热器内不分钵，窑尾烟气由立筒下部切向进入，形成旋流运动。料粉由立筒出口管喂入，被上升气流分散，随气流进入旋风筒，与气流分离后由顶部喂入立筒。立筒内气流旋转上升，料粉则滞后于气流，在"旋风效应"和重力作用下旋转下降，与气流逆向进行热交换，是典型的逆向对流换热。料粉在旋转向下过程中逐渐移动到筒壁，富集于筒壁的滞留层中，当滞留层料粉浓度超过该处气流承载能力，产生干扰沉降，由立筒底部下料管喂入回转窑。

3.3　立筒预热器窑的优点

（1）对原料中挥发性有害成分的适应性较强

由于碱、氯、硫等挥发性有害成分在立筒中的循环率低，不像旋风预热器对原料中的有害成分十分敏感。生产实践证明，立筒中氯的循环系数为 10～30，而旋风预热器则达 75～210，一般要求旋风预热器窑入窑生料中氯含量不超过 0.015%，而立筒预热器窑则允许达 0.07%，对碱，硫的含量限制也比旋风预热器窑要宽，因而对原料适应性较强。

（2）结构简单，运行可靠

由于立筒预热器本身是一个中空圆筒，没有狭窄管道，结皮堵塞的可能性较小，即使结

141

皮也容易处理，不影响系统的正常运行，这是立筒预热器的重要优点。

（3）流体阻力小，电耗低

立筒的流体阻力比旋风筒低得多，一般立筒本身流体阻力为 0.2～0.8kPa，通常带一级旋风筒的立筒预热器窑系统，流体阻力约为 2kPa，带两级旋风筒则为 3～3.5kPa，而旋风预热器系统的流体阻力为 4～5kPa。立筒预热器窑的热耗虽然比旋风预热器窑的高，但由于电耗较低，其节约的费用同热耗较高而增加的费用相抵还是有余的，特别在电价较高而燃料价格低的地区更是如此。

（4）立筒预热器可以自身承重，无需框架，可降低基建投资费用

（5）结构简单，操作简便，更适于日产 600t 以下的小型窑的发展

立筒预热窑的单位容积产量与旋风预热器窑的相当，对于规格较小的旋风预热器窑，由于各部位尺寸较小，稍有结皮就可能堵塞。而对立筒预热窑来说，这一点则优越得多。

3.4　立筒预热器的缺点

（1）立筒预热器窑的热耗高，热效率低

与旋风预热器窑相比，立筒预热器窑的热耗稍高，热效率稍低，主要是由于立筒内喷腾效应受流速限制，同时气固分离效率较低。

（2）立筒预热器窑的单机生产能力较小

因为立筒规格过大，筒内喷腾运动变差，立筒预热器窑主要适用于单机生产能力小于日产 600t 的水泥生产企业。

思考题

1. 悬浮预热器的技术特性。
2. 旋风预热器的工作原理。
3. 旋风预热器窑的工艺流程。
4. 预热器锁风阀的种类及作用。
5. 旋风预热器窑的特点。
6. 立筒预热器的工作原理。
7. 立筒预热器窑的工艺流程。
8. 立筒预热器窑的特点。
9. 提高生料在旋风预热器换热管道内的分散与悬浮的措施。

项目 8　预 分 解 窑

项目描述：本项目详细地讲述了预分解窑的工艺流程、分解炉的热工性能及工作原理、预分解窑的热工性能等方面的知识内容。通过本项目的学习，掌握分解炉的操作控制技能；掌握预分解窑的点火、升温、投料等正常操作控制；掌握预分解窑一般生产故障的操作处理、特殊窑情的操作处理技能。

任务 1　预分解窑煅烧技术

任务描述：熟悉预分解窑煅烧技术的发展演变历程；掌握预分解窑的生产工艺流程及技术特点。

知识目标：熟悉预分解窑煅烧技术的发展概况；掌握预分解窑的生产工艺流程。

能力目标：掌握预分解窑煅烧技术的优点及缺陷。

1.1　预分解窑煅烧技术的发展

由于生料预热和分解阶段需要吸收大量热量，借鉴悬浮预热器利用稀相气固悬浮换热的成功经验，产生了将生料分解过程移至窑外以流态化方式来完成的新技术构想。但由热平衡可知，仅利用窑尾烟气中的热焓，尚不足以满足碳酸盐分解需要的全部热量。因此，必须在窑外开设第二热源，提出了在预热器与回转窑之间增加一个专门的设备即分解炉，并且要求燃料燃烧供热和分解反应在炉内同时进行。1971 年日本首先实现了这一设想，成为水泥煅烧技术的一次重大革命，很快在世界范围内得到推广和应用，成为现代水泥熟料煅烧的主导生产技术。

预分解窑技术的发展，可以划分为以下四个发展阶段：

（1）20 世纪 70 年代初期至中期，是预分解技术的诞生和发展阶段

德国多德豪森水泥厂于 1964 年用含有可燃成分的油页岩作为水泥原料的组分。为避免可燃成分在低温区过早挥发，改在悬浮预热器的中间级喂入含油页岩的生料，提高了入窑生料的分解率，开创了预分解技术的先河。但是，真正在分解炉内使用燃料作为第二热源的分解炉，则是 1971 年日本 IHI 公司与轶父水泥公司共同开发研制的第一台 SF 窑，水泥业界一般以此作为预分解技术诞生的标志。第一台 SF 窑诞生之后，日本各类型的预分解窑相继出现，如三菱公司 1971 年研制的 MFC 炉、小野田水泥公司 1972 年研制的 RSP 炉、川崎与宇部水泥公司 1974 年共同开发研制的 KSV 炉等。与此同时，其他国家也在研究开发预分解窑，比如丹麦史密斯公司研制的 SLC 炉，德国伯力鸠斯公司研制的 Prepol 分解炉、KHD 公司研制的 Pyroclon 分解炉等。在此期间，分解炉都是以重油为燃料，分解炉的热力强度高、容积偏小，大多数分解炉仅依靠单纯的旋流、喷腾、流态化等效应来完成气固的分散、混合、燃烧、换热等过程。因此，这时期的分解炉对中、低质燃料的适应性较差。

（2）20 世纪 70 年代中期及后期，是预分解技术的完善和提高阶段

1973 年国际石油发生危机之后，油源短缺，价格上涨，许多预分解窑被迫以煤代油，

原来以石油为燃料研制开发的分解窑难以适应。通过总结、改进和改造，各种改进型的第二代、第三代分解窑应运而生，例如，日本开发研制的 N-SF 分解炉、CFF 分解炉、N-MFC 分解炉等即为典型代表。这些为适应煤粉燃煤而改进的分解炉，不仅增加了容积，在结构上也有很大的改进。为了提高燃料燃尽，延长物料在炉内的滞留时间，在结构上采用了旋流—喷腾、流态化—悬浮及双喷腾等叠加效果，大大改善和提高了分解炉的功效。

（3）20 世纪 80 年代至 90 年代中期，为预分解技术日臻成熟和全面提高阶段

为了降低综合能耗和生产成本，自 20 世纪 80 年代开始，由第二阶段的单纯对分解炉炉型和结构进行改进，发展成为对预分解窑全系统的整体改进和开发，包括旋风筒、换热管道、分解炉、回转窑、冷却机、隔热材料、耐火材料、耐磨材料、自动控制技术、收尘环保设备、原料预均化、生料均化等技术，成功开发研制了新型分解炉、高效低损旋风筒、新型高效冷却机、两支点短窑等一系列先进技术设备，熟料单位热耗降低到 3000kJ/kg 及以下，回转窑的热效率提高到 60% 及以上。

（4）20 世纪 90 年代中期至今，水泥工业向"生态环境材料型"产业迈进阶段

随着人类社会对地球环境的保护，实现可持续发展迫切性认识的迅速提高，发达国家水泥工业在工艺、装备进一步优化和实行"清洁生产"的同时，开始向"生态环境材料"产业转型。实现"生态环境材料"产业有五大标志：一是产品质量的提高，满足高性能混凝土耐久性的要求；二是尽力降低熟料热耗及水泥综合电耗，节约一次资源和能源；三是大力采用替代性能源和燃料，提高替代率；四是实行"清洁生产"，三废自净化；五是降解利用其他工业废渣、废料、生活垃圾及有毒有害的危险废弃物，为社会造福。

1.2　中国预分解窑煅烧技术的发展

1. 预分解窑发展准备阶段

新型干法装备国产化是预分解窑发展准备阶段的主要工作内容。20 世纪 70 年代，我国水泥工业水平较低，水泥生产技术未经历预热器窑发展阶段，预分解窑新型干法装备基础非常薄弱，新型干法装备国产化过程延续了近 30 载漫长岁月。在改革开放政策指引下，向国外购买新型干法成套设备建设日产 2000t 和 4000t 熟料生产线；引进和消化吸收国外 16 项新型干法关键装备设计与制造技术；不断开发创新，自主建设日产 1000～2500t 和 4000～5000t 熟料的新型干法国产装备示范生产线。通过设计、科研和企业等单位的密切合作和长期不懈努力，2000 年前后，基本实现日产 2500～5000t 熟料新型干法成套装备国产化。

全面建设市场经济体制是准备阶段的一个方面。20 世纪 90 年代，随着经济体制改革的深入，投资体制改革逐步到位，实行项目法人责任制。法人要对自己的行为负责，不仅负责贷款，还要负责还款。这就建立起投资行为中"精打细算"的约束机制，克服了计划经济体制"吃大锅饭"的浪费弊端。

由于装备国产化和投资体制等主要问题的解决，在生产企业、设计、科研和装备企业等单位的通力合作下，1996 年和 1997 年海螺宁国水泥厂和山水山东水泥厂在我国相继突破日产 2000t 熟料生产线低投资建设难关；2003 年海螺铜陵水泥厂和池州水泥厂先后突破日产 5000t 熟料生产线低投资建设难关。低投资建设难关的攻克为水泥新型干法在全国普遍推广铺平了道路。

在投资体制改革不断深化的同时，中国资本市场逐步形成并迅速发育壮大。国有企业纷纷建立与资本市场接通的融资渠道，可自行募集资金用于扩大生产。中共中央十四届三中全

会后，民营企业快速发展，民间资本积累日益扩大，逐渐成长为重要投资者。进入 21 世纪，各方投资者都看到水泥工业技术转型带来的巨大商机已经成熟，将大量资金投向新型干法生产线建设，水泥工业现代化进程由准备阶段开始进入生产大发展阶段。

2. 预分解窑高速发展阶段

从 2003 年开始，在国民经济高速发展和市场需求的拉动下，全国各地区从东部沿海到西部内陆依次掀起前所未有的水泥新型干法生产线建设高潮，全国水泥产量迅猛增长。2002 年我国新型干法水泥产量为 1.1 亿吨，占总产量的大约 15%，到 2013 年新型干法水泥产量猛增到 20 亿吨，占总产量的大约 90%。截至 2013 年底，中国拥有 4 条日产 1 万吨熟料和 3 条日产 1.2 万吨熟料新型干法生产线，是世界上建设万吨生产线最多的国家。海螺水泥集团已投产世界上最大的 $\phi 7.2 m \times 6.2 m \times 96 m$ 水泥预分解窑；华润水泥集团已运行世界上最长的 42km 石灰石皮带输送长廊。海螺水泥集团的生产物流体系和华润水泥集团的生产物流体系，其规模之大和效益之高属世界罕见；全国水泥企业普遍推广预分解窑低温余热发电，2013 年发电装机总容量达 5000MW，其容量之大为世界之最。

3. 预分解窑可持续发展阶段

节能减排、保护环境已成为全球共识。水泥工业属资源型产业，有害气体排放量较大。CO_2 气体排放量占全球人类总排放量的 5%；NO_x 气体排放量仅次于火力发电、汽车尾气，排名第三。节能减排、保护环境是水泥工业生存和发展的必然选择。中国政府高度重视节能减排、保护环境，发出了建设资源节约型、环境友好型社会的号召，规定了生产发展中保护环境的一系列强制性控制指标。中国水泥行业在生产大发展进程中积极响应政府号召，努力开发节能和环保技术，主动采取各种可持续发展措施，将现代化进程逐步提升到新型干法可持续发展新阶段。

1.3 预分解窑生产工艺流程

以带五级悬浮预热器的预分解窑煅烧系统为例，说明预分解窑生产工艺流程。如图 8.1.1 所示，生料经提升设备提升，由一级旋风筒 C_1 和二级旋风筒 C_2 间的连接管道喂入，被热烟气分散，悬浮于热烟气中并进行热交换，然后被热烟气带入旋风筒 C_1，在 C_1 筒内与气流分离后，由 C_1 筒底部下料管喂入第二级旋风筒 C_2 的进风管，再被热气流加热并被带入 C_2 筒，与气流分离后进入 C_3 筒预热，在 C_3 筒内与气流分离后进入 C_4 筒预热，生料在 C_4 筒内与气流分离后进入分解炉，在分解炉内吸收燃料燃烧放出的热量，生料中碳酸盐受热分解，然后随气流进入五级旋风筒 C_5，大部分碳酸盐已完成分解的生料与气流分离后由 C_5 筒底部下料管喂入回转窑，在回转窑内烧成的熟料经冷却机冷却后卸出。

气流的流向与物料流向正好相反，在冷却机中被熟料预热的空气，一部分从窑头入窑作为窑的二次风供窑内燃料燃烧用；另一部分经三次风管引入分解炉作为分解炉燃料燃烧所需助燃空气（根据分解炉的形式不同，三次风可能在炉前或炉内与窑气混合）。分解炉内排出的气体携带料粉进入 C_5 旋风筒，与料粉分离后依次进入 C_4、C_3、C_2、C_1 旋风筒预热生料。由 C_1 旋风筒排出的废气，一部分可能引入生料磨或煤磨作为烘干热源，其余经增湿塔降温处理，再经收尘器收尘后由烟囱排入大气。

1.4 预分解煅烧技术的特点

预分解技术（窑外分解技术）是指将经过悬浮预热后的生料，送入分解炉内，在悬浮状态下迅速吸收分解炉内燃料燃烧产生的热量，使生料中的碳酸盐迅速分解的技术。

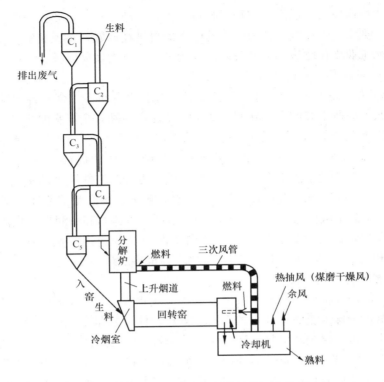

图 8.1.1 新型干法水泥熟料煅烧工艺流程

传统水泥熟料煅烧方法，其燃料燃烧及需热量很大的碳酸盐分解过程都在窑内进行。预分解技术是在悬浮预热器与回转窑之间增设一个分解炉或利用窑尾上升烟道增设燃料喷入装置，将熟料煅烧所需的 60% 左右的燃料转移到分解炉内，不仅减少了窑内燃烧带的热负荷，更重要的是使燃料燃烧的放热过程与生料碳酸盐分解的吸热过程在悬浮状态下或流态化状态下极其迅速地进行，使入窑生料的分解率由悬浮预热窑的 30%～45% 提高到 85%～95%，大幅度提高窑系统的生产效率。

与其他类型回转窑相比，预分解窑有以下技术特点：

（1）在结构方面，预分解窑是在悬浮预热器窑的基础上，在悬浮预热器与回转窑之间，增设了一个分解炉，承担了原来在回转窑内进行的碳酸盐分解任务。

（2）在热工方面，分解炉是预分解窑系统的"第二热源"，将传统的回转窑全部由窑头加入燃料的做法，改变为少部分从窑头加入，大部分从分解炉内加入，从而改善了窑系统的热力强度分布。

（3）在工艺方面，熟料煅烧工艺过程中耗热最多的碳酸盐分解过程，移至分解炉内进行，由于燃料和生料混合均匀，燃料燃烧的放热过程与生料碳酸盐分解的吸热过程是在悬浮状态或流化状态下极其迅速地进行，使燃烧、换热及碳酸盐分解过程都得到优化，更加适应燃料燃烧的工艺特点。

预分解窑是继悬浮预热器窑后的又一次重大技术创新，具备强大的生命力，成为水泥生产的主导技术，代表回转窑的发展方向。预分解窑主要有以下优点：

（1）单机生产能力大，窑的单位容积产量高。一般预分解窑单位容积产量为悬浮预热器窑的 2～3 倍，为其他传统回转窑的 6～7 倍。

（2）窑衬寿命长，运转率高。由于窑内热负荷减轻，延长了耐火砖的寿命和运转周期，减少了耐火材料的单位消耗量。

（3）熟料的单位热耗较低。先进的预分解窑熟料的单位热耗已降低到 2800kJ/kg 及以下。

（4）有利于低质燃料的利用。由于分解炉内分解反应对温度要求较低，可利用低质燃料或废弃物作燃料。

（5）对含碱、氯、硫等有害成分的原燃料适应性强。因大部分碱、氯、硫在窑内较高温度下挥发，通过窑内的气体比悬浮预热器窑减少约一半，烟气中有害成分富集浓度大，当采用旁路放风技术时，可生产低碱水泥。

（6）NO_x 生成量少，对环境污染小。由于 50％～60％ 的燃料由窑内移至度较低的分解炉内燃烧，许多类型的分解炉还设有 NO_x 喷嘴，可减少 NO_x 生成量，减少对环境的污染。

（7）生产规模大，在相同的生产能力下，窑的规格减小，因而占地少，设备制造安装容易，单位产品设备投资、基建费用低。

（8）自动化程度高，操作稳定。

预分解窑煅烧技术具有显著的优点，但也有以下缺点：

（1）预分解窑虽然对原、燃料适应性较强，但当原、燃料中碱、氯、硫等有害成分含量高而未采取相应措施，或当窑尾烟气及分解炉内气温控制不当时，容易产生结皮，严重时可能出现堵塞现象。如果采用旁路放风，必将浪费热能，并需增加排风、收尘等设备，同时收下的高碱粉尘较难处理。

（2）自动化程度高，整个系统控制的参数较多，各参数间要求紧密精确配合，因此对技术管理水平及操作水平要求较高。

（3）与其他窑型相比，分解炉、预热器系统的流体阻力较大，电耗较高。

任务 2　分　解　炉

任务描述：熟悉分解炉的种类与结构；掌握分解炉的工艺性能及热工性能；掌握分解炉的操作控制技能。

知识目标：熟悉分解炉的种类与结构；掌握分解炉的工艺性能及热工性能。

能力目标：掌握分解炉的操作控制技能。

2.1　分解炉的种类与结构

分解炉是窑外分解系统的核心部分，主要具备流动、分散、换热、燃烧、分解、传热和输送等六大功能，其中分散是前提，换热是基础，燃烧是关键，分解是目的。

按设备制造厂商命名分类，分解炉的主要型式见表 8.2.1。

表 8.2.1　分解炉的主要型式

分解炉型式	制造厂商
SF 型（N-SF 型、C-SF 型）	日本石川岛公司与秩父水泥公司
MFC 型（N-MFC 型）	日本三菱公司

分解炉型式	制造厂商
GG 型	日本三菱公司
RSP 型	日本小野田公司
KSV 型（N-KSV 型）	日本川崎公司
FLS 型	丹麦史密斯公司
DD 型	日本神户制钢所
SCS 型	日本住友公司
FCB 型	法国 FIVES CAIL BABCOCK 公司
UNSP 型	日本宇部兴产公司
Prepol 型	德国伯力鸠斯公司
Pyroclon 型	德国洪堡一维达格公司
TDF 型	天津水泥设计院
CDC 型	成都水泥设计院
NC-SST 型	南京水泥设计院

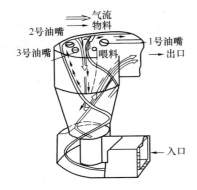

图 8.2.1　SF 型分解炉
的结构简图

2. NSF 型分解炉

由于 1973 年世界石油危机，SF 型分解炉被迫改为烧煤，但其结构不适宜烧煤。针对烧煤的需要，石川岛公司对 SF 型分解炉进行改进，目的是延长燃料在炉内的停留时间。

NSF 型分解炉属于旋流-喷腾式分解炉，其结构如图 8.2.2 所示。上部是圆柱＋圆锥体结构，为反应室；下部是旋转涡壳结构，为涡旋室。三次风以切线方向进入涡流室，窑气则单独通过上升管道向上流动，使三次风与窑气在涡旋室形成叠加湍流运动，以强化料粉的分散及混合；燃料由涡流室顶部喷入，C₄ 筒来料大部分从上升烟道喂入，少部分从反应室锥体下部喂入，用以调节气流量的比例，因

1. SF 型分解炉

SF 分解炉是世界上最早出现的分解炉，由日本石川岛公司与秩父水泥公司研制，于 1971 年 11 月问世，其结构如图 8.2.1 所示。

SF 炉由上部的圆柱体、下部的圆锥体及底部的蜗壳组成。入口气流在下部涡流室的作用下形成旋转气流，由下而上回旋进入燃烧反应室。在炉顶部装有燃油喷嘴，燃料经喷嘴喷入，在剧烈的湍流状态下进行燃烧。经 C₃ 旋风筒预热的生料从炉顶部进入燃烧室，迅速吸收燃料燃烧放出的热，完成大部分碳酸盐分解后随气流进入 C₄ 旋风筒，与气体分离后入窑煅烧。

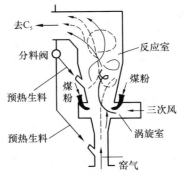

图 8.2.2　NSF 型分解
炉结构简图

而不需在烟道上设置缩口，这样既降低通风阻力，同时也减少了这一部分结皮堵塞的可能。NSF 型分解炉增大了分解炉的有效容积，改善了气固之间的混合，更有利于煤粉充分燃烧和气固换热，碳酸盐的分解程度高，热耗低，提高了分解炉效率。

3. CSF 型分解炉

CSF 型分解炉的结构如图 8.2.3 所示，主要是在 NSF 型分解炉基础上再改进以下两点得到的：

（1）在分解炉上部设置了一个涡流室，使炉气呈螺旋形出炉。

（2）将分解炉与预热器之间的连接管道延长，相当于增加了分解炉的容积，其效果是延长了生料在分解炉内的停留时间，使得碳酸盐的分解程度更高，更重要的是有利于使用燃烧速度较慢的一些燃料。

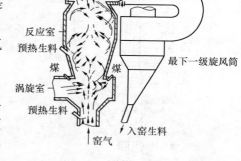

图 8.2.3　CSF 型分解炉结构简图

4. DD 型分解炉

DD 型分解炉是由日本水泥公司和神户制钢所合作开发，并于 1976 年 7 月用于工业生产。DD 型分解炉的结构如图 8.2.4 所示，上部和中部为圆柱体结构，下部为倒锥体结构，两个圆柱体之间设有缩口，形成二次喷腾，强化气流与生料间混合。燃料分两部分，90％的燃料在三次风处进入，与空气充分燃烧。10％的燃料在下部倒锥体进入，燃料燃烧处于还原态。生料由中部圆柱体进入，处于悬浮分散状态。

DD 型分解炉直接装在窑尾烟室上，炉的底部与窑尾烟室连接部分没有缩口，无中间连接管道，阻力较小。炉内可划分为四个区段：Ⅰ区为还原区，包括喉口和下部锥体部分；Ⅱ区为燃料分解及燃烧区；Ⅲ区为主燃烧区，经 C_4 预热的生料由此入炉，煤粉在此充分燃烧并与生料迅速换热；Ⅳ区为完全燃烧区。第Ⅲ、Ⅳ区之间设有

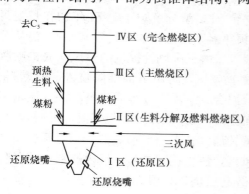

图 8.2.4　DD 型分解炉结构简图

缩口，目的是再次形成喷腾层，强化气固混合，在较低的过剩空气下使燃料完全燃烧并加速与生料的换热。

5. RSP 型分解炉

RSP 型分解炉由日本小野田水泥公司和川崎重工共同开发，并于 1974 年 8 月应用于工业生产，早期 RSP 型分解炉以油为燃料，在 1978 年第二次石油危机后改为烧煤。

RSP 型分解炉的结构如图 8.2.5 所示，由涡旋燃烧室 SB、涡旋分解室 SC 和混合室 MC 三部分组成。SB 内的三次风从切线方向进入，主要是使燃料分散和预燃；经预热的生料喂入 SC 的三次风入炉口，并悬浮于三次风中从 SC 上部以切线方向进入 SC 室；在 SC 室内，燃料与新鲜三次风混合，迅速燃烧并与生料换热，至离开 SC 室时，分解率约为 45％。生料和未燃烧的煤粉随气流旋转向下进入混合室 MC，与呈喷腾状态进入的高温窑延期相混合，使燃料继续燃烧，生料进一步分解。为提高燃料燃尽率和生料分解率，混合室 MC 出口与

C_4 级旋风筒的连接管道常延长加高形成鹅颈管。

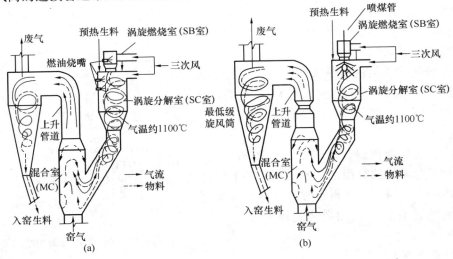

图 8.2.5　RSP 型分解炉结构简图
(a) 烧油的 RSP 分解炉；(b) 烧煤的 RSP 分解炉

6. SLC 型分解炉

SLC 分解炉由丹麦 FLS 史密斯公司研制，第一台 SLC 型分解炉于 1974 年初在丹麦丹尼亚水泥厂投产，其结构如图 8.2.6 所示。由两个预热器系列预热的生料经 C_3、C_4 筒从分解炉中、上部喂入，由三次风管提供的热风从底锥喷腾送入，产生喷腾效应。燃料由下部锥体喷入，使燃料、物料与气流充分混合、悬浮。分解后的料粉随气流由上部以轴向或切向排出，在四级筒 C_4 与气流分离后入窑。窑尾烟气和分解炉烟气各走一个预热器系列，两个系列各有单独的排风机，便于控制。分解炉内燃料燃烧条件较好，有利于稳定燃烧，炉温较高，煤粉燃尽度也较高。预热生料在分解炉中、上部分别加入，以调节炉温。分解炉燃料加入量一般占总燃料量的 60%。

SLC 窑点火开窑快，可如普通悬浮预热器窑一样开窑点火。开窑时分解炉系列预热器使用由冷却机来的热风预热，当窑的产量达到额定产量的 35% 时即可点燃分解炉，并把相当于全窑额定产量的 40% 的生料喂入分解炉系列预热器。当分解炉温度达到大约 850℃ 时，即可增加分解炉系列预热器的喂料量，使窑系统在额定产量下运转。

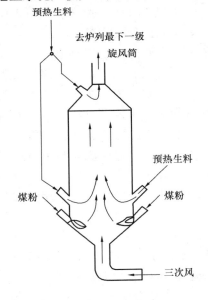

图 8.2.6　SLC 型分解炉结构简图

7. N-MFC 型分解炉

MFC 型分解炉由日本三菱重工和三菱水泥矿业公司研制，第一台 MFC 窑于 1971 年 12 月投产。第一代 MFC 炉的高径比约为 1，第二代 MFC 炉高径比增大到 2.8 左右，第三代 MFC 炉的高径比增大到 4.5 左右，流化床底部断面减小，改变了三次风入炉的流型，形成 N-MFC 炉，其结构如图 8.2.7 所示。

N-MFC 炉可划分为以下四个区域：

（1）流化区

炉底为带喷嘴的流化床，形成生料与燃料的密相流化区。流化床面积较小，仅为原始型的 20%，可延长燃料在炉内的停留时间，可使最大直径为 1mm 的煤粒约有 1min 的停留时间。C_4 来的生料自流化床侧面加入，煤粉可通过 1～2 个喂料口靠重力喂入。由于流化床的作用，生料、燃料混合均匀迅速，床层温度分布均匀。

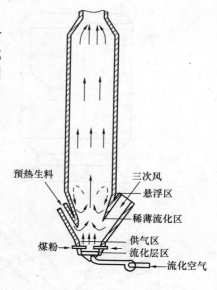

图 8.2.7　N-MFC 型分解炉结构简图

（2）供气区

由冷却机抽取的一次风，以切线方向从分解炉下锥底部送入流化料层上部，形成一定的旋转流，促进气固换热与反应。

（3）稀薄流化区

位于供气区之上，为倒锥形结构，气流速度由 10m/s 下降到 4m/s，形成稀薄流化区。

（4）悬浮区

该区为细长的柱体部分，煤粉和生料悬浮于气流中进一步燃烧和分解，至分解炉出口时生料分解率可达 90% 以上。出炉气体自顶部排出，与出窑烟气在上升烟道混合，进一步完成燃烧与分解反应。

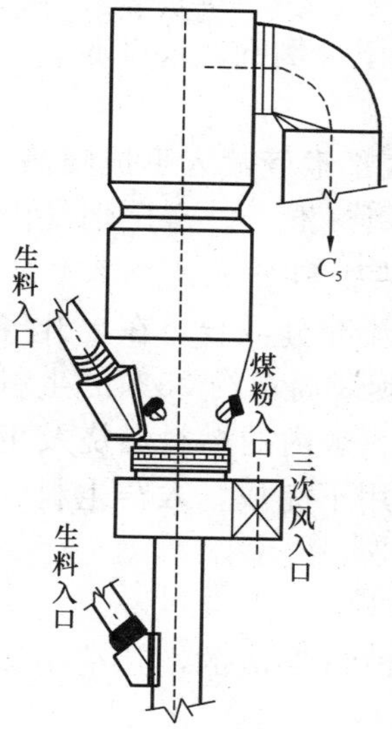

8. CDC 型分解炉

CDC 型分解炉是成都水泥设计研究院在分析研究 NSF 分解炉的基础上研发的适合劣质煤的旋流与喷腾相结合的分解炉，有同线型（CDC-Ⅰ）和离线型（CDC-S）两种炉型，图 8.2.8 为 CDC 同线型分解炉。

煤粉从分解炉涡旋燃烧室顶部喷入，三次风以切线方向进入分解炉涡旋燃烧室。预热生料分为两路，一路由涡旋燃烧室上部锥体喂入，一路由上升烟道喂入，被气流带入涡旋燃烧室，与三次风及煤粉混合，再与直接进入分解炉的物料混合，经预热分解后由炉上部侧向排出。

CDC 型分解炉的特点是采用旋流和喷腾流形成的复合流。炉底部采用蜗壳型三次风入口，炉中部设有缩口形成二次喷腾，强化物料的分散；预热生料从分解炉锥部和窑尾上升烟道两处加入，可调节系统工况，降低上升烟道处的温度，防止结

图 8.2.8　CDC 同线型分解炉结构简图

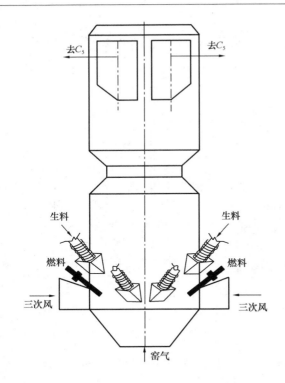

图 8.2.9 TDF 型分解炉示意图

皮堵塞。出口可增设鹅颈管，满足燃料燃烧及物料分解的需要。

9. TDF 型分解炉

TDF 炉是天津水泥设计研究院在引进 DD 型分解炉基础上，针对中国燃料情况研制开发的双喷腾分解炉，其结构如图 8.2.9 所示。

窑尾废气从 TDF 炉底部锥体进入炉内产生第一次喷腾，从冷却机抽取的三次风从侧面两个进口切线方向进入，产生旋流。预热生料由下部不同高度设置的四个喂料管喂入，三次风入口上方喷入煤粉，在高温富氧环境下燃烧，并与生料迅速换热。在后燃烧区，气流经中部缩口产生二次喷腾，与顶部气固反弹室碰撞反弹后排出。

TDF 型分解炉的特点是分解炉中部设有缩口，使炉内气流产生二次喷腾；预热生料由下部圆筒不同高度设置的四个喂料管喂入，有利于物料均匀分布和炉温控制；炉的顶部设有气固流反弹室，使气流产生碰撞反弹效应，延长物料在炉内的停留时间，有利于物料吸收热量。

10. KSV 型分解炉

KSV 型分解炉由日本川崎重工开发研制，第一台 KSV 型分解炉于 1973 年投入生产，其结构如图 8.2.10 所示。

KSV 型分解炉由下部喷腾层和上部涡流室组成，喷腾层包括下部倒锥、入口喉管及下部圆筒等结构，而涡流室是喷腾层上部的圆筒部分。

从冷却机来的三次风分两路入炉，一路（60%～70%）由底都喉管喷入形成喷腾床，另一路（30%～40%）从圆筒底部切向吹入，形成旋流，加强料气混合。窑尾烟气由圆筒下部切向吹入，燃料由设在圆筒不同高度的喷嘴喷入。预热生料分成两路入炉，约75%的生料由圆筒部分与三次风切线进口处进入，使生料和气流充分混合，在上升气流作用下形成喷腾床，然后进入涡室，通过炉顶排出进入最下级旋风筒；约25%的生料由烟道缩口上部喂入，可降低窑尾废气温度，防止烟道结皮堵塞。炉内的燃料燃烧及生料的加热分解在喷腾床的喷腾效应及涡流室的旋风效应的综合作用下完成，入窑生料分解率可达90%～95%。

11. N-KSV 型分解炉

N-KSV 型分解炉是在 KSV 型分解炉的基础上，进行技术改进形成的，其结构如图 8.2.11 所示。

N-KSV 型分解炉在涡流室增加了缩口，形成二次喷腾效应。分解炉分为喷腾床、涡旋室、辅助喷腾床和混合室四个部分。

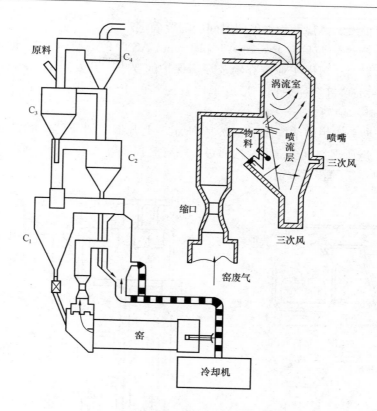

图 8.2.10　KSV 型分解炉的结构及工艺流程

不同于 KSV 型分解炉，N-KSV 型分解炉的窑尾烟气从炉底喷入，产生喷腾效应，可以省掉烟道内缩口，减少系统阻力；三次风从涡旋室下部对称地以切线方向进入。

在喷腾层中部增加燃料喷嘴，使燃料在缺氧状态燃烧，可使窑尾烟气中 NO_x 还原，减少 NO_x 对环境的污染。

预热生料仍分为两部分，一部分从三次风入口上部喂入，另一部分由涡旋室上部喂入，产生两次喷腾和旋流效应，延长了燃料和生料在炉内的停留时间，使气体与生料均匀混合和进行热交换。

12. Prepol 与 Pyroclon 分解炉

Prepol 系列分解炉由德国伯力鸠斯公司与多德豪森的罗尔巴赫公司合作研制，Pyroclon 系列分解炉由德国洪堡公司研制。多德豪森水泥厂早在 1964 年就利用含可燃成分的油页岩作为水泥原料的组分，在悬浮预热器内煅烧，开始了预分解技术的实际应用，并进行了一系列的生产试验。但使用高级燃料进行这两种窑型的研究，则是从 1974 年开始的。这两类分解炉具有如下特点：

（1）不设专门的分解炉，利用窑尾与最低一级旋风筒之间的上升烟道作为预分解装置，将上升烟道加高、延长，形成弯曲管道并与最低一级旋风筒连接。

（2）燃料及预热后的生料在上升烟道的下部喂入，力求在气流中迅速悬浮分解。

（3）上升烟道内燃料所需的燃烧空气可从窑内通过，也可由单独的三次风管提供。

（4）上升烟道内的气流形成旋流运动和喷腾运动，以延长燃料和生料的停留时间，上升

153

烟道的高度可根据燃料燃烧及物料停留时间的需要确定。

Prepol 型分解炉早期只有 Prepol-AT 和 Prepol-AS 两种炉型。自 20 世纪 80 年代中后期，为适应低质燃料、可燃工业废弃物及环境保护的要求，开发了 Prepol-AS-LC、Prepol-AS-CC、Prepol-MSC 等多种炉型，形成了比较完整的 Prepol 炉型系列，但 Prepol-AT 和 Prepol-AS 为其基本炉型。

Prepol-AT 型分解炉的结构如图 8.2.12 所示。上升烟道加高延长形成分解室，其特点是分解室燃料燃烧所需空气全部由窑内通过，系统流程简单，适用于任何类型的冷却机，适用于对悬浮预热器窑的技术改造。

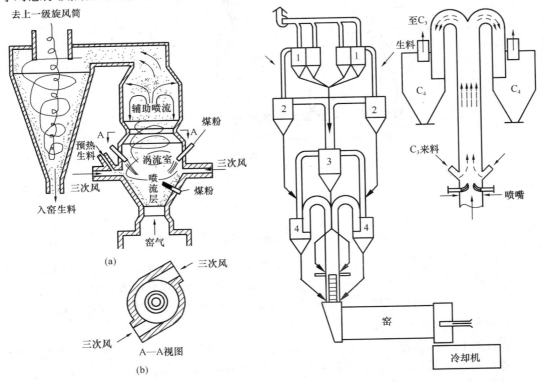

图 8.2.11 N-KSV 型分解炉结构简图   图 8.2.12 Prepol-AT 型分解炉的结构与工艺流程

PrepoI-AS 型与 Prepol-AT 型的主要区别在于分解室燃料燃烧所需空气由三次风管提供。当生产能力在 5000t/d 及以上时，选用 AS 型可减小窑径，延长窑衬使用寿命。

Pyroclon 型分解炉早期也有燃烧所需空气由窑内通过的 Pyroclon-S 型和由三次风管提供燃烧所需空气的 Pyroclon-R 型两种炉型。此后，在此基础上又开发了 Pyroclon-S-SFM、Pyroclon-RP、Pyroclon-R-LowNQx、PYROTOP 等炉型，形成了比较完整的 Pyroclon 炉型系列。

Pyroclon-R 型分解炉是 Pyroclon 炉系列中的基本炉型，其结构如图 8.2.13 所示。将原来预热器窑的上升烟道延长，形成鹅颈，燃料及预热生料由炉下部入炉，炉用三次风由三次风管提供。Pyroclon-R 型分解炉适用于 5000t/d 及以上的预分解窑，可以使用块状燃料作为辅助燃料，允许最大粒度在 50mm 以下。

2.2 分解炉的工艺性能

1. 生料中碳酸盐分解反应的特性

碳酸盐的分解是熟料煅烧中的重要反应之一。因 $MgCO_3$ 的分解温度较低，且其含量较少，生料中碳酸盐的分解反应主要是指 $CaCO_3$ 的分解反应，其分解反应方程式为：

$$CaCO_3 \longrightarrow CaO + CO_2 - Q$$

这一反应过程是可逆吸热反应，受系统温度和周围介质中 CO_2 分压的影响较大。为了使分解反应顺利进行，必须保持较高的反应温度，降低周围介质中 CO_2 分压，并提供足够的热量。

通常 $CaCO_3$ 在 600℃ 时已开始有微弱分解，800~850℃ 时分解速度加快，894℃ 时分解出的 CO_2 分压达 0.1MPa，分解反应快速进行，1100~1200℃ 时分解速度极为迅速。

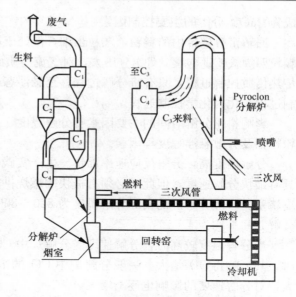

图 8.2.13　Pyroclon-R 型分解炉的结构与工艺流程

2. 碳酸盐颗粒的分解过程

颗粒表面首先受热，达到分解温度后分解放出 CO_2，表层变为 CaO，分解反应面逐步向颗粒内层推进，分解放出的 CO_2 通过 CaO 层扩散至颗粒表面并进入气流中，反应可分为如下的五个过程：

（1）气流向颗粒表面的传热过程。

（2）颗粒内部通过 CaO 层向反应面的导热过程。

（3）反应面上的化学反应过程。

（4）反应产物 CO_2 通过 CaO 层的传质过程。

（5）颗粒表面 CO_2 向外界的传质过程。

在这五个反应过程中，四个是物理传递过程，一个是化学动力学过程。显然，哪个过程的反应速度慢，该过程即为控制因素。随着反应的进行，反应面不断向核心推移。五个过程各受不同因素的影响，且各因素影响的程度不相同。

$CaCO_3$ 的分解过程受生料粉粒径的影响很大。生产实践证明，当生料颗粒粒径较大时，例如粒径 D 为 10mm 的料球，整个分解过程的阻力主要是气流向颗粒表面的传热，传热及传质过程为主要影响因素，而化学反应过程不占主导地位。当粒径 D 为 2mm 时，传热传质的物理过程与化学反应过程占同样重要的地位。因此，在立窑、立波尔窑和回转窑内，$CaCO_3$ 的分解过程属传热、传质控制过程。当粒径较小，例如粒径 D 为 30μm 时，分解过程主要取决于化学反应过程，整个分解过程由化学反应过程所控制。

3. 影响分解炉内 $CaCO_3$ 分解的主要因素

生料粉中 $CaCO_3$ 分解所需时间主要取决于化学反应速率。一般生料的比表面积在 200~350m^2/kg，悬浮于气流中时，具有巨大的传热面积和 CO_2 扩散传质面积，又由于生料颗粒直径小，内部传热阻力和传质阻力均较小，相比之下，化学反应速率则较慢，化学反应过程

成为 $CaCO_3$ 分解的主要控制因素。

回转窑分解带内的料粉，颗粒虽细，但处于堆积状态，与气流的传热面积小，料层内部颗粒四周被 CO_2 包裹，CO_2 分压大，对气流传质面积小，所以回转窑内 $CaCO_3$ 分解过程仍为传热传质控制过程，只有将分解过程移至悬浮态或流化态的分解炉，才使分解过程由物理控制过程转化为化学控制过程。

影响料粉分解时间的主要因素有分解温度、炉气中 CO_2 浓度、料粉的物理化学性质、料粉粒径及分散悬浮程度等因素。

分解温度高，分解反应速率加快。生产实践证明，分解炉内温度达到 910℃ 时，$CaCO_3$ 具有最快分解速度，但此时必须有极快的燃烧供热速度，故容易引起局部料粉过热而造成结皮堵塞。一般分解炉的实际分解温度为 820～850℃，入窑料粉分解率达 85%～95%，所需分解时间平均为 4～10s。

当分解温度较高时，分解速度受分解炉中 CO_2 浓度的影响较小，但温度在 850℃ 及以下时，其影响将显著增大。一般分解炉中 CO_2 的浓度随煤粉燃烧及分解反应的进行而逐渐增大，对分解速度的影响也逐渐增大。

表 8.2.2 列出了分解温度、CO_2 浓度、分解率与分解时间之间的关系。表中分解率指物料实际分解率，实际生产中的入窑物料分解率是指表观分解率，达到 85%～95% 的表观分解率所需的分解时间比表 8.2.2 列出的时间要短些。

表 8.2.2 分解温度、CO_2 浓度、分解率与分解时间的关系

分解温度 （℃）	炉气 CO_2 浓度 （%）	特征粒径 30μm 完全分解时间（s）	平均分解率达 85% 的分解时间（s）	平均分解率达 95% 的分解时间（s）
820	0	12.4	6.3	14.0
	10	19.5	11.2	22.6
	20	45.3	25.4	55.2
850	0	7.9	3.9	8.7
	10	10.2	5.4	11.3
	20	15.1	7.6	16.5
870	0	5.6	2.8	6.2
	10	6.9	3.7	7.6
	20	8.8	3.9	9.6
900	0	3.7	1.9	3.9
	10	4.3	2.3	4.6
	20	4.9	2.5	5.0

当燃料与物料在分解炉中分布不均匀时，容易造成气流与物料的局部高温及低温。低温部位物料分解慢、分解率低。高温部位则易使料粉过热而造成结皮堵塞。燃料与物料在炉内的均匀悬浮，是保证炉温均衡稳定的重要条件。

2.3 分解炉的热工性能

在分解炉中，燃料与生料混合悬浮于气流中，燃料迅速燃烧放热，碳酸盐迅速吸热分解。煤粉燃烧速度快，发热能力高，满足了碳酸盐分解反应的强吸热需要；碳酸盐的不断分解吸热，限制了炉内气体温度的升高，使炉内温度保持在略高于碳酸盐平衡分解温度的范围。

分解炉的生产工艺对热工条件的要求是：炉内温度不宜超过 1000℃，以防系统产生结皮堵塞；燃烧速度要快，以保证供给碳酸盐分解所需的大量热量；保持窑炉系统较高的热效率和生产效率。

1. 分解炉内的燃烧特点

回转窑内燃料的燃烧属于有焰燃烧。一次风携带燃料以较高的速度喷射于速度较慢的二次风气流中，形成喷射流股。燃料悬浮于流股气流中燃烧，形成一定形状的火焰。

在分解炉内，燃烧用的空气也可分为一次风和二次风（系统的三次风）。一次风携带燃料入炉，因量较少且风速较低，燃料与一次风不能形成流股，瞬间即被高速旋转的气流冲击混合，使燃料颗粒悬浮分散于气流中，物料颗粒之间各自独立进行燃烧，无法形成有形的火焰，看不见一定轮廓的有形火焰，而是充满全炉的无数小火星组成的燃烧反应，只能看到满炉发光，通常称为辉焰燃烧。

当使用燃油时，油被雾化蒸发，往往附着在料粉颗粒表面迅速燃烧，形成无焰燃烧，这种燃料有利于物料的吸热。

分解炉内无焰燃烧的优点是燃料分散均匀，能充分利用燃烧空间而不易形成局部高温，有利于全炉温度均匀分布，具有较高的发热能力。物料能均匀分散于许多小火焰之间，放热与吸热相适应既有利于向物料传热，又有利于防止气流温度过高，很好地满足碳酸盐分解的工艺条件与热工条件。

2. 分解炉内的传热

在分解炉内，燃料燃烧速度很快，发热能力很高。料粉分散于气流中，在悬浮状态下，气固相之间的传热面积极大，传热速率极快，煤粉燃烧放出的大量热量在很短的时间内被物料所吸收，既达到很高的分解率，又防止气流温度过高。

分解炉内的传热以对流传热为主，大约占 90% 及以上，其次是辐射传热。炉内燃料与料粉悬浮于气流中，燃料燃烧产生的高温气流以对流方式传热给物料。若是雾化燃油蒸气或煤挥发物就附着在料粉表面进行燃烧，则传热效果更好，物料表面与气流将有近乎相同的温度。

分解炉中气体温度约 900℃，气体中含有大量固体颗粒，CO_2 含量较高，增大了气流的辐射能力，炉内的辐射传热对促进全炉温度的均匀极为有利。

分解炉内料粉在悬浮状态下传热传质速率极快，使生料碳酸盐分解过程由传热、传质的扩散控制过程转化为分解的化学动力学过程。极高的悬浮态传热、传质速率与边燃烧放热、边分解吸热共同形成了分解炉的热工特点。

3. 分解炉内气体的运动

分解炉内的气体具有供氧燃烧、悬浮输送物料及作传热介质的多重作用。为了获得良好的燃烧条件及传热效果，要求分解炉各部位气流保持一定的速度，以使燃烧稳定、物料悬浮均匀。为使炉内物料滞留时间长一些，则要求气流在炉内呈旋流或喷腾状态，以延长燃料燃烧的时间以及生料的分解时间；为提高传热效率及生产效率，又要求气流有适当高的固气比，以缩小分解炉的容积，提高热效率。在满足上述条件下，要求分解炉有较小的流体阻力，以降低系统的动力消耗。

157

分解炉内要求有一定的气体流速，保持炉内适当的气体流量，以供燃料燃烧所需的氧气，保持分解炉的发热能力；合理的气体流速，使喷入炉内的燃料与气流良好混合，使燃烧充分、稳定；利用旋风、喷腾等效应，使喂入炉内的物料能很快分散，均匀悬浮于气流中，并有一定的停留时间。以旋风型分解炉为例，一般要求缩口气体流速在 20m/s 以上，出口风速为 1520m/s，锥体部分流速相应减小，圆筒部分流速最小。炉内气体流速通常用气体流量与断面积计算得到的表观风速表征，一般表观风速取 4.5～6.0m/s。但炉内气体运动通常是回旋上升或下降，实际风速比表观风速要大。

气体在分解炉内的运动状态非常复杂，不同炉型内的气体运动状态各不相同，主要利用旋风效应、喷腾效应、流态化效应和湍流效应等来达到物料均匀分散的目的。

气体的流型影响分解炉功能的发挥。单纯旋流虽能增加物料在炉内的停留时间，但旋流强度过大易造成物料的贴壁运动，对物料的均布不利；单纯的喷腾有利于分散和纵向均布，但会造成疏密两区；单纯流态化由于气固参数一致，降低了传热和传质的推动力；单纯的强烈湍流则使设备的高度过高。因此采用喷（腾）－旋（流）、湍（流）－旋（流）等叠加的方式，更能达到使物料均匀分散的目的。

4. 分解炉内的旋风效应与喷腾效应

旋风效应是旋风型分解炉及预热器内气流作旋回运动，使物料滞后于气流的效应。

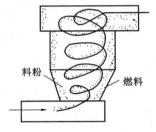

料粉

燃料

图 8.2.14　旋风效应示意图

旋风效应如图 8.2.14 所示，气流经下部涡流室形成旋回运动，再以切线方向入炉，在炉内旋回前进。悬浮于气流中的物料，由于旋转运动，受离心力的作用，逐步被甩向炉壁，与炉壁摩擦碰撞后，运动动能大大降低，速度锐减，甚至失速坠落，降至缩口时再被气流带起。运动速度锐减的料粉，如果是在旋风预热器内，便沿筒壁逐渐下降至锥体并从气流中分离出来。而在旋风型分解炉中的料粉却不沉降下来，因为前面的气流将料粉滞留下，后面的气流又将料粉继续推向前进。所以物料总的运动趋向还是顺着气流，旋回前进而出炉。但料粉前进的运动速度，却远远落后于气流的速度，造成料粉在炉内的滞留现象，使炉内气流中的料粉浓度大大高于进口或出口浓度。料粉的细度越细，其滞留的时间愈短；料粉细度愈粗，滞留时间愈长。

喷腾效应是分解炉或预热器内气流作喷腾运动，使物料滞后于气流的效应。

喷腾效应如图 8.2.15 所示，这种炉的结构是炉筒直径较大，上、下部为锥体，底部为喉管，入炉气流以 20～40m/s 的流速通过喉管，在一定高度内形成一条上升流股，将炉下部锥体四周的气体及料粉、煤粉不断卷吸进来，向上喷射，造成许多由中心向边缘的旋涡，形成喷腾运动。料粉和煤粉在旋涡作用下甩向炉壁，沿炉壁下落，降到喉口再被吹起，炉内气流的平均含尘浓度大大增加，使料粉、煤粉在炉内的停留时间大幅度延长。

在旋风型分解炉如 SF 型炉以旋风效应为主，在喷腾型分解炉如 MFC 型炉中以喷腾效应为主，在 KSV 型分解炉中则存在先喷腾后旋风的效应，而 RSP 型分解炉中则存在先旋风后喷腾的效应。

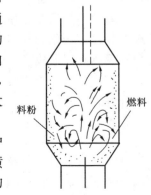

料粉

燃料

图 8.2.15　喷腾效应示意图

悬浮在气流中的料粉及煤粉，如果在分解炉中与气体没有相对运动而随气流同时进出，则在炉内只有 2.5s 的停留时间，这对 $CaCO_3$ 分解反应以及煤粉的燃烧来说是远远不够的，因此必须大大延长料粉和煤粉在炉内的停留时间。单靠降低风速或增大分解炉的容积是难以解决的，主要的方法是使炉内气流作适当的旋转运动或喷腾运动，或是二者叠加结合，以造成旋风效应或喷腾效应，使气流与料粉间产生相对运动而使料粉滞留，延长料粉在炉内的停留时间，达到预期的分解效果。

5. 料粉及煤粉的悬浮及含尘浓度

料粉及煤粉的均匀悬浮，对于分解炉内的传热、传质速率和分解率有着巨大的影响。如果燃料和生料不能均匀分散悬浮于气流中，将使燃烧速度减慢，发热能力降低，生料不能迅速吸热分解，造成分解速度减慢、分解率降低，同时将造成炉内局部温度过高，容易引起结皮及堵塞的现象。

为加强燃料和生料的分散与悬浮，首先分解炉内应有合理的气体流场和适当的风速，选择合理的喂料位置。喂料点应设在分解炉物料落差较小、气体流速较大的部位，以使物料和煤粉充分分散。同时，喂料点应尽量靠近气流入口，但以不致产生落料为前提。

操作中应注意来料的均匀性，要求下料管的翻版阀灵活密实，来料多时能起到缓冲作用，来料少时能防止漏风。

在喂料口安装适当形式的撒料装置，一方面可减缓物料下冲的速度，另一方面将料股冲散，并改变物料的运动方向，与气流充分接触悬浮。

气流的含尘浓度是一个重要的生产控制参数。气流含尘浓度高，可减小分解炉容积，减少废气带走热损失。对输送或预热物料来说，气流中的含尘浓度越高越好。但在分解炉中，含尘浓度的确定，还应考虑燃烧供氧的情况。比如 $1m^3$ 气体能输送 0.6kg 的料粉，但 $1m^3$ 气体供燃料燃烧放出的热量不足以提供分解所需的热量，因此含尘浓度过高会引起分解率的降低。

生产实践证明，对窑尾烟气不通过分解炉的系统，含尘浓度低于 $0.45kg/m^3$ 时，生料可充分分解；含尘浓度在 $0.45kg/m^3$ 以上时，供热量不足以提供分解所需的热量，此时多加燃料也无济于事，料粉浓度控制得越高，分解率下降得越多。

如果窑尾烟气通过分解炉，且占分解炉入口气流的一半，则尽管窑尾烟气本身含有大量显热，但由于 O_2 含量低，单位气体的发热量仅为纯空气的一半左右，含尘浓度为 $0.30kg/m^3$ 也不能完全分解，仅仅能使含尘浓度为 $0.25kg/m^3$ 的料粉分解率达到大约 90%。

由于含尘浓度与分解率的关系密切，在实际生产中，当分解炉的通风量一定时，其喂料量应限制在一定范围内，以保证入窑物料的分解率达到 90%～95%。

6. 分解炉的热工制度及操作特点

分解炉内各热工参数（如温度、风速、料粉及燃料浓度等）的分布与配合，就是分解炉的热工制度。

分解炉的热工制度是否合理，应从炉内燃料的燃烧过程、气固相之间的传热过程及料粉的吸热分解是否相互适应来衡量，应该达到发热量大、传热速率快、分解率高、热效率高，而又能长期稳定运转。

热工制度的合理、稳定是高效率的分解炉的必要条件。而炉温的均匀、稳定是分解炉热工制度稳定的重要标志。只有当加入分解炉内的燃料均匀分布、快速燃烧，才能提供稳定均匀的温度场及物料分解所需的热量。燃烧放出的热量如不能迅速传递给物料，则物料的分解率将降低，炉内气温过高而使系统产生结皮和堵塞。因此，高速率的传热是稳定分解炉热工制度的重要环节。物料的分解是分解炉的工艺任务，也正是物料分解大量吸热，才有可能使炉内温度限制在平衡分解温度附近。发热—传热—吸热相互配合，燃烧放热速度—气固传热速度—吸热分解速度达到高水平并保持平衡，才能使炉温稳定，分解炉达到较高的效率和较高的生料分解率。

分解炉合理的热工制度应符合下列要求：

（1）喂煤及喂料适当、均匀，物料流动稳定，产量高、质量好。

（2）燃烧过程稳定，有良好的燃烧条件和传热条件。

（3）气体流动顺畅，通风良好，能按工艺要求保证料粉和燃料良好的悬浮。

（4）温度分布能满足工艺制度的要求，保证工艺过程的顺利进行及产品的质量。

（5）整个分解过程均衡、稳定、安全、可靠。

为达到上述要求，使分解炉稳定、高效地运行，操作中应注意以下操作要点：

（1）控制风、煤、料及窑速之间的合理匹配。

（2）控制料粉和燃料迅速、均匀地分散与悬浮。

（3）控制炉内气流产生良好的旋风效应或奔腾效应。

2.4 分解炉的操作控制

入窑生料的分解率直接影响预分解窑的产量、质量及能耗等指标，而操作控制分解炉的目的就是保证入窑生料的分解率达到 95% 及以上。

1. 入窑生料的分解率

入窑生料的分解率就是指生料经过预热器的预热及分解炉的分解反应后，在入窑之前就已经发生分解反应的碳酸盐质量占生料碳酸盐总量的百分数，是衡量分解炉运行正常与否的主要指标，其一般值控制在 90%～95%。如果分解率过低，就没有充分发挥分解炉的功效，影响窑的产量、质量及热耗等指标；如果分解率过高，使剩余的 5%～10% 的碳酸盐也在分解炉内完成分解反应，就意味着炉内的最高温度可以达到 1200℃，极有可能在炉内发生形成矿物的固相反应，在分解炉内、出口部位及下级预热器下料口等部位产生灾难性的烧结结皮及堵塞，这是预分解窑生产最忌讳发生的！所以不能一味追求入窑生料的分解率而盲目地提高分解炉的温度。

2. 分解炉温度的控制原则

分解炉温度包括炉下游、中游及上游出口温度，生产上主要控制的是出口废气温度，控制的原则是：保证煤粉在炉内充分完全燃烧，炉中温度大于出口温度；保证入窑生料的分解率≥95%；保证出口废气温度≤880℃。

3. 调节分解炉温度的方法

（1）调节用煤量

分解炉出口的废气温度主要取决于煤粉燃烧放出的热量与生料分解吸收热量的差值。一般加入分解炉的煤粉量越多，燃烧放出的热量就越多，分解炉的温度就越高，生料的分解率也越高，反之亦然。所以在实际操作控制时，可以通过改变分解炉的用煤量来调节分解炉的温度。

（2）调节煤粉的燃烧速率

多通道煤粉燃烧器就是通过内风（旋流风）、外风（轴流风）、煤风之间的速度差来调节煤粉的燃烧速率。当煤质发生变化时，通过调节轴流风和旋流风的比例，就可以改变煤粉的燃烧速率。当煤粉的细度粗、水分大、灰分大、发热量低时，其燃烧速率肯定会变慢，放出的热量相对分散，造成分解炉内温度降低，出口废气温度升高，影响生料的分解率，此时可适当增加旋流风量、减少轴流风量，促使煤粉的燃烧速率适当加快，放出的热量相对集中，从而提高分解炉内的温度，反之亦然。所以在实际操作控制时，可以通过调节轴流风和旋流风之间的比例来改变煤粉的燃烧速率。

（3）调节系统的通风量

若进入分解炉的三次风量过小，则提供炉内煤粉燃烧的氧含量就不足，煤粉燃烧速率不但减慢，而且还容易产生不完全燃烧现象，造成分解炉的发热能力降低，入窑生料分解率降低。同时，未完全燃尽的煤粉颗粒在后一级预热器、连接管道内继续燃烧，容易产生局部高温，引发结皮、堵塞现象。因此在炉用煤量、入窑生料量等参数不变的情况下，适当增加分解炉的通风量，有利于提高分解炉的温度。

（4）调节三次风温

生料、煤粉、废气在分解炉内大约停留十多秒钟，因此煤粉的燃烧速率是影响分解炉温的主要因素。根据煤粉的燃烧理论，三次风温升高 70℃，燃烧速率大约提高一倍。所以在其他生产条件不变的情况下，三次风温越高，煤粉燃烧速率越快，分解炉内温度也越高。

（5）调节生料量

当加入分解炉的煤粉量不变时，如果增加生料量，物料分解吸收的热量增加，但由于放热总量不变，将使分解炉内温度降低；若减少生料量，物料分解吸收的热量相对变小，分解炉内温度必然升高。因此在实际操作控制时，可以通过改变生料量的方法来调节分解炉内的温度。

4. 分解炉温度的操作控制

（1）当煤粉的挥发分高、发热量高及生料易烧性好时，调节分解炉温度最好的方法就是改变喂煤量。分解炉中的煤粉与生料是以悬浮态方式混合在一起的，煤粉燃烧放出的热量能立刻被生料吸收。当分解炉内温度发生波动变化时，增加或减少一点喂煤量，分解炉的温度可以很快恢复到正常控制值。

（2）当煤粉的挥发分低、灰分高、生料易烧性差、KH 高时，调节分解炉温度最好的方法就是改变生料量。当分解炉的温度降低时，如果采用增加用煤量的办法是不合适的，因为煤质差，燃烧放热速率慢；生料 KH 值高，分解需要吸收的热量多，不能使分解炉内温度快速升高。如果降低生料量，就能迅速有效地遏制分解炉内温度继续下降。根据生产实践经验，物料从均化库出来进入分解炉所需的时间至多是 2min，当减少生料量 5t 时，分解炉温度至多 4～5min 就会恢复正常。如果采用增加用煤量的办法，同样的生产条件，分解炉温至少需要 10min 才能恢复正常。所以遇到这种生产状况，采取减料的办法明显优于加煤的办法，但操作时减料幅度不要太大，每次减 3～5t 比较合适。

（3）最上一级预热器的出口废气温度没有明显变化，分解炉温度开始降低，这时就要增加分解炉的喂煤量，保证入窑生料的分解率。增加用煤量后，如果出现分解炉温度上升缓慢，或者没有升高，或者继续降低，但最下级预热器出口废气温度却一直在上升，这说明煤粉在分解炉内发生了不完全燃烧现象，遇到这种生产状况，就应该迅速减少用煤量，同时适当减少生料量，待分解炉温度有上升趋势时，再适当增加三次风量和用煤量，保证煤粉燃烧所必需的氧含量。

（4）分解炉温度降低时，通过增加用煤量来调节，若用煤量已经超过控制上限，而温度又没有达到预期的升高目的，此时就不应再盲目增加煤粉用量了，而应该适当减少生料量和用煤量，适当增大三次风量，待分解炉的温度有上升趋势时，再缓慢增加用煤量和喂料量。造成这种生产状况的主要原因是三次风温太低，影响煤粉的燃烧速率。

（5）分解炉温度升高时，通过减煤来调节，若用煤量已经低于控制下限，而温度又没有达到预期降低的目的，这时再进一步减小用煤量的同时，应迅速检查供料系统和供煤系统，如果供料系统和供煤系统正常，此时可适当增加喂料量。

（6）当分解炉温度迅速升高，已经达到控制上限，并且还在持续上升，此时应立即较大幅度减煤，阻止温度进一步升高。在原因没有确定的情况下，采用加料降温的方法是不妥的，假如分解炉的温升是由于某级预热器堵塞引起的，加料操作只会加重堵塞的程度和处理的难度。

（7）由于操作员责任心不强，长时间未观察分解炉的温度变化，造成分解炉长时间温度偏低，甚至已经低于生产控制的下限值。遇到这种生产情况，首先要适当减少生料量，阻止炉内温度继续降低，然后再缓慢加煤，每次加煤的幅度不能过大，防止出现不完全燃烧现象，待炉温恢复正常并稳定大约 10min，再恢复正常的喂料量。

5. 分解炉的点火操作控制

分解炉具备点火的基本条件有两个：分解炉内有足够氧气含量；分解炉内达到煤粉燃烧的温度。分解炉型不同，采取的点火操作控制方式也不同。

（1）对于在线型分解炉，只要窑尾废气温度达到 800℃ 及以上，在没有投料的情况下，向分解炉内喷入适当的煤粉，煤粉就会燃烧，完成分解炉的点火操作。

（2）对于离线型分解炉，炉型不同就要采取不同的点火操作。比如 RSP 型分解炉，只要将分解炉通往上一级预热器的锁风阀吊起，即可使来自窑尾的高温废气部分短路进入分解炉内而使炉内温度升高，达到煤粉燃烧的温度，就具备了分解炉的点火条件。再比如 MFC 型分解炉，由于其位置高度低于窑尾高度，则只能先进行投料操作，靠经过预热后的生料粉将炉内温度提高到煤粉燃烧的温度，然后再进行分解炉的点火操作，但操作过程中，一定要注意控制投料量与炉底的风压、风量，避免发生压炉现象而导致点火失败。

6. 多风道燃烧器的选择及操作控制

当分解炉的出口温度长期高于炉中温度 30～40℃ 时，当分解炉出口温度与下一级预热器出口温度长期出现倒挂现象，温差在 20～30℃ 时，当分解炉使用无烟煤，其燃烧速率明显变慢时，分解炉就应该选择使用多风道燃烧器。虽然多风道燃烧器引入了少量冷空气作为一次风，但由于其出口风速高，具有很高的冲量，能加剧煤粉与空气的均匀混合，加速煤粉的燃烧，提高分解炉的使用功效。在操作控制时，通过改变轴流风和旋流风的比例来调整分解炉的温度，如果为了提高分解炉的温度，可以适当增加旋流风，降低轴流风；如果为了降低分解炉的温度，可以适当增加轴流风，降低旋流风。

任务 3 预分解窑的性能

任务描述：熟悉预分解窑的分类；掌握预分解窑的热工性能。

知识目标：熟悉预分解窑的分类方法及类型；掌握预分解窑工艺带的划分及烧成反应特点。

能力目标：掌握预分解窑的热工性能。

3.1 预分解窑的分类

1. 按分解炉内的流场分类

按分解炉内的流场进行分类，预分解窑主要分为以下五种类型：

（1）旋流-喷腾叠加流场类，比如 SF 型、N-SF 型、KSV 型等。

（2）旁置预燃室类，比如 RSP 型、GG 型等。

（3）流化床-悬浮层叠加流场类，比如 MFC 型、N-MFC 型等。

（4）喷腾或复合喷腾流场类，比如 SLC 型、DD 型等；

（5）悬浮层流场为主的管道炉类，比如 Prepol-AT 型、Pyroclon-R 型等。

2. 按全窑系统气体流动的方式分类

按全窑系统气体流动的方式进行分类，预分解窑主要分为以下三种类型：

（1）分解炉所需助燃空气全部由窑内通过，不设三次风管道，有时也不设专门的分解炉，而是利用窑尾的上升烟道经过适当改进或加长作为分解室，如图 8.3.1（a）所示，其特点是生产工艺系统简单、投资少，但窑内过剩空气系数大，降低烧成带的火焰温度。

（2）设有单独的三次风管，由冷却机引入热风，并在炉前或炉内与窑尾烟气混合，如图 8.3.1（b）所示。

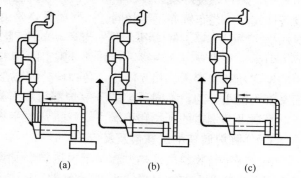

图 8.3.1 预分解窑的气体流动方式

（3）设有单独的三次风管，分解炉所需助燃空气全部由三次风管提供，窑尾烟气不入炉，如图 8.3.1（c）所示，这种方式可保持分解炉内较高的氧气浓度，有利于煤粉的燃烧及碳酸盐的分解反应。窑尾烟气还可在分解炉后与分解炉烟气混合，以简化工艺流程，如图 8.3.2（a）所示；也可经过一个单独的预热器系列，便于生产控制，如图 8.3.2（b）所示；还可将窑尾烟气单独排除，用于原料烘干或余热发电，或在原料中有害成分较高时采用旁路放风，如图 8.3.2（c）所示。

3. 按预热器、分解炉、窑及主排风机匹配方式分类

按预热器、分解炉、窑及主排风机匹配方式分类，预分解窑主要分为以下三种类型：

（1）同线型

分解炉设在窑尾烟室之上，窑尾烟气进入分解炉后与炉气汇合进入最下级旋风筒，窑尾烟气与炉气共用一台主排风机，如图 8.3.1（b）所示，例如 N-SF 炉、DD 炉等。

（2）离线型

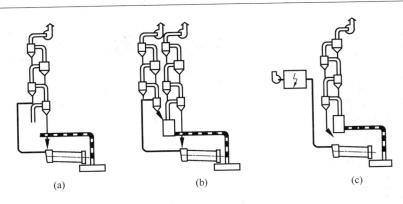

图 8.3.2 预分解窑尾的气体流动方式

分解炉设在窑尾上升烟道一侧，窑尾烟气与炉气各进入一列预热器系，并各用一台排风机，如图 8.3.2（b）所示，例如 SLC 炉型。

（3）半离线型

分解炉设在窑尾上升烟道一侧，窑尾烟气与炉气在上升烟道汇合后进入最下级旋风筒，两者共用一组预热器系列和一台主排风机，如图 8.3.2（a）所示，例如 SLC-S 型。

各种类型的预分解窑各具特色，各不相同，分解炉结构、形式的差异，使炉内气、固运动方式、燃料燃烧环境以及物料在炉内分散、混合、均布等方面的一系列条件发生变化，其设备性能及工艺布置亦不尽相同。这些差异，是由于不同学者及设备制造厂商基于对加强燃料燃烧、物料分解、气固混合及气流运动的机理在认识上的部分差异和专利法的限制而造成。但是，从宏观方面观察，各种预分解窑的技术原理却是基本相同的，并且随着预分解技术的发展而相互渗透、相互借鉴，各种预分解窑在工艺装备、工艺流程和分解炉结构形式方面又都大同小异的，不同种类的分解炉都可以看做悬浮预热器与回转窑之间改造了上升烟道，是对上升烟道的延长和扩展。

3.2 预分解窑的工艺带及反应

预分解窑将物料的预热过程移至预热器，碳酸盐的分解移至分解炉，使窑内的煅烧反应发生了重大变化，窑内只进行小部分分解反应、固相反应、烧成反应。因此，一般将预分解窑分为三个工艺带：分解带、固相反应带及烧成带。

从窑尾至物料温度 1280℃ 左右的区间，主要是少部分物料的碳酸盐分解和全部物料的固相反应；物料温度 1300～1450～1300℃ 区间为烧成带，主要完成熟料的烧成过程。

由最低一级旋风筒喂入窑内的物料温度一般在 850℃ 左右，入窑物料的分解率在 85%～95%，部分物料在窑内需要继续分解。物料刚进窑时，由于重力作用，沉积在窑的底部，形成堆积层，只有料层表面的物料能继续分解，料层内部颗粒的周围则被 CO_2 气膜包裹，同时受上部料层的压力，使颗粒周围 CO_2 的分压达到 0.1MPa 左右，即使窑尾烟气温度达 1000℃，因物料温度低于 900℃，分解反应亦将暂时停止。

物料继续向窑头运动，受气流及窑壁的加热，当温度上升到 900℃ 时，料层内部剧烈地进行分解反应。在继续进行分解反应时，料层内部温度将继续保持在 900℃ 左右，直到分解反应基本完成。由于窑内总的物料分解量大大减少，因此窑内分解区域的长度比悬浮预热器窑大为缩短。

当分解反应基本完成后，物料温度逐步提高，进一步发生固相反应。一般初级固相反应于 800℃左右在分解炉内就已开始。但由于在分解炉内呈悬浮状态，各组分间接触不紧密，所有主要的固相反应在进入回转窑并使料温升高后才大量进行，最后生成 C2S、C3A 及 C4AF 等矿物。为加速固相反应的进行，除选择活性较大的原料以外，提高生料的细度及均匀性是很重要的。

固相反应是放热反应，放出的热量使窑内物料温度较快地升高到烧结温度。预分解窑的烧结任务与预热器窑相比增大了一倍，其烧结任务的完成，主要是依靠延长烧成带长度及提高平均温度。

3.3 预分解窑的热工性能

预分解窑内的工艺反应需要的热量较少，但需要的温度条件较高。因此在预分解窑内的热工布局应是平均温度较高、高温带较长。

1. 预分解窑内燃料的燃烧和较长的高温带

预分解窑对燃料品质的要求以及燃料的燃烧过程等与传统回转窑大致相同。但预分解窑内的坚固窑皮约占窑长 40%，比一般传统的干法窑长得多。通常以坚固窑皮的长度作为衡量烧成带长度及燃烧高温带长度的标志。

预分解窑烧成带平均温度较高而热力分布较均匀，火焰的平均温度较高，有利于传热，特别是能加速熟料形成。但是如果火焰过于集中而高温带短，则容易烧坏烧成带窑皮及材料，影响窑的安全运转周期。

预分解窑能延长高温带的原因有两方面：一方面是燃烧条件的改变，另一方面是窑内吸热条件的改变。

传统回转窑窑内的通风受窑尾温度的限制，当窑内通风增大时，风速提高将使出窑烟气温度升高，热损失增大。对于预分解窑，出窑烟气温度提高后，由分解炉及悬浮预热器回收，可在窑后系统不结皮的条件下，控制较高的窑尾烟气温度，窑的二次风量可增大，一次风及燃料的喂入量亦可适当调节而获得较长高温带。

传统回转窑内，$CaCO_3$ 分解一般紧靠在燃烧带，当生料窜进烧成带前部继续分解时，不但大幅度降低窑温，分解出的 CO_2 也干扰燃料的燃烧，影响高温带的长度。预分解窑受分解反应的干扰就小得多。

传统回转窑内，$CaCO_3$ 分解带处于燃烧带的后半部，料层内部温度只有 900℃左右，并强烈分解吸收大量热量，因此使气流迅速降温，高温带缩短。在预分解窑内，因 $CaCO_3$ 大部分已在窑外分解，窑内分解吸热量少，且在距燃烧带相当远的区域即已完全分解，料层温度升高，因此高温火焰向料层（包括窑衬）散热慢，高温带自然延长，坚固窑皮长度也增加。

2. 预分解窑的热负荷

窑的热负荷，又称热力强度，反映窑所承受的热量大小。窑的热负荷越高，对衬料寿命的影响越大。窑的热负荷常用燃烧带容积热负荷、燃烧带表面积热负荷及窑的截面热负荷表示。

在熟料产量相同的前提下，预分解窑的截面热负荷及表面积热负荷比其他窑型低得多。在成倍增大单位容积产量的同时，大幅度地降低了窑的烧成带热负荷，使预分解窑烧成带衬料寿命大大延长，耐火材料消耗减少，延长了窑的安全运转周期。

3. 预分解窑的物料运动

物料在预分解窑内运动的特点是时间较短而流速均匀，物料在窑内停留时间为 30～45min，为一般回转窑内的 1/3～1/2。窑内物料流速均匀，料层翻滚灵活、滑动减少，为稳定窑的热工制度创造了条件。

入窑 $CaCO_3$ 分解率的提高、窑内高温带及烧成带的延长，可大幅度提高窑速，提高生产能力，但仍需保持物料在烧成带停留 10～15min，这比一般回转窑要短很多时间。

4. 预分解窑的传热与发热能力

预分解窑内的传热方式以辐射为主，在过渡带，对流传热也占有较大比例。从窑内气流对物料的传热能力来看，预分解窑过渡带的物料温度升高比一般回转窑快，物料的平均温度较高，减小了气固相之间的温差，因而预分解窑比同规格的悬浮预热器窑的传热能力要小。

由于预分解窑传热能力降低，如果保持与预热器窑相同的热负荷，窑尾烟气温度将升高到 1100℃ 以上，可能引起窑尾烟道、分解炉、预热器系统的超温和结皮堵塞。因此预分解窑的发热能力和热负荷比预热器窑要低。

任务 4 预分解窑的操作

任务描述：掌握预分解窑的主要操作控制参数；掌握风、煤、料及窑速等操作参数的调节控制；掌握预分解窑温度的调节控制；掌握预分解窑熟料游离氧化钙的控制；掌握预分解窑的点火、投料操作控制；掌握预分解窑特殊窑情的处理方法。

知识目标：掌握预分解窑的主要操作控制参数；掌握风、煤、料及窑速等操作参数的调节控制；掌握预分解窑温度的调节控制；掌握预分解窑熟料游离氧化钙的控制。

能力目标：掌握预分解窑的点火、升温、投料等的操作控制；掌握预分解窑一般窑情及特殊窑情的处理方法。

4.1 主要操作控制参数

1. 窑传动功率

窑传动功率是衡量窑运行正常与否的主要参数。正常的窑功率曲线应该是粗细均匀，没有明显的尖峰和低谷，随窑速变化而变化。在投料量和窑速保持不变的条件下，如果窑功率曲线变细、变粗，出现明显的尖峰和低谷，均表明窑内热工制度发生了变化，需要调整其他操作参数。如果窑功率曲线持续下滑，则需高度监视窑内来料情况，必要时采取减料、减窑速办法，防止窑内窜生料，出现不合格的熟料。

烧成带温度增加时，熟料被窑壁带起的高度增加，窑功率增加，比色高温计显示的温度增加、窑尾废气中 NO_x 浓度增加；窑内有结圈，窑功率增加；窑内掉窑皮，窑功率降低，但比色高温计显示的温度降低、窑尾废气中 NO_x 浓度降低。

2. 入窑物料温度及末级预热器出口温度

入窑物料的温度决定入窑物料的分解率，在正常生产状态下，为了保证入窑物料的分解率达到 95% 及以上，入窑物料的温度一般控制在 840～850℃。末级预热器出口废气温度反映分解炉内煤粉燃烧状况，如果该温度大于分解炉出口废气温度，则说明分解炉内煤粉发生了不完全燃烧现象，在正常生产状态下，末级预热器出口废气温度一般控制在 850～860℃。为了实现预热器及分解炉系统的热工制度稳定，可以用分解炉出口废气温度或最末一级预热器出口废气温度来自动调节分解炉的喂煤量。

3. 一级预热器出口废气温度和高温风机出口 O_2 浓度

这两个参数直接反映系统通风量的适宜程度，如果系统通风量偏大或偏小，可以通过调整窑尾高温风机的阀门开度或转速来实现。正常生产状态下，四级预热系统的一级预热器出口废气温度一般在 350～380℃，五级预热系统的一级预热器出口废气温度一般在 320～350℃，高温风机出口的 O_2 浓度一般在 4％～5％。如果一级预热器出口废气温度过高，可能是由于生料喂料量减少、断料、某级预热器堵塞、换热管道堵塞、分解炉用煤量增加等因素造成的。如果一级预热器出口废气温度过低，可能是由于生料喂料量增加、系统漏风、分解炉用煤量减少等因素造成的。

4. 篦冷机一室篦下压力

篦冷机一室篦下压力不仅反映一室篦床阻力和料层厚度，亦反映窑内烧成带温度的变化。当烧成带温度下降时，熟料结粒变小，致使篦冷机一室料层阻力增大，一室篦下压力必然增高。正常生产控制时，如果篦床速度增加，则料层厚度相应减薄，篦下压力值下降；若篦床速度减小，则料层厚度相应增加，篦下压力值上升。如果将一室篦下压力和篦床速度设计成自动调节回路，当一室篦下压力增高时，篦床速度自动加快，使料层厚度变薄，一室篦下压力降低，保证一室篦下压力保持不变。正常生产条件下，篦冷机一室篦下压力大约控制在 4.5～5.5kPa 比较合适。

5. 窑头罩负压

窑头罩负压反映冷却机鼓风量、入窑二次风、入炉三次风、煤磨烘干热风、篦冷机剩余风量之间的平衡关系。调节窑头罩压力的目的，在于防止窑头冷空气侵入窑内、热空气及粉尘溢出窑外。正常生产条件下，窑头罩呈微负压，负压值一般在 30～50Pa 之间，不允许出现正压，否则影响窑内火焰的完整形状，损伤窑皮，影响入窑二次风量，熟料细粒、颗粒向窑外溢出、喷出，加剧窑头密封装置的磨损，恶化现场环境卫生，影响比色高温计及电视摄像头的使用效果。通过增加窑尾排风机的风量、减小篦冷机一室的鼓风量等操作方法使窑头罩负压值增加，反之亦然。如果采用开大窑头收尘风机阀门开度的方法增加窑头罩负压值，会影响窑内火焰的完整形状，影响入窑二次风量及入炉三次风量。窑头罩正压过高时，热空气及粉尘向外溢出，使热耗增加、污染环境，不利于人身安全。窑头罩负压过大时，易造成系统漏风、窑内缺氧，产生还原气氛。

6. 烧成带温度

烧成带温度直接影响熟料的产量、质量、熟料煤耗和窑衬使用寿命。当烧成带的温度发生变化时，窑系统会有多个操作参数发生变化，比如窑电流、窑扭矩、NO_x 浓度、窑尾废气温度、烧成带筒体表面温度、熟料的升重以及游离氧化钙的数值等。操作员就是根据这些参数的变化趋势和幅度大小，经过综合分析判断，找出导致烧成带温度变化的真正原因，通过调整系统的风、煤、料、窑速等参数进行相应的操作干预，使烧成带的温度尽快恢复到正常值。

7. 窑尾废气温度

窑尾废气温度同烧成带温度一起表征窑内温度的热力分布状况，同最上一级预热器出口气体温度一起表征预热系统的热力分布状况。适当的窑尾温度对于预热窑内物料、防止窑尾烟室、上升烟道及预热器等部位发生结皮、堵塞十分重要。一般可根据需要控制窑尾废气温度在 900～1100℃。

8. 窑尾袋（电）收尘器入口气体温度

该温度对袋（电）收尘器设备安全及防止废气中水蒸气冷凝结露非常重要，如果是电收尘器，其温度控制范围是 120～140℃，如果是袋收尘器，其温度控制范围是 150～200℃。为了稳定这个温度，一般在增湿塔安装自动喷水装置，当电收尘器入口气体温度波动时，系统自动增减喷水量，一旦入口气体温度达到最高允许值，电收尘器高压电源将自动跳闸，防止发生安全事故。

9. 筒体表面温度

筒体表面温度可以反映窑内煅烧、窑衬厚薄等状况，是保证窑长期安全运转的一个重要监控参数。点火投料初期，窑内温度低，火焰形状不理想，可以通过观察该温度的变化，了解煤粉的燃烧状况、火焰高温区的位置，为调整火焰提供参考依据；生产过程中则是判断烧成带位置、窑皮厚薄、有无结圈的重要依据。筒体表面温度应该控制小于 350℃，否则就要查明原因，采取技术措施，避免发生红窑事故。

10. 最上一级及最下一级预热器出口负压

测量预热器部位的负压值，是为了监视其阻力，以判断生料量是否正常、风机阀门是否开启、防爆风门是否关闭、各预热器是否有漏风或者堵塞情况。由于设计的风速不同，不同生产线的负压值相差很大，但其分布规律都是相同的。当最上一级预热器负压值升高时，首先要检查预热器是否堵塞，如果正常，就要结合气体分析仪的检测结果判定排风量是否过大；当负压值降低时，则应检查喂料量是否正常、防爆风门是否关闭、各级预热器是否漏风，如果正常，就要结合气体分析仪的检测结果判定排风量是否过小。

当预热器发生结皮堵塞时，其结皮堵塞部位与主排风机之间的负压值和 O_2 浓度有所提高，而窑与结皮堵塞部位间的气体温度升高，结皮堵塞的预热器下部及下料口处的负压值均有所下降，甚至出现正压，遇到这种情况，应立即停止喂料操作。

各级预热器之间是互相影响、互相制约的，生产上只要重点监测最上一级和最下一级预热器的出口负压，就可了解整个预热器系统的工作状况。

11. 窑转速

窑的转速可以调节控制物料在窑内的煅烧时间。在正常生产条件下，只有在提高窑产量的情况下，才应该提高窑的转速，反之亦然。增加窑的转速将引起：入篦冷机熟料层厚度增加；烧成带长度降低；窑负荷降低；熟料中 $f\text{-}CaO$ 含量增加；二次风温增加，随后由于烧成带温度降低，使得二次风温也降低；窑内填充率降低；熟料 C_3S 结晶变小。窑的转速降低，作用效果与上述结果相反。在过剩空气恒定的情况下，窑速增加相当于烧成带变短，烧成带温度下降；窑速降低相当于烧成带变长，烧成带温度上升。

12. 生料喂料量

生料喂料量的选择取决于煅烧工艺情况所确定的生产目标值。增加生料喂料量将引起：窑负荷降低；出窑气体和出预热器气体温度降低；入窑分解率降低；出窑过剩空气量降低；出预热器过剩空气量降低；熟料中 $f\text{-}CaO$ 的含量增加；二次风量和三次风量降低；烧成带长度变短；预热器负压增加。由于我们增加了生料的喂料量，要采取相应的技术操作：增加分解炉和窑头煤管的喂煤量；高温风机的排风量；增加窑的转速；增加篦冷机篦床速度。减少生料喂料量，产生的结果与上述情况相反。

13. 窑速及生料喂料量

无论是哪种水泥窑型，一般都装有与窑速同步的定量喂料装置，其目的是为了保证窑内料层厚度的稳定。但对预分解窑而言，由于采用了现代化的技术装备、生产工艺及控制技术，完全能够保证窑系统的稳定运转，在窑速稍有变动时，为了不影响预热器和分解炉系统的正常运行，生料量可不必随窑速小范围的变化而变化，只有窑速变化较大时，才根据需要人工调节喂料量。所以预分解窑也可以不安装与窑速同步的定量喂料装置。

14. 窑尾出口、分解炉出口、一级预热器出口的气体成分

窑尾、分解炉出口及预热器出口等部位的气体成分，可以反映窑内、分解炉内的燃料燃烧及通风状况。正常生产状况下，一般窑尾烟气中的 O_2 含量控制在 $1.15\%\sim1.50\%$，分解炉出口烟气的 O_2 含量控制在 $2.00\%\sim3.00\%$。系统的通风量可以通过窑尾排风机的转速及风门开度、三次风管上的风阀进行调节。当窑尾排风机的风量保持不变时，关小三次风门，即相应地减少了三次风量，增大了窑内的通风量；反之，则增大了三次风量，减少了窑内的通风量。如果保持三次风门开度不变，增大或减少窑尾排风机的风量，则相应增大或减少了窑内的通风量。

当窑尾除尘系统采用电收尘器时，对一级出口（或电收尘器入口）气体中的可燃成分（$CO+H_2$）含量必须严加限制，因为可燃气体含量过高，不仅表明窑内、分解炉内燃料燃烧不完全，增加热耗，更主要的是容易在电收尘器内引起燃烧和爆炸。因此，当电收尘器入口气体中的可燃成分（$CO+H_2$）含量超过 0.2% 时，则自动发生报警，达到允许最高极限 0.6% 时，电收尘器高压电源自动跳闸，防止发生爆炸事故，确保安全生产。

15. 氧化氮（NO_x）浓度

NO_x 的浓度与 N_2 浓度、O_2 浓度及燃烧带温度有关，N_2 是惰性气体，在窑内几乎不存在消耗，故 NO_x 浓度就仅与 O_2 浓度和烧成带温度有关。生产实践表明，当火焰温度达到 $1200℃$ 以上时，空气中的 N_2 与 O_2 反应速度明显加快，燃烧温度及 O_2 浓度越高，空气过剩系数越大，NO_x 生成量越多。生产上测量窑尾 NO_x 的浓度，一方面是为了控制其含量，满足环保要求；另一方面是作为判定烧成带温度变化的参数。

16. 篦冷机的篦床速度

篦冷机篦床速度能够控制篦床上熟料层的厚度。增加篦床速度将引起：熟料层厚度减小，篦下压力降低；篦冷机出口熟料温度增高；二次风温和三次风温降低；窑尾气体中的 O_2 含量增加；篦冷机废气温度增加；篦冷机内零压面向篦冷机下游移动；熟料热耗上升。降低篦床速度将引起：熟料层变厚，篦下压力增加；篦冷机出口熟料温度降低；二次风温和三次风温上升；篦冷机内零压面向篦冷机上游移动；熟料热耗下降。

17. 篦冷机排风量

篦冷机排风机是用来排放冷却熟料气体中不用作二次风和三次风的那部分多余气体，篦冷机排风机的风量一般是通过调节风机的转速和入口风门开度来实现的。在鼓风量恒定的情况下，增大排风机风门开度将引起：二次风量和三次风量减小，排风量增大；篦冷机出口废气温度上升；二次风温和三次风温增高；二次风量和三次风量体积流量减少；窑头罩压力减小，预热器负压增大；窑头罩漏风增加；分界线向篦冷机上游移动；窑尾气体中 O_2 含量降低；热耗增加。在鼓风量恒定的情况下，减小排风机阀门开度作用效果与上述结果相反。在调节篦冷机排风机风量时，除保持窑头罩为微负压以外，还应特别注意窑尾负压的变化，要

保证窑尾 O_2 含量在正常范围内。

18. 篦冷机鼓风量

篦冷机鼓风量是用来保证出窑熟料的冷却及燃料燃烧所需要的二次风和三次风。增加篦冷机的鼓风量将引起：篦冷机篦下压力上升；出篦冷机熟料温度降低；窑头罩压力升高；窑尾 O_2 含量上升；篦冷机废气温度增加；零压面向篦冷机上游移动；熟料急冷效果更好。减少篦冷机的鼓风量，作用效果与上述结果相反。

19. 高温风机的风量

高温风机是来排除物料分解和燃料燃烧产生的废气、保证物料在预热器及分解炉内正常运动。通过调节高温风机的转速和风门开度，来满足煤粉燃烧所需的氧气。提高高温风机转速将引起：系统拉风量增加；预热器出口废气温度增加；二次风量和三次风量增加；过剩空气量增加；系统负压增加；二次风温和三次风温降低；烧成带火焰温度降低；漏风量增加；篦冷机内零压面向下游移动；熟料热耗增加。降低高温风机转速时，产生的结果与上述情况相反。

20. 分解炉喂煤量

分解炉喂煤量决定着入窑生料的分解率，无论煤量是增加还是减少，助燃空气量都应该相应的增加或减少，入窑物料分解率应控制在 95％ 及以上，分解率过高易造成末级预热器内结皮。

增加分解炉喂煤量将引起：入窑分解率升高；分解炉出口和预热器出口过剩空气量降低；分解炉出口气体温度升高；烧成带长度变长；熟料结晶变大；末级预热器内物料温度上升；预热器出口气体温度上升；窑尾烟室温度上升。减少分解炉的喂煤量，产生的结果与上述情况相反。

21. 窑头喂煤量

窑头喂煤量与烧成系统的热工状况、生料喂料量及系统的排风量有着直接的关系。在保证有足够的助燃空气的情况下，增加窑头喂煤量将引起：出窑过剩空气量降低；火焰温度升高；若加煤量过多，将产生 CO，造成火焰温度下降；出窑气体温度升高；烧成带温度升高，窑尾气体 NO_x 含量上升；窑负荷增加；二次风温和三次风温增加；出窑熟料温度上升；烧成带中熟料的 $f\text{-}CaO$ 含量降低。减少窑头喂煤量，产生的结果与上述情况相反。

22. 三次风

三次风是满足分解炉内燃料燃烧所需要的助燃空气。三次风是来自于篦冷机的热风，温度一般控制在 900℃ 左右，通过三次风管上的阀门来进行调节。增加三次风阀门开度将引起：三次风量增加，同时三次风温也增加；二次风量减少；窑尾气体中 O_2 含量降低；分解炉出口气体中 O_2 含量增加；分解炉入口负压减小；烧成带长度变短。减小三次风阀门开度，作用效果与上述结果相反。

4.2 风、煤、料及窑速的调节控制

操作预分解窑的主要任务就是调整风、煤、料及窑速等操作参数，稳定窑及分解炉的热工制度，实现优质、高产、低耗。

1. 窑和分解炉用风量的调节控制

窑和分解炉用风量的分配是通过窑尾缩口闸板开度和三次风门开度来实现的。当高温风机的排风总量不变时，增加窑尾缩口闸板开度，就相当于增加了窑内用风量，减少了分解炉

的用风量，反之亦然。正常生产情况下，窑尾 O_2 含量一般控制在 1.5%～2.00% 左右，分解炉出口 O_2 含量一般控制在 2.00%～3.00% 左右。如果窑尾 O_2 含量偏高，说明窑内通风量偏大，其现象是窑头、窑尾负压增大，窑内火焰明显变长，窑尾温度偏高，分解炉用煤量增加了，但炉温不升高，而且还有可能下降。出现这种情况，在窑尾喂料量不变的情况下，适当关小窑尾缩口闸板开度，如果效果不明显，再适当增加三次风门开度，增加分解炉燃烧空气量，与此同时，再相应增加分解炉用煤量，提高入窑生料 $CaCO_3$ 的分解率。如果窑尾 O_2 含量偏低，说明窑内用风量偏小，炉内用风量偏大，这时应适当关小三次风门开度，也可增大窑尾缩口闸板开度，再增加窑头用煤量，提高烧成带的煅烧温度。

2. 窑和分解炉用煤比例的调节控制

分解炉的用煤量主要是根据入窑生料分解率、末级预热器及一级预热器的出口废气温度来进行调节的。当窑和分解炉的风量分配合理，如果分解炉用煤量过少，则分解炉温度低，入窑生料分解率低，末级和一级预热器的出口废气温度低。如果分解炉用煤量过多，影响分解炉内煤粉的燃尽率，发生不完全燃烧反应，有一部分煤粉随烟气到末级预热器内继续燃烧，极可能致使末级预热器下两锥体、预热管道等部位产生结皮或堵塞。

窑的用煤量主要根据生料喂料量、入窑生料 $CaCO_3$ 分解率、熟料立升重和 $f\text{-}CaO$ 含量等因素来确定的。用煤量偏少，烧成带温度会偏低，熟料立升重低，$f\text{-}CaO$ 含量高；用煤量偏多，窑尾温度过高，废气带入分解炉的热量过高，影响分解炉的用煤量，致使入窑生料分解率降低，不能发挥分解炉应有的作用。同时，窑的热力强度增加，损伤烧成带的窑皮，影响耐火砖的使用寿命，降低窑的运转率，影响熟料的产量。

窑及分解炉的用煤比例还和窑的转速、窑的长径比及燃烧的性能等因素有关，正常生产条件下，窑的用煤比例一般控制在 40%～45%，分解炉的用煤比例控制在 60%～65% 比较理想，窑的规格越大，生产能力越大，分解炉用煤的比例也越大。

3. 窑速及喂料量的调节控制

高质量的熟料不是靠延长物料在窑内的停留时间获得的，而是靠合理的煅烧温度及煅烧受热均匀程度获得的。如果物料在窑内的停留时间过长，熟料的产量和质量都会受到不同程度的影响。

在窑喂料量不变的前提下，如果窑速加快，会使窑内物料的填充率降低，这时窑内的产量没有增加，但属于薄料快转操作，有利于熟料煅烧受热的均匀性，生产的熟料质量好。同时，热烟气传热效果好，熟料热耗降低，窑皮及耐火砖受热均匀，不会受到损伤，增加窑的安全运转周期。

当窑速与生料下料量同步，如果保持窑内物料的填充率不变，则窑的产量时刻随着窑速的变化而变化，但窑的热负荷时刻在改变，窑皮及耐火砖的受热不均匀，会受到损伤，影响窑的安全运转周期。这种操作方法只有在入窑生料分解率达到 95% 及以上的前提下采用才奏效。很多小型的预分解窑生产线进行技术改造，扩大分解炉的容积，增加分解炉的预分解能力，之后再采取提高窑速的办法，可以大幅度提高窑的产量，取得了较好的生产效果。

薄料快转是预分解窑的显著操作特点。窑速快，则窑内料层薄，生料与热气体之间的热交换好，物料受热均匀，进入烧成带的物料预烧好，即使遇到垮圈、掉窑皮或小股塌料，窑内热工制度变化小，此时增加一点窑头用煤量，变化的热工制度很快就能恢复正常。如果窑速太慢，则窑内料层厚，物料与热气体热交换效果差，物料受热不均匀，窑内热工制度稍有变化，生料黑影就会逼近窑头，极易发生跑生料现象，这时即使增加窑头喂煤量，热工制度也不能很快恢复正常，影响熟料的质量。

4. 风、煤、料及窑速的合理匹配

窑和分解炉用煤量取决于生料喂料量；系统的风量取决于用煤量；窑速与喂料量同步，取决于窑内物料的煅烧状况。所以风、煤、料和窑速既相互关联，又相互制约。

对于一定的生料喂料量，如果分解炉的用煤量过少，物料的分解反应受到影响，入窑物料分解率降低，物料进窑后还要继续发生 $CaCO_3$ 分解反应，但窑内的物料是呈堆积状态的，而分解炉的物料是呈悬浮状态的，两者的热交换条件截然不同，效果相差天壤之别，这些预热分解很差的物料进入烧成带，严重影响煅烧反应，直接影响熟料的质量。如果分解炉的用煤量过多，分解炉内的煤粉会发生不完全燃烧反应，有一部分煤粉跑到下一级预热器内燃烧，可能造成换热管道及下两锥体等部位形成结皮和堵塞；同时，入窑物料预烧好，容易提前产生液相，造成窑内产生后结圈。

对于一定的生料喂料量，如果窑系统的用风量过少，窑内容易形成还原气氛，煤粉发生不完全燃烧反应，不仅增加熟料的煤耗，而且还容易产生黄心料，影响熟料的质量。如果分解炉的用风量过少，炉内形成还原气氛，煤粉发生不完全燃烧反应，影响入窑物料分解率，造成下一级预热器换热管道及下料锥体等部位形成结皮和堵塞。

在风、煤、料一定的情况下，如果窑速太快，尽管有利于热烟气和物料之间的热交换，但烧成带的温度降低很快，影响物料的烧成反应，还容易发生跑生料现象；如果窑速太慢，则窑内料层厚度相对增加，影响物料的热交换。同时，烧成带的温度容易升高，损伤窑皮，影响耐火砖的使用寿命。

5. 风、煤、料及窑速的调整原则

优先调整用风量和用煤量，其次调整生料喂料量，每次调整的幅度大约 1%～2%，如果调整后的效果不理想，最后再调整窑速。

4.3 预分解窑温度的调节控制

4.3.1 控制回转窑温度的原则

控制预分解窑的温度，主要控制的是烧成带温度。烧成带的温度直接影响熟料的产量、质量、煤耗和耐火砖的使用寿命。所以控制预分解窑温度的原则就是：延长耐火砖的使用周期；实现优质、高产、低耗。

4.3.2 判断烧成带温度的方法

1. 火焰的温度

火焰的温度可以用比色温度计直接测量，但测量难度很大，生产上一般通过蓝色钴玻璃观察火焰颜色来间接判定：正常的火焰高温部分处于中部呈白亮，其两边呈浅黄色。

2. 熟料被窑壁带起的高度

正常熟料被窑壁带到和燃烧器中心线几乎一样高度后下落。物料温度过高时，被带起的高度比正常时高，下落时黏性较大，翻滚不灵活。物料温度低时，被带起的高度比正常时低，下落时黏性较小，顺窑壁滑落。

3. 熟料颗粒的大小

正常熟料粒径大多数在 5～15mm 范围，外表致密光滑，并有光泽。温度过高，液相量增加，熟料颗粒粗大，结块多；温度低时，液相量少，熟料颗粒细小，表面结构粗糙、疏松,甚至为粉状。

4. 熟料立升重和 $f\text{-CaO}$ 的高低

熟料立升重是指每升粒径为 $5\sim7\text{mm}$ 的熟料质量。正常生产条件下,烧成温度高,熟料结粒致密,立升重高而 $f\text{-CaO}$ 低;烧成温度低,则立升重低而 $f\text{-CaO}$ 高。

4.3.3 烧成带温度高

1. 表现的症状及现象

(1)烧成带的熟料被窑壁带起的高度增加,熟料结粒明显变粗、变大,出窑熟料的大颗粒明显增多。

(2)火焰的颜色明显变得白亮,形状笔挺,呼啸着伸向窑内方向,没有一点反扑现象,看起来很是活泼有力。

(3)中控 CRT 监控画面上的窑电流、窑扭矩、二次风温、三次风温、窑尾废气温度、NO_x 浓度等参数均有不同程度的升高。

(4)窑前一次风机在没有改变转速的条件下,风压、电流均有不同程度的增大。

(5)烧成带温度过高时,煤粉燃烧速率极快,火焰甚至没有黑火头,窑内白亮刺眼,物料颜色、火焰颜色、窑皮颜色清晰可辨。

2. 主要原因

(1)窑尾下料量明显减少而用煤量没有及时减少。

(2)窑尾下料量没有变化而用煤量控制的偏高。

(3)多通道燃烧器的旋流风比例控制偏大,轴流风比例偏小,致使火焰长度太短,火焰的高温区过于集中。

(4)二次风温偏高,煤粉燃烧速率过快,火焰的黑火头过短或没有黑火头,造成火焰高温区前移。

(5)长时间慢转窑。

(6)生料的易烧性变好。

(7)煤质变好。

3. 处理方法

(1)如果烧成带的温度升高不是很大,适当减少窑头的用煤量即可产生明显效果。

(2)如果烧成带的温度升高很大,物料的液相明显增多而且发黏,则首先要减少窑头用煤量,增加窑的转速,再减小燃烧器的旋流风量、增加轴流风量,增加篦冷机的一室风量,增大窑系统的排风量,使火焰拉长。待火焰颜色正常、熟料结粒正常后再逐渐恢复用煤量和窑速。

4.3.4 烧成带温度低

1. 表现的症状及现象

(1)烧成带的熟料被窑壁带起的高度降低,熟料结粒明显变细、出窑熟料的细粉明显增多,进篦冷机时扬起的灰尘较大。

(2)火焰的颜色明显变暗,由白色变为粉红色,黑火头的长度逐渐变长。

(3)中控 CRT 监控画面上的窑电流、窑扭矩、二次风温、三次风温、窑尾废气温度、NO_x 浓度等参数均有不同程度的降低。

(4)熟料的立升重、游离氧化钙的数值较正常值偏低。

2. 主要原因

(1) 窑头用煤量偏小，烧成带的热力强度偏低。

(2) 风、煤、料及窑速等参数控制的不合理，形成细长火焰，高温区不集中。

(3) 窑尾预热器系统出现塌料，入窑物料分解率降低。

(4) 煤质发生变化，比如发热量降低、灰分增加、挥发分减少等。

(5) 入窑生料的 KH、SM 升高，生料的易烧性变差。

(6) 窑内后结圈垮落、厚窑皮脱落。

(7) 箅床上的料层厚度变薄，二次风温降低。

3. 处理方法

(1) 当烧成带温度降低较少时，只需要适当增加窑头喂煤量，就可以取得明显效果。

(2) 如果是预热器严重塌料、窑内垮落大量后结圈等因素引起的窑内温度大幅度降低，这时首先要减少喂料量、降低窑速，同时要增大旋流风量，降低轴流风量，降低箅冷机的转速，提高二次风温，在保证煤粉完全燃烧的条件下，适当增加用煤量。

4.3.5 窑尾温度过高

1. 表现的症状及现象

(1) 分解炉出口废气温度升高。

(2) 最低级预热器出口废气温度升高。

(3) 当分解炉采取自动控制时加不进正常煤量。

(4) 窑尾负压增大，窑尾烟室 O_2 含量增高。

(5) 窑内火焰的黑火头变长，烧成带温度降低。

(6) 预分解系统温度和压力基本正常，入窑生料 $CaCO_3$ 分解率偏低。

2. 主要原因

(1) 某级旋风预热器可能发生堵塞。

(2) 窑头用煤量过多。

(3) 分解炉用煤量过少。

(4) 窑内通风量过大，火焰偏长，高温区后移。

(5) 煤质变差，比如挥发分减小、灰分增加、煤粉细度变粗，造成煤粉的燃烧速度减慢。

(6) 窑速过慢。

3. 处理方法

(1) 停止向预热器喂料，停止向窑、炉的喂煤。

(2) 适当减少窑头用煤量。

(3) 适当增大分解炉的用煤量。

(4) 增大三次风阀的开度，增大分解炉的用风量，减少窑内用风量。

(5) 适当增大一次风量，同时减少轴流风量、增大旋流风量。

(6) 增加分解炉的用煤比例缓慢提高窑速。

4.3.6 窑尾温度过低

1. 表现的症状及现象

(1) 窑头出现正压，严重时发生反火现象。

（2）窑尾负压明显下降，甚至为零。

（3）煤粉的燃烧速度加快，火焰的黑火头缩短，高温区明显前移。

（4）最低级预热器的出口废气温度降低。

（5）分解炉出口的废气温度降低。

2．主要原因

（1）某级预热器发生塌料现象。

（2）窑内严重结后圈。

（3）窑尾烟室及缩口等部位严重结皮。

（4）预热器系统严重漏风。

（5）煤的挥发分增高、灰分降低、细度变细，煤粉的燃烧速度加快。

（6）窑尾生料量增加，入窑物料的分解率降低。

（7）窑用煤量减少。

（8）热电偶上积料、结皮。

3．处理方法

（1）减少生料喂料量，适当降低窑速，增加窑头用煤量。

（2）采取冷热交替的办法，处理窑内的后结圈。

（3）采用空气炮、水枪、钢钎等工具，及时清理窑尾烟室及缩口等部位的结皮。

（4）检查并处理预热器系统的漏风问题。

（5）减少一次风量，并且增加轴流风量、降低旋流风量，增加火焰的长度。

（6）适当减少窑尾生料量，适当增加分解炉的用煤量，提高入窑物料的分解率。

（7）增加窑头用煤量。

（8）清理热电偶上的积料、结皮。

4.3.7 烧成带温度低、窑尾温度高

1．产生的症状及现象

（1）火焰较长，黑火头长。

（2）窑皮及物料的温度都低于正常生产时的温度。

（3）烧成带物料被窑壁带起的高度低。

（4）熟料结粒细小、结构疏松多孔、立升重低、f-CaO 含量高。

（5）二次风温低。

2．主要原因

（1）系统风量过大或窑内风量过大。

（2）煤粉质量差，比如灰分高、挥发分低、水分大、细度粗，煤粉燃烧速度慢，易产生后燃现象。

（3）多风道燃烧器的旋流风、轴流风的比例控制不合理，造成火焰细长、不集中。

（4）二次风温过低。

3．处理方法

（1）适当降低系统的风量，或加大三次风阀开度，降低窑内风量。

（2）严格控制煤粉质量，如果煤粉质量差，适当降低出磨煤粉的水分和细度指标。

（3）合理调整多风道燃烧器的位置，适当增加旋流风、降低轴流风的比例，获得比较理

想的火焰的形状、长度。

（4）合理调整篦床速度、篦床料层的厚度、各室的风量配置等，获得比较理想的二次风温。

4.3.8 烧成温度高、窑尾温度低

1. 产生的症状及现象

（1）煤粉的燃烧速度快，几乎没有黑火头，火焰长度比较短。

（2）火焰、窑皮及物料的温度均高于正常生产时的温度，整个烧成带白亮耀眼。

（3）熟料结粒粗大，物料被窑带起的高度高，孰料立升重高，f-CaO 含量也高。

（4）窑电流偏高、扭矩偏高。

2. 主要原因

（1）燃烧器的燃烧冲量过强，火焰白亮且短。

（2）煤粉质量好，比如挥发分高、灰分小、细度细、水分低。

（3）系统风量过小，窑内通风过小。

（4）窑内有后结圈或长厚窑皮，严重影响窑内通风。

3. 处理方法

（1）适当调节内风与外风的比例，减小内风、增大外风。

（2）出磨煤粉的水分指标适当提高，细度控制指标适当提高。

（3）增大系统风量，减小三次风阀门开度，增大窑内的通风量。

（4）适当减小喂料量，移动喷煤管的位置，采用冷热交替法处理后结圈或长厚窑皮。

4.3.9 烧成温度低、窑尾温度低

1. 产生的症状及现象

（1）窑皮、物料的温度都低于正常时的温度，窑内呈现暗红色。窑尾废气温度也低，窑体温度低，窑电流低。

（2）熟料颗粒细小而发散，被窑壁带起的高度明显低，并顺着窑皮表面滑落。

（3）熟料的表面疏松多孔、无光泽、立升重低、f-CaO 含量高。

2. 原因分析

（1）窑尾喂料量增加，下料不均匀，造成物料预烧差。

（2）煅烧系统漏风严重，正常窑内排风量不足。

（3）煤质变差，比如煤粉的灰分大、挥发分小、发热量低，造成烧成带热力强度降低。

（4）生料的饱和比高、硅率过高，物料易烧性差，煅烧困难。

（5）窑速偏快。

3. 处理方法

（1）减小窑尾喂料量，保证物料的预烧。

（2）找到煅烧系统漏风点，并采取堵漏措施解决漏风问题。

（3）适当增加窑头用煤量，增加一次风量，并增加内风、减小外风。

（4）改变生料的配料方案，降低生料的饱和比和硅率。

（5）适当降低窑速，不盲目追求快转率。

4.3.10 烧成温度高、窑尾温度高

1. 产生的症状及现象

（1）烧成带物料发黏，物料被窑壁带起的高度明显增大，物料翻滚不灵活，有时物料呈现饼状。

（2）窑电流偏高、窑扭矩偏高。

（3）窑筒体表面温度偏高。窑尾废气温度高，烧成带温度也高。

（4）出窑熟料的颗粒增大，熟料的表面致密，立升重偏高、f-CaO 含量偏低。

2. 原因分析

（1）窑头用煤量偏大。

（2）煤质好，比如煤粉的灰分小、挥发分大、发热量高，造成烧成带的热力强度增加。

（3）生料饱和比低、硅率偏低，物料易烧性好。

（4）入窑物料预烧好。

3. 处理方法

（1）适当减少窑头用煤量。

（2）调整燃烧器的内外风比例，适当减少内风、加大外风。

（3）在保证生料易烧性的前提下，适当提高生料饱和比和硅率。

（4）适当增加窑尾下料量，并提高窑速。

4.3.11 错误的调节温度方法

1. 窑头恒定用煤量

生产中常常见到这样的情况：不管窑内温度如何变化，连续几个班甚至几天时间，操作员就是不改变窑头的用煤量，除非是点火投料才不得不调节改变窑头的用煤量。当烧成带的温度降低时，不管降低的幅度和原因，只是一味地增加分解炉的用煤量，靠提高入窑物料分解率来强制提高烧成带的温度。这样的操作很容易引起以下不良后果：预分解系统温度控制偏高，增加其烧结性结皮、堵塞的几率；生成的矿物在较长放热反应带内没有发生化学反应，其化学活性会降低，不利于烧成带 C_3S 矿物的形成；只对没有入窑的物料有理论上的帮助，对窑内物料不能起到促进煅烧作用。

操作员这样做的主要原因是担心增加窑头用煤量后出现还原气氛而产生黄心料。其实形成黄心料的原因还有多种，比如熟料结粒过大，内核部分致密，空气渗透性差；形成高浓度的贝利特和硫酸盐，减少了熟料的渗透性；硫化物及碱的存在；窑内高温煅烧增加了燃烧气体中 SO_3 的组分，促进了硫酸盐的挥发等。因此当烧成带温度降低时，最有效的操作方法就是在保证煤粉完全燃烧的前提下，适当增加窑头用煤量。

2. 调节窑速和窑头用煤量改变窑内煅烧温度

大多数的水泥生产企业，操作员的奖金和工资主要取决于其产量和质量指标的完成情况。基于这种考核方案，当烧成带温度升高时，操作员首先想到的是增加窑尾下料量以提高产量；烧成带温度降低时，操作员首先想到的是增加窑头用煤量，即使窑内产生还原气氛也不放弃加煤，实在顶不住了就慢转窑。预分解窑采用的是薄料快转法，如果采用降低窑速和加煤的方法来提高窑内煅烧温度，窑内很容易产生还原气氛，煤粉产生不完全燃烧现象，增加形成黄心料的几率，影响熟料的产量和质量。

3. 忽视筒体表面温度的监控

筒体温度可以间接反映窑内煅烧、窑衬的厚薄等情况，是保证窑长期安全运转的一个重要参数。点火投料初期，窑内温度低，火焰形状不理性，可以通过观察该温度的变化，了解煤粉的燃烧状况、火焰高温区的位置，为调整火焰提供参考依据；生产过程中则是判断烧成带位置、窑内窑皮厚薄、窑内有无结圈等重要依据。

预分解窑采用的是三通道或者四通道煤粉燃烧器，风量调节灵活，风煤混合均匀，煤粉燃烧快，火焰形状比较理想，窑内窑皮平整均匀；窑径较大、窑速快、烧成带热力强度相对较低，使用优质耐火材料，发生掉砖、红窑等事故大大减少，所以一部分操作员就忽视了对筒体表面温度的监控，当温度升高到400℃时居然也没有引起重视，结果发生了掉砖红窑事故，筒体留下永久黑疤，产生永久的变形，严重影响耐火砖的砌筑。因此操作员一定要加强对筒体表面温度的监控，发现其升高异常，要及时调整火焰的高温区，防止筒体发生严重变形事故。

4.4 预分解窑熟料游离氧化钙的控制

4.4.1 产生游离氧化钙的原因及分类

游离氧化钙是熟料中没有参加化学反应，而是以游离状态存在的氧化钙，它反映煅烧过程中氧化钙与氧化硅、氧化铝、氧化铁等反应后的剩余程度。

1. 轻烧游离氧化钙

由于窑尾下料量不稳、预热器塌料、窑内掉窑皮、燃料煤粉的成分发生变化、火焰形状不理想等因素的影响，使部分生料经受的煅烧温度不足，在 $1100\sim1200℃$ 的低温条件下形成游离氧化钙。这些游离氧化钙主要存在于生料黄粉以及包裹着生料粉的夹心熟料中，它们对水泥安定性危害不严重，但会降低熟料的强度。

2. 一次游离氧化钙

由于生料配料中的氧化钙成分过高、生料细度过粗、煅烧温度低时，熟料中存在没有与 SiO_2、Al_2O_3、Fe_2O_3 进行完全化学反应而形成的游离氧化钙。这些 $f\text{-}CaO$ 经高温煅烧呈"死烧状态"，结构致密、晶体粒径大约 $10\sim20\mu m$，遇水形成 $Ca(OH)_2$ 的反应很慢，通常至少需要三天才发生明显的化学反应，至水泥硬化之后又发生大约97.9%的固相体积膨胀，在水泥石或混凝土的内部形成局部膨胀应力，使其产生变形或开裂崩溃。

3. 二次游离氧化钙

由于熟料的冷却速度较慢、还原气氛条件下 C_3S 分解成 CaO 及 C_2S、熟料中的碱成分等量取代出 C_3S、C_3A 中的 CaO 等而形成游离氧化钙。这些 $f\text{-}CaO$ 是重新游离出来的，故称为二次游离氧化钙，对水泥强度、安定性均有一定影响。

所以，当生产中出现 $f\text{-}CaO$ 含量高时，就应该先找到造成 $f\text{-}CaO$ 含量高的原因，再采取相应的处理措施。

4.4.2 游离氧化钙含量控制过低的不利影响

（1）游离氧化钙低于 0.5% 时，熟料往往呈过烧、甚至是"死烧"状态，此时的熟料缺乏活性，易磨性及强度肯定受到影响。

（2）过低控制熟料中的游离氧化钙含量，就要增加烧成带的热力强度，损伤烧成带的窑皮及耐火砖，影响耐火砖的使用寿命。

（3）增加熟料的热耗和水泥粉磨电耗。

4.4.3 游离氧化钙高的原因及处理

1. 熟料率值的影响及处理

预分解窑一般采用"两高一中"的配料方案。在实际生产中，如果 KH 过高，SM 和 IM 过高或过低，就容易造成熟料中的 f-CaO 含量偏高。

（1）如 KH 过高，则生料中的 CaO 含量相对较高，煅烧形成 C_3S 后，没有被吸收的以游离状态存在的 CaO 含量相对较高，即熟料中的 f-CaO 含量相对较高。所以熟料中的 KH 值不能控制得过高，一般在 0.90 ± 0.02 比较合适。

（2）如 SM 过高，则煅烧过程中产生的液相量会偏少，烧成吸收反应很难进行，造成熟料中的 f-CaO 含量相对偏高。如 SM 过低，则煅烧过程中产生的液相量会偏多，窑内容易结圈、结球，造成窑内通风不好，影响烧成吸收反应的进行，也容易造成熟料中的 f-CaO 含量相对偏高。所以熟料中的 SM 值控制得不能过高或过低，一般在 2.60 ± 0.10 比较合适。

（3）如 IM 过高，则煅烧过程中产生的液相黏度偏大，烧成吸收反应很难进行，造成熟料中的 f-CaO 含量相对偏高。如 IM 过低，则煅烧过程中产生的液相黏度偏小，烧结温度范围变窄，煅烧温度不容易控制，温度控制高了容易结大块，温度控制低了容易造成生烧，这两种情况都容易使熟料中的 f-CaO 含量相对偏高。所以熟料中的 IM 值控制得不能过高或过低，一般在 1.60 ± 0.10 比较合适。

2. 生料细度的影响及处理

（1）生料细度的影响

从煅烧角度来说，生料颗粒越细、越均匀，比表面积越大，生料的易烧性越好，烧成的吸收反应越容易进行，熟料中的 f-CaO 含量越低。但是生料的细度控制的越细，生料磨的台时产量就会降低越多，生料的分步电耗就会升高。

（2）生料细度的最佳指标

当生料 0.08mm 筛余指标控制在 ≤18％ 时，窑和生料磨的台时产量、熟料 f-CaO 的合格率、熟料强度等指标都比较理想。当生料 0.08mm 筛余指标放宽到 ≤20％ 时，窑的台时产量、熟料 f-CaO 的合格率、熟料强度等指标都受到影响，但影响程度不是很大，所以当生料库存量不是很充足时，可以适当放宽生料细度指标而追赶库存量。当生料 0.08mm 筛余指标放宽到 ≤22％ 时，窑的台时产量、熟料 f-CaO 的合格率、熟料强度等指标受到很大影响，熟料 f-CaO 的合格率可以达到 80％，但很难达到 85％ 及以上。所以生料 0.08mm 筛余的最佳指标应该控制在 ≤20％，且 0.2mm 筛余指标应该控制在 ≤1.0％。

3. 煤的影响及处理

（1）窑头喂煤量正常时，煅烧的熟料外表光滑致密，砸开后断面发亮，熟料的升重和 f-CaO 的指标都比较理想，而且合格率都可以达到 85％ 及以上。

（2）窑头喂煤量稍多时，熟料结粒变大，外表光滑致密，砸开后偶有烧流迹象，并且拌有少量黄心料，熟料的升重指标偏高，f-CaO 含量偏低。但窑头喂煤量过多时，烧成带后部、窑尾烟室温度容易升高，造成烧成带容易结后圈，窑尾烟室容易结皮，影响窑内通风和煅烧，造成熟料中的 f-CaO 含量偏高。所以窑头喂煤量不能控制过多。

（3）窑头喂煤量较少时，熟料结粒变小，外表粗糙、无光泽、不致密，砸开后疏松多孔，熟料的升重指标偏低，f-CaO 含量偏高。所以窑头喂煤量不能控制得过少。

（4）当煤中的灰分 ≥28％、发热量 ≤20900kJ/kg 时，火焰的温度明显降低，烧成带的温度明显降低，熟料中的 f-CaO 含量明显增加。这时采取的措施是：降低煤粉的细度，其

0.08mm 筛余指标控制≤10%；降低煤粉的水分含量，其指标控制≤1.5%；适当提高一次风的风压，加大旋流风的比例，其目的在于提高煤粉的燃烧速度，提高烧成带的火焰温度。

（5）当煤中的硫含量偏高时，容易造成熟料中的 SO_3 含量偏高。当熟料中的 SO_3 含量≥0.8%时，窑尾烟室及上升烟道容易结皮。这时采取的措施是：加强人工清理窑尾烟室及上升烟道的结皮；减少窑头喂煤量；适当提高熟料的 SM 值。

（6）当煤粉水分由 1% 增加到 3% 时，煤粉的燃烧速度受到严重影响，烧成带的温度明显下降，火焰明显变长，窑内容易结圈、结球，熟料 $f\text{-}CaO$ 的合格率很低，甚至低于 60%。如果长时间使用这种煤，这时应该采取的措施是：改变配料方案，适当降低 KH、SM 和 IM，目的在于改善生料的易烧性，减少窑内结后圈、结球现象，提高熟料 $f\text{-}CaO$ 的合格率。

4. 石灰石的影响及处理

（1）MgO 的影响及处理

石灰石中含有过高的 $MgCO_3$，容易造成熟料中的 MgO 含量偏高。当熟料中的 MgO 含量超过 3.5% 时，容易造成液相提前产生，窑内容易结后圈、结球，影响窑内通风。这时采取的措施是：提高熟料的 SM 值，以降低液相量；提高熟料中的 Fe_2O_3 含量，改善熟料的结粒状况，以提高熟料的升重，降低熟料中的 $f\text{-}CaO$ 含量。

（2）结晶石英的影响及处理

当石灰石中的结晶石英≥4%时，窑和生料磨的台时产量明显下降，熟料 $f\text{-}CaO$ 含量明显偏高。这时采取的措施是：降低出磨的生料细度，其 0.08mm 筛余指标控制≤16%。

5. 燃烧器的影响及处理

（1）燃烧器定位不正确

①燃烧器太偏向物料，会造成一部分煤粉被裹入物料层内而不能充分燃烧，在窑内产生还原气氛，导致火焰温度降低，严重时还会造成窑内结球、结圈，影响窑内通风，造成熟料 $f\text{-}CaO$ 含量偏高。

②燃烧器太偏离物料，造成火焰细长而不集中，出现火焰后移现象，导致火焰温度降低，熟料结粒疏松，$f\text{-}CaO$ 含量偏高。

③采取的措施是合理定位燃烧器位置：冷态下燃烧器中心线和窑内衬料的交点，距离窑口大约是窑长度的 65%～75%；燃烧器伸进窑口内 100～200mm，中心点偏下 50mm、偏料 30mm。煤粉质量变好时，可将燃烧器内伸 50～100mm，相反，煤粉质量变差时，可将燃烧器外拉 50～100mm。

（2）燃烧器的结焦及变形

燃烧器前端结焦或变形，影响火焰的对称性和完整性，形成分叉火焰和斜火焰，造成煤粉的不完全燃烧，火焰温度明显降低，烧成带热力强度降低，造成熟料中的 $f\text{-}CaO$ 含量偏高。这时采取的措施是：清理燃烧器前端的结焦；修复变形的风管或更换燃烧器。

（3）燃烧器风道磨穿

多风道燃烧器是靠高速的外风、中速的内风及低速的煤风之间的速度差来实现煤粉和风之间的充分混合的。一旦风管被磨穿，各风道的风量、风速及风向都会发生变化，其优越的性能就不能充分发挥出来，影响煤粉的燃烧，造成熟料中的 $f\text{-}CaO$ 含量偏高。风道磨穿的征兆是一次风机的风压降低、电流降低；输送煤粉的罗茨风机的风压升高、电流增大；严重时中心管向外冒煤粉。这时采取的措施是：修复磨穿的风管或更换燃烧器；经常清理罗茨风机的滤网，避免由于滤网的堵塞而造成风压降低。

6. 风的影响及处理

（1）一次风的使用

煤质好时一次风的压力可以控制低些；煤质差时一次风的压力可以控制高些。生产之中经常清理罗茨风机的过滤网，减少滤网堵塞而造成风压降低。

（2）二次风和三次风的合理分配使用

当三次风的阀门开度过大时，窑内通风量减少，窑头煤加不上去，窑尾废气中的 CO 浓度变高，烟室容易发生结皮现象，窑内容易发生结圈、结球现象，造成熟料 $f\text{-}CaO$ 含量偏高。当三次风的阀门开度过小时，分解炉内的风量减少，分解炉内煤量加不上去，这时虽然分解炉出口的温度不会明显变低，但是入窑物料的分解率却降低了，导致窑内煅烧负荷加重。同时，窑内通风增大，火焰长度相对增长，二次风温、三次风温都会降低，熟料结粒疏松，造成熟料 $f\text{-}CaO$ 含量偏高。所以无论窑内通风量过大还是过小，很容易产生欠烧料，熟料外部颜色发灰，内部结粒疏松，造成熟料 $f\text{-}CaO$ 含量偏高。

（3）箅冷机鼓风量和系统拉风量的合理分配使用

箅冷机的鼓风量和系统的拉风量是窑用风量的主要来源。当箅冷机采用厚料层操作时，箅冷机的鼓风量不能盲目加大，一定要兼顾窑内使用的风量。如窑内使用的风量不足，轻者造成窑内煤粉的不完全燃烧，重者造成窑尾预热器的塌料，影响生料的分散度、预热和入窑的分解率，造成熟料 $f\text{-}CaO$ 含量偏高。

7. 窑尾喂料量的影响及处理

（1）喂料量小而系统用风量过大时，火焰变长、火焰温度下降，这时烧成带的热力强度降低，窑的产量降低，熟料中的 $f\text{-}CaO$ 含量偏高。对预分解窑来说，窑的产量越低，操作越不好控制。所以喂料量小时，系统用风量也要相应减小。

（2）喂料量大而系统用风量过小时，窑内通风明显不好，造成煤粉不完全燃烧现象加重，这时煤粉燃烧效率降低，预热器内容易发生小股生料的塌料，影响生料的分散度、预热和入窑生料分解率，造成熟料中的 $f\text{-}CaO$ 含量偏高。所以喂料量大时，系统用风量也要相应增加。

（3）喂料量波动大时，造成系统负压波动大，这时预热器内容易发生小股生料的塌料，影响生料的分散度、预热和入窑生料的分解率，造成熟料中的 $f\text{-}CaO$ 含量偏高。所以操作时要稳定窑尾喂料量。

8. 窑速的影响及处理

（1）窑速过快、过慢都会造成熟料中的 $f\text{-}CaO$ 偏高。如窑速过快，造成物料在烧成带停留时间过短，烧成吸收反应不完全，造成熟料中的 $f\text{-}CaO$ 偏高。如窑速过慢，造成物料在窑内的填充率过大，热交换不均匀，煤粉的燃烧空间变小，烧成带热力强度降低，烧成吸收反应不完全，造成熟料中的 $f\text{-}CaO$ 偏高。

（2）对预分解窑来说，一般采用"薄料快转"的煅烧方法。操作中要稳定窑速，不能过于频繁调整。如处理特殊窑情而必须大幅度降低窑速时，一定要使窑速和喂料量保持同步，避免料层过厚而影响窑的快转率，造成熟料中的 $f\text{-}CaO$ 偏高。

（3）对预分解窑来说，一般是"先动风煤，再动窑速"。热工制度的稳定，是"优质、

"高产、低耗"的前提和保证，一旦窑速调整过大，窑内热工制度就遭到破坏了。所以当窑内温度变化时，为了保证窑内热工制度的稳定，一般先采取调整喂煤量和风量的办法，如果不能达到预期的目的，再采取调整窑速的办法。

9. 结球的影响及处理

窑内结球量超过 5% 时，不仅影响熟料外观，而且容易造成熟料中 $f\text{-}CaO$ 含量偏高。这时应该采取如下的措施：

（1）窑头喂煤量不能加的过多，一定要保证煤粉完全燃烧，窑尾废气中的 CO 浓度控制在 ≤1.4%，避免窑内结后圈、窑尾烟室结皮。

（2）控制生料中的碱、氯成分含量：$R_2O \leqslant 1.0\%$，$Cl \leqslant 0.015\%$。

（3）控制熟料中的 SO_3、MgO 成分含量：$SO_3 \leqslant 0.8\%$，$MgO \leqslant 3.5\%$。

（4）保证各级预热器翻板阀翻转动作正常，避免内漏风造成塌料，影响生料的分散度、预热和入窑生料的分解率。

10. 操作技能的影响

（1）窑操作员实践经验少，没有完全掌握基本的看火技能。比如不会通过看火镜片观察火焰的形状、颜色、长度、粗度、亮度等；不会通过看火镜片观察物料的结粒大小、颜色、被窑壁带起的高度等；不能通过观察火焰、物料而正确判断出 $f\text{-}CaO$ 偏高的原因。

（2）判断问题不准确。比如分解炉的出口负压逐渐升高、窑电流逐渐下降时，不能判断出窑尾烟室已经轻微结皮，直到窑电流下降很多、$f\text{-}CaO$ 指标偏高很多时，才意识到窑尾烟室已经发生结皮。这时再通知巡检工去清理结皮，已经错过了最佳处理时间，因为时间拖久了，结皮已经长得很厚、很结实，处理难度已经很大了。待完成处理窑尾烟室结皮时，$f\text{-}CaO$ 偏高已经几个小时了。

（3）处理问题不果断。比如开窑时窑速提的过快，正常生产时大量生料涌进烧成带而慢窑不及时，这两种情况都容易发生跑生料，造成 $f\text{-}CaO$ 含量偏高。

（4）处理问题的方法不正确。比如处理 $f\text{-}CaO$ 偏高的窑情时，调整操作参数太多，而且时间间隔又短。这样处理不仅效果很差，而且最终也不能找出造成 $f\text{-}CaO$ 偏高的真正原因。

（5）片面追求产量指标而忽视质量指标，人为地造成熟料 $f\text{-}CaO$ 含量偏高。

（6）操作员要学会通过看火镜片观察火焰和物料的技能；虚心向老师傅请教成功的实践经验；平时注重积累处理问题的成功经验和方法；注重专业理论指导操作。

4.4.4 出窑熟料 $f\text{-}CaO$ 含量过高的处理措施

（1）熟料经过篦冷机冷却后，在输送爬斗的适当位置喷洒少量水，以消解部分 $f\text{-}CaO$ 对强度和安定性的影响。

（2）磨制水泥时，适当掺加少量的高活性混合材，以消解部分 $f\text{-}CaO$ 对强度和安定性的影响。同时，$f\text{-}CaO$ 还可以激发混合材的活性，提高水泥的使用性能。

（3）降低水泥的粉磨细度，水泥细度越细，$f\text{-}CaO$ 吸收空气中的水分进行消解反应的速度越大，$f\text{-}CaO$ 对强度和安定性影响越小。

（4）适当延长熟料的堆放时间，使部分 $f\text{-}CaO$ 吸收空气中的水分进行消解反应。

4.5 点火投料操作

4.5.1 开窑点火前的准备工作

（1）接到开窑点火指令后，要与有关部门进行联系，做好相应的准备工作。

①联系电控部门，对窑系统的相关设备送电、各仪器仪表进行复位，要求现场气体分析仪、比色高温计、摄像机和中控室的计算机等设备备妥待用。

②联系机修部门，确认设备是否具备启动条件。

③联系质控部门，确认熟料的入库库号。

④联系生料制备和煤粉制备车间，确保开窑后有足够的质量合格的生料和煤粉。

（2）通知预热器岗位巡检工，仔细检查预热器、分解炉等连接管道内有无异物，确保开窑后物料的畅通。点火前将预热器各级锁风翻板阀吊起。

（3）通知回转窑岗位巡检工，检查并清理窑内耐火砖、浇注料等杂物；检查确认燃油（柴油）量充足，燃油设备正常，并提前1h现场开启油泵打油循环；检查燃烧器的风管及煤管的连接情况，确保密封完好。

（4）通知篦冷机岗位巡检工，检查并清理篦冷机内的耐火砖、浇注料、篦板等杂物。

（5）通知各岗位巡检工，关闭岗位所有的入孔门、观察孔及捅料孔，并做好密封工作；仔细检查本岗位设备的润滑情况、水冷却情况及设备完好情况。

（6）工艺技术员校核燃烧器的坐标及位置，根据工艺要求制定升温曲线。

4.5.2　试车

1. 试车目的

通过试车，可以检查安装与检修设备的质量，检查设备传动与润滑系统是否符合标准要求；检验动力控制系统是否满足运转要求；检验电器与仪表是否满足生产控制要求，连锁及报警装置是否灵敏可靠。

2. 试车方法与时间

试车可以采取单机试车、连锁机组试车、主附机同时联合试车等方式。新投产窑主机试车 2～5d，附机 1～2d，使设备传动毛糙部件磨光，由不正常转入正常；大修及中修后的试车时间，可根据实际情况确定 2～4h。

3. 试车的注意事项

（1）设备经过 2 次启动后，电流表指针在 1s 内没有摆动；或启动后指针超出范围，在 2～3s 内没有回到指定位置，应该由电器维修人员进行专门检查和处理。

（2）设备启动后，要认真检查其传动部件，如果有振动、撞击、摩擦等不正常的现象，应该由设备维修人员进行专门检查和处理。

（3）回转窑带负荷试车时，要逐步将窑速提高到正常允许范围内，严禁长时间快转，以免窑筒体发生弯曲变形。

（4）详细记录试车情况，确保设备正常运转。

4.5.3　烘窑

点火投料前应该对回转窑、预热器、分解炉等热工设备新砌筑的耐火材料进行烘干，以免升温速度过急过快，耐火砖内部水分骤然蒸发，产生大量裂缝及裂纹，引起爆裂和剥落，缩短使用寿命。烘窑方案要根据耐火材料的种类、厚度、含水量及水泥企业的具备条件而定，一般采用窑头点火烘干方案，烘干前期以轻柴油为主，后期以油煤混烧为主。

4.5.4　点火升温操作

（1）启动窑头空压机组，向相应管路输送压缩空气。

（2）关闭到生料磨的气体管道阀门，关闭到煤磨的气体阀门，打开到窑尾大布袋收尘器的阀门，关闭三次风闸门。

（3）启动窑尾废气处理收尘组，开启窑尾废气排风机，调整风门开度，控制窑头罩呈微负压状态（30～50 Pa）。

（4）启动一次风机组，开启窑头一次风机，调整风机的风门开度、内风和外风的风阀开度。

（5）启动燃油输送组，启动油泵、喷油电磁阀，待着火后调整油量，保证燃油燃烧完全，火焰形状活泼有力、完整顺畅。

（6）控制喷油量，按升温曲线和升温制度进行升温操作。

（7）当窑尾温度到 250℃时，启动窑辅助传动，执行表 8.4.1 所示的点火升温盘窑方案。

表 8.4.1　点火升温盘窑方案

窑尾烟室温度（℃）	转窑间隔（min）	转窑量（°）
100～250	60	120
250～450	30	120
450～650	20	120
650～800	10	120
大于 800	连续慢转	

注：如遇下雨天气，须连续慢转窑。

（8）当窑尾温度到 300℃时，启动高温风机组，开启高温风机，根据升温曲线及窑尾烟气的 O_2 含量（O_2 含量＞2%）调节风机转速，同时，调节废气排风机的风量，保证高温风机出口呈负压状态。

（9）当窑尾温度达 450℃时，将一次风机的放风阀打开，启动轴向一次风机，启动窑头喂煤系统组，进行油煤混烧，喂煤量设定为 2t/h。

（10）根据升温曲线，逐渐增加喂煤量，减少喷油量，调整一次风量（注意内风及外风的比例）和高温风机的排风量，控制合理的烟室氧含量，保证煤粉燃烧完全。

（11）当尾温升到 800℃以上时，启动熟料输送系统，并将熟料输送的两路阀倒向生烧库。

（12）启动箅冷机废气粉尘输送组，开启螺旋输送机、回转卸料器等输送设备。

（13）启动箅冷机废气处理组，启动窑头排风机、袋收尘器，调节排风机的转速，使窑头罩呈微负压。开启箅冷机（四、五、六、七室等）后段冷却风机，风机速度设定为零。

（14）启动箅冷机冷却风机组，启动（一、二、三室等）前段冷却风机，为窑内煤粉的燃烧提供足够的氧气。注意风量不能过大，以免影响火焰的形状。

（15）升温过程中，随时注意观察 ID 风机入口温度和窑尾大布袋收尘器入口温度，当 ID 风机入口温度大于 320℃或窑尾大布袋收尘器入口温度大于 220℃时，可开启增湿塔的喷水系统进行喷水降温。

4.5.5　投料

（1）当窑尾温度升至 800℃时，将窑辅传动转换为主传动，速度设定为 0.6rpm。

（2）将入窑生料两路阀打向入库方向，启动窑尾喂料组、生料输送至喂料仓组、生料均化库卸料系统及生料均化库充气系统，将皮带秤喂料量设定为 0t/h。

（3）逐步增大皮带秤的喂料量，将窑喂料小仓的仓位切换到自动控制，将喂料量设定为 60％。

（4）启动熟料冷却系统组，开启冷却机中心润滑油站、篦冷机的各段传动电机及其冷却风机，传动速度设定为最低。

（5）启动预分解炉燃煤系统组，开启预分解炉燃烧器风机、预热器回转锁风阀等设备。

（6）当尾温达到 1100℃ 时，分解炉开始喂煤，喂煤量设定为 2t/h。

（7）启动窑尾空气炮系统组，防止预热器旋风筒锥体部位结皮。

（8）将入窑生料两路阀转向预热器，开始投料。

（9）物料进入分解炉后，迅速增加喂煤量，稳定分解炉出口温度在 880℃ 左右，待系统稳定后转到自动控制回路。

（10）调整分解炉用煤量，调整整个系统用风量，保证煤粉完全燃烧，分解炉温度在正常控制范围。

（11）逐渐增加窑内用煤量，保证窑内有足够的热力强度，控制第一股生料不窜生、不烧流。

（12）熟料出窑后，开启篦冷机空气炮系统，防止篦冷机下料口积料。

（13）根据窑内燃烧、熟料冷却状况，调整篦冷机冷却风机的风量。

（14）在保证窑内煤粉完全燃烧的前提下，逐渐加大三次风闸板开度。

（15）逐渐提高窑尾高温风机的转速，增加系统通风量，增加生料喂料量，增幅以每次增加 1％～2％ 为宜（5～10t/次）。

（16）当窑喂料达到满负荷的 70％～80％ 时，保持这种负荷运转 8h，进行挂窑皮操作。

（17）结束挂窑皮操作后，继续增加生料喂料量，直到达到 100％ 及以上的负荷。

（18）合理控制窑系统的通风量，确保煤粉充分燃烧，窑尾 O_2 含量、CO 含量在规定范围内。

（19）合理控制篦冷机冷却风量、篦床料层厚度，确保熟料温度在规定范围内。

（20）合理控制多风道燃烧器径向风、轴向风以及炉窑燃煤比例，确保火焰形状理想、不刷窑皮。

4.5.6　点火中的不正常现象及处理

（1）送煤过多或过早时，煤粉发生不完全燃烧现象，烟囱冒黑烟，火焰颜色愈烧愈暗，这时就要适当减少喂煤量，增加径向风量，待温度升高后再适量增加喂煤量。

（2）窑尾排风量过大时，火焰细长，很快被拉向后边，严重时发生只"放炮"不着火的现象。此时应关小排风机闸板，适当减少煤粉量，增加径向风量，稳定火焰的形状，使高温区向窑前移动。

（3）窑尾排风量过小时，烧成带部位浑浊、气流不畅，火焰不活泼。此时应开大窑尾排风机的闸板，使火焰向窑内方向伸展。

（4）径向风量过大时，火焰摇摆打旋，容易损伤窑皮。这时应该适当降低径向风量、增加轴流风量。

（5）轴向风量过大时，火焰细长、温度越烧越低。这时应该适当降低轴向风量、增加径流风量。

（6）输送煤的风量过小时，喷出燃烧器的煤粒有掉落现象，这时就要增加输送煤的风量。

4.5.7 临时停窑升温操作

临时停窑点火升温，是指停窑几小时后重新点火升温，其操作与正常投料运转基本相同，就是没有耐火材料的烘干和挂窑皮操作。

1. 煤的控制

窑内温度较高时，可省去喷油直接喷煤，但喷煤前先把窑内物料翻转过来，把热物料放在表面，以利于煤粉的快速燃烧，开始喷煤量设定为2t/h，确认着火后再适当增加燃煤量。

2. 升温速度的控制

正常点火升温，一般控制在8h内完成；当窑内温度较高时，可以控制在4h内完成。

4.5.8 紧急停窑操作

窑在投料运行中出现了故障，首先要窑尾止料、分解炉停止喂煤，再根据故障种类及处理时间，完成后续的相关工作。

（1）出现影响回转窑运转的事故（比如窑头收尘器排风机、窑尾收尘器排风机、高温风机、窑主传动电机、篦冷机、熟料入库输送机等设备），都必须进行止料、止煤、停风等停窑操作，窑切换辅助传动，保持连续低速运转，防止窑筒体弯曲，一次风继续开启，冷却燃烧器端面，篦冷机一室、二室风机鼓风量减少，其他风室的风机停转。

（2）分解炉喂煤系统发生故障，可按正常停车操作，也可维持系统低负荷生产，这时要适当减少系统的排风量，并且要特别注意各级旋风筒发生堵塞现象。

（3）预热器发生堵塞事故，要立即采取止料、止煤、慢转窑操作，窑内使用小火保温，抓紧时间捅堵。

（4）烧成带筒体出现局部温度过高，应立即采取止料、止火操作，查明是掉窑皮还是掉砖。烧成带掉窑皮一般表现为局部过热，筒体表面温度不是很高；掉砖时筒体表面温度一般大于400℃，并且高温区边缘清晰。如果是掉窑皮，则应该采取补挂措施，但要严禁采取压补办法，以免损伤窑体；如果是掉砖，则应该停窑换砖，否则得不偿失。

（5）如果故障能在短时间内排除，要采取保温操作：减小系统拉风，窑内间断喷煤，控制尾温不超过550℃，C_1出口温度不超过350℃。

4.5.9 计划停窑操作

（1）接到停窑通知后，计算煤粉仓内的存煤量，确保停窑后煤粉仓内的煤粉烧空；如果要清理生料均化库，也要将库内的生料用光。

（2）在确定止火前2h，逐步减少生料喂料量，在此期间窑和分解炉系统运行不稳定，要特别注意系统温度、压力的异常变化。

（3）随着生料的减少，逐步减少窑和分解炉的用煤量，避免窑内结大块，烧坏窑内窑皮或衬砖，避免预热器内筒烧坏。

（4）停止生料均化库充气组，停止均化库卸料组，将喂料皮带秤设定为0t/h，停止生料输送至喂料仓组，停止窑尾生料喂料组。

（5）停止分解炉喂煤组，降低高温风机转速，控制窑尾废气中O_2含量在1.5%左右。

（6）根据窑内情况，逐渐减煤，直至停煤，逐渐减小窑速至0.60r/min，转空窑内物料。

（7）停止窑头喂煤组，停止窑头一次风机组，通知窑巡检岗位人员将燃烧器从窑内退出来。

（8）止火 1h 后，启动辅助传动，执行表 8.4.2 所示的冷窑方案。

表 8.4.2　冷　窑　方　案

止火后的时间（h）	转窑量（°）	间隔时间（min）
1		连续
3	120	15
6	120	30
12	120	60
24	120	120
36	120	240

（9）随着出窑熟料的减少，相应减少篦冷机冷却风机的风量及窑头废气排风机的风量，注意保证出篦冷机熟料温度低于 100℃，窑头呈负压状态。

（10）当篦冷机内物料清空后，停篦冷机传动电机的冷却风机、润滑油站、篦冷机主传动电机。

（11）停篦冷机冷却风机组。

（12）停篦冷机废气处理组。

（13）停篦冷机废气粉尘输送组。

（14）停熟料输送组。

（15）对预热器、分解炉、篦冷机及窑内部进行仔细检查，确认需要检修的项目内容。

4.6　预分解窑特殊窑情的处理

4.6.1　预分解窑的结圈

预分解窑结圈的原因比较复杂，一般窑的直径愈小、煤粉的灰分及水分含量愈大、生料的 KH 及 SM 愈低、物料液相黏性愈大，窑内愈容易形成结圈。结圈表明窑处于不正常的生产状态，比如窑内结后圈，会严重影响通风，尾温明显降低，料层波动很大，窑速波动很大，直接影响窑的产量、质量、煤耗和安全运转。

4.6.1.1　窑尾圈

窑尾圈一般结在离后窑口大约 10m 远的位置，实质上就是一种结皮性的硫碱圈。

1. 窑尾圈的形成原因

（1）当原燃料中的三氧化硫、氧化钠、氧化钾等有害成分含量较高，在 930℃ 左右时，生成大量的低熔点硫酸盐，使物料液相过早地出现，同时液相黏度比较大，逐渐聚集起来就形成结皮性的硫碱圈。

（2）分解炉用煤量过多

当分解炉用煤过量过多、三次风量不足时，过剩煤粉随生料入窑，在窑尾遇到过剩空气重新燃烧放热，出现局部温度过高现象，在离后窑口不远处结皮，结皮逐渐积聚形成结圈。

2. 窑尾圈的处理

（1）将燃烧器适当伸进窑尾方向一段距离，加大窑尾排风量，加大窑头用煤量，增长火焰长度，提高窑内温度，使结圈处的温度高于 1000℃，就可以将结皮性的硫碱圈烧垮烧融。

（2）减少分解炉的用煤量。

控制分解炉的用煤量，其最大值不超过总用煤量的 65%，合理控制三次风量，保证煤粉在分解炉内完全燃烧，减少过剩煤粉入窑的几率。

4.6.1.2 后结圈

1. 后结圈的害处

后结圈一般结在烧成带和放热反应带的交界处。窑内一旦形成后结圈，会对生产造成严重的危害。

(1) 窑内通风受到严重影响，火焰伸不进去，形成短焰急烧，烧成带产生局部高温，损伤窑皮和耐火砖。

(2) 窑尾温度明显降低，物料预烧差。

(3) 窑尾负压上升，来料波动大。

(4) 窑传动电流（功率）增加，熟料电耗增加。

(5) 熟料产量、质量降低，煤耗增加。

(6) 处理结圈时很容易损伤窑皮，甚至发生红窑事故。

(7) 为形成大料球创造条件。如果没有后结圈的阻挡，虽有预热器系统能富集有害元素，但形成的小料球不会停留在圈后越滚越大。

2. 后结圈的形成原因

(1) 生料成分的影响

生料中的碱、氯、硫有害成分含量高，生料中的熔融矿物成分含量就高，液相出现的温度降低，液相就会提早出现，液相量大，液相黏度大，容易形成后结圈。

(2) 煤的影响

煤灰中氧化铝成分的含量较高，当煤粉的灰分含量大、细度粗，煤灰沉落在过渡带和烧成带交界位置的煤灰量就多，形成的液相量增加，液相黏度增加，形成后结圈的几率增加。

(3) 窑直径的影响

回转窑直径愈小，形成结圈的圆拱力就愈小，结圈就不宜垮落。直径小于 3.0m 的回转窑很容易结后圈，直径大于 3.5m 的回转窑，形成后结圈的几率相对比较小。

(4) 操作的影响

①窑头用煤量过多，产生不完全燃烧现象，窑内出现还原气氛，物料中的三价铁被还原成为亚铁，而亚铁属于低熔点矿物，使液相及早出现，容易形成后结圈。

②内风及外风的比例控制不合理，造成火焰过长，尾温明显升高，物料预烧好，液相及早出现，容易形成后结圈。

③生料成分不稳定、喂料量不稳定，造成窑速波动大、热工制度不稳定，容易形成后结圈。

④窑速过慢，容易形成长厚窑皮，而长厚窑皮是形成后结圈的主要原因。

3. 后结圈的处理

(1) 冷烧法

当后结圈结得远而不高时，只要将燃烧器拉出窑外适当距离，适当降低窑速，调整火焰形状，使火焰变粗变短，降低结圈处的温度，使圈体出现裂纹和裂缝而逐渐垮落，这种方法叫冷烧法。采取冷烧方法时，要求烧成带温度比正常低，燃烧器尽量拉出窑外最大距离，窑速要力争快转，使火焰长度缩短。

（2）热烧法

当后结圈结得近而不高时，只要将燃烧器伸进窑内适当距离，再适当增加窑速，调整火焰形状，使火焰变长变细，提高结圈处的温度，将圈逐渐烧熔烧垮，这种方法叫热烧法。采取热烧方法时，要求烧成带温度比正常高，燃烧器尽量向窑内方向伸进，窑速控制要慢，使火焰长度增加。

（3）冷热交替法

当后结圈结得远而高时，就要采取冷热交替处理法。先采取冷烧法处理大约 2～4h，降低结圈处的温度，使圈体出现裂纹和裂缝；再减少生料喂料量 20％～30％，采取热烧法处理大约 2h，提高结圈处的温度，增大其热应力，使已经出现裂纹和裂缝的圈体垮掉。

（4）停窑处理

如果三种操作方法都无法处理或减缓后结圈的长势，就要采取停窑处理的方法。冷窑后进窑仔细观察结圈的状况，根据结圈的厚度和硬度，选择手锤、钢钎、风镐、风钻、高压水枪等清理工具。

如果采用手锤和钢钎处理，作业程序要从外到内、从上到下进行，在停窑位置的左上方（窑是逆时针方向转动，人面向窑尾），将窑上半圆的结圈打开一道大约 300mm 宽的槽口，然后慢慢转窑，剩余的结圈会自行脱落，个别没有脱落的部位，再人工处理。

如果采用风镐、风钻、高压水枪等清理工具，则要从要点下方清打结圈，操作时特别注意不能损伤其下面的耐火砖，注意上方随时可能塌落的窑皮。

（5）掉圈后的操作

后结圈的圈体后往往积有很多生料粉，当后结圈垮落后，圈体及圈体后这些生料，会一起涌进烧成带，使火焰压缩变短变粗，操作不当容易出现局部高温现象，有烧坏窑皮及衬砖的可能，同时，还有跑生料的可能。所以要预先降低窑速，适当降低窑尾排风量，控制火焰的长度，提高烧成带的热力强度，避免出现跑生料或欠烧熟料现象。

4. 防止形成后结圈的措施

（1）在保证熟料质量和物料易烧性的前提下，降低熔融矿物成分含量，适当提高硅率、降低铝率，控制适当的液相量和液相黏度。

（2）控制原燃材料中碱、氯、硫等有害成分的含量。

（3）发现窑内有长厚窑皮就及时处理，避免形成后结圈。

（4）如果煤粉灰分含量大于 30％，则控制煤粉细度 0.08mm 筛余指标在 3％～5％之间，细度合格率大于 90％；水分指标<1.2％，合格率大于 90％。

（5）控制熟料 f-CaO 含量小于 1.0％。

（6）采取薄料快转的煅烧方法，控制窑的快转率达到 90％及以上。

4.6.1.3 前结圈

1. 前结圈过高的危害

前结圈一般结在烧成带靠近窑口的部位。当前结圈高度小于 350mm 时，对熟料的煅烧有利：延长熟料在烧成带的停留时间，使物料煅烧反应更完全，降低熟料游离氧化钙的含量。但前结圈高度达到 400mm 及以上时，就会产生如下危害。

（1）影响窑操作员现场观察烧成带窑情，容易造成判断失误，影响操作参数的确定。

（2）减少窑内通风面积，影响入窑二次风量，影响正常火焰形状，煤粉容易发生不完全燃烧现象。

（3）熟料在烧成带内停留时间过长，容易结大块，容易磨损和砸伤窑皮，影响耐火砖的使用寿命。

2. 前结圈的形成原因

（1）由于风煤配合不好、煤粉细度粗、煤灰和水分含量大等原因使火焰变长，烧成带向窑尾方向移动，造成烧成带的温度相对降低，熔融的物料凝结在窑口处使窑皮增厚，如果不及时处理，就会发展成前结圈。

（2）煤粉沉落到熟料上，在还原条件下燃烧，三价铁被还原成亚铁，形成低熔点的矿物。

（3）煤灰中三氧化二铝含量高，使熟料液相量增加、黏度增加，熟料熔融矿物含量增加，遇到入窑的二次风，就会被冷却而逐渐凝结在窑口形成前结圈。

3. 前结圈的处理

（1）适当增加窑内料层厚度，将燃烧器拉出窑外适当距离，缩短火焰长度，控制火焰的高温部分正好落在前结圈位置上，直接将前结圈烧熔、烧垮。

（2）如果燃烧器已经不能拉出，则操作上应采取适当减小排风量、增加内风、减少外风的方法，缩短火焰长度，控制火焰的高温部分正好落在前结圈位置上，直接将前结圈烧熔、烧垮。

（3）烧前结圈时，最好使用灰分低、细度细的煤粉；控制火焰长度不能太短，要保护好窑皮，防止出现红窑事故。

4. 防止前结圈的措施

（1）控制煤粉的细度和水分，加快煤粉燃烧速度。

（2）控制预分解窑内不出现冷却带。

（3）提高二次风温，提高前结圈部位的温度。

（4）发现前结圈高度达到 350mm 就要及时处理。

4.6.2 飞砂料

飞砂料是指回转窑烧成带产生大量飞扬的细粒熟料，其颗粒大小一般在 1mm 及以下。窑内产生飞砂料，既影响熟料的产量、质量，又影响熟料的煤耗。

1. 飞砂料的形成原因

（1）液相量不足。

水泥熟料的烧结反应是在液相中进行的。烧结反应时液相量过多，容易形成大块；液相量过少，容易产生飞砂现象。

（2）生料中氧化铝或碱的含量高。

生料中氧化铝或碱的含量高，熟料在烧成带明显表现过黏、翻滚不灵活，不容易结粒，成片状从窑壁下落滑动，产生大量飞砂现象。

（3）尾温控制过高，物料预烧充分，进入烧成带后明显表现过黏，产生大量飞砂现象。

（4）生料配料方案不当，熟料硅率 SM 偏高、铝率 IM 偏高、铁含量偏低，致使熟料煅烧时液相量偏低、黏度增加，熟料结粒困难，产生大量飞砂现象。

（5）生料配料使用粉煤灰作校正原料，也易形成飞砂料。

2. 处理及预防措施

（1）改变配料方案。

熟料硅率过高，液相量会减少；铝率过高，液相量随温度增加的速度减慢，大量出现液相量的时间延迟。从配料角度出发，降低熟料硅率和铝率有利于控制及预防飞砂料。

（2）控制煅烧温度。

提高煅烧温度，熟料的液相量增加；降低煅烧温度，熟料的液相量降低。从煅烧角度出发，提高煅烧温度，有利于熟料的烧成反应，但煅烧温度过高，熟料的液相量增加，容易产生飞砂料。所以在控制熟料游离氧化钙不超标的前提下，适当降低煅烧温度，有利于控制及预防产生飞砂料现象。

（3）控制原燃材料的碱、氯、硫含量。

适当控制原燃料的碱、氯、硫含量，提高窑的快转率，提高煤的细度，可以大大改善飞砂料现象。如果必须使用碱、氯、硫含量高的原燃材料，在配料方案上，要适当降低饱和比、提高硅率；在操作上，采用较长的低温火焰，避免使用粗短的高温火焰；适当增加窑尾排风量，增加碱、氯、硫的挥发量。

（4）控制窑灰入窑量。

窑灰含碱量一般比生料高，所以窑灰的入窑量要适当控制。特别是碱含量高的原料，其窑灰碱含量更高，应该减少窑灰入窑量，避免碱含量过高引起飞砂料。对于碱含量较低的窑灰，也要和出磨生料混合均匀后再入窑。

（5）如果窑内前结圈过高，要处理掉前结圈，避免熟料在烧成带停留过长时间。

（6）加强窑内通风，控制煤粉的热值、细度和水分指标，避免煤粉发生不完全燃烧现象。

（7）适当降低窑尾排风量，增加内风、降低外风，缩短火焰的长度，降低窑尾温度，减弱物料的预烧效果，控制物料在烧成带出现液相，能够有效减少或减弱飞砂料的形成。

4.6.3 预分解窑内结球

1. 窑内结球的危害

（1）加速对结圈后部耐火砖的磨损。

（2）窑内出现后结圈，容易产生结球现象。料球被后结圈阻隔，不容易顺利通过，在后结圈的后部位置长时间和耐火砖发生摩擦，造成耐火砖严重磨损。

（3）威胁喷煤管的安全，甚至被迫止料停窑。

超过窑有效半径的"大料球"一旦进入烧成带，很可能撞击到喷煤管，直接威胁喷煤管的安全；窑内通风严重受阻，火焰根本伸不进窑内，只得止料停窑。

（4）影响篦冷机的正常控制及运行。

当"大料球"落入篦冷机后，可能砸弯砸坏篦板，卡死破碎机。人工处理"大料球"需要停窑，既费时耗力，又影响水泥的产量和质量。

2. 形成原因

（1）原燃材料中有害成分（主要是 K_2O、Na_2O、SO_3）含量高或在窑内循环富集，形成钙明矾石、硅方解石等中间矿物，造成窑内结球。

（2）当窑内结圈或采用厚料层进行操作时，也容易产生结球现象。窑内料层过厚，物料翻滚较慢，容易产生堆积现象，在过渡带出现液相后，液相容易粘结物料，逐渐滚动长大形成大球。

（3）煤粉的灰分过高、细度过粗，容易发生不完全燃烧现象，使窑尾温度过高，窑后物料出现不均匀的局部熔融，形成结球现象。

（4）生料配料不当，熟料硅率低；煤灰掺入不均，生料成分波动大，造成热工制度波动大，窑内形成结球。

3. 处理措施

（1）如果料球比较小（比如球径<500mm），操作上应适当增加窑内通风，保持火焰顺畅；在保证煤粉完全燃烧的前提下，适当增加窑头用煤，但要控制窑尾温度不要过高，并适当减少生料喂料量、降低窑速，等料球进入烧成带，再适当降低窑速，提高烧成带的热力强度，力争在短时间将其烧垮或烧熔，避免进入冷却机砸坏篦板、卡死破碎机。

（2）如果料球比较大（比如球径>1000mm），可采用冷热交替处理法。将燃烧器伸进窑内适当距离，适当降低窑速和生料喂料量，控制烧成带温度达到上线，热烧大约1~2h，再将燃烧器拉出到原来位置冷烧大约1h，这样周而复始的冷热交替处理，直到料球破裂为止。

如果操作不能使球径>1000mm大料球破裂，就把它停放在窑口位置进行停窑冷却，降温后实施人工打碎，切忌让大料球滚入冷却机，否则会砸坏、砸弯篦板，得不偿失。

4. 预防措施

（1）选择"两高一中"（高KH、高SM、中IM）的配料方案。生产实践证明，预分解窑采用高KH、高SM、中IM的配料方案，熟料不仅质量好，而且不易发生结球现象。但是生料比较耐火，对操作技能要求较高。如果采用低KH、低IM的生料，则烧结范围明显变窄，液相量偏多，熟料结粒粗大，容易导致结球。

（2）控制原燃料中有害成分（主要是K_2O、Na_2O、SO_3）含量，控制生料中$R_2O<1.0\%$，$Cl^-<0.015\%$，硫碱摩尔比在0.5~1.0之间，燃料中$SO_3<3.0\%$。

（3）加强原煤的预均化操作，降低煤粉细度和水分指标，尤其使用挥发分较低的煤粉，更要注意降低煤粉的细度和水分指标，避免煤粉发生不完全燃烧现象。

（4）控制窑内物料的填充率，采取"薄料快转"的操作方法，保证窑的快转率在90%及以上。

（5）窑灰要和出磨生料一起先入均化库进行混合均化再入窑，防止发生窑灰集中入窑现象。

（6）在保证熟料质量的前提下，可适当降低烧成带温度。

4.6.4 篦冷机堆"雪人"

1. "雪人"及形成原因

所谓"雪人"是指熟料从窑口掉落到篦冷机的过程中，在窑门罩下方的固定篦板上堆积起来的高温发黏熟料。这些熟料冷却后，不再是单个的熟料颗粒，而是一个坚硬的熟料块。严重时，这个大熟料块与运转的前窑口相碰，迫使止料停窑处理。冷却后的"雪人"十分坚硬，处理相当费时费力。

篦冷机堆"雪人"主要有以下原因：

（1）烧成带煅烧温度过高。

为了控制熟料中的游离氧化钙，烧成带的温度控制过高，尤其是原料中含有难烧的结晶粗粒石英,被迫强化煅烧,过高的煅烧温度导致熟料出窑后"飞砂"和液相并存,形成了"雪人"。

(2)短焰急烧。

采用短焰急烧操作,通常导致煤粉发生不完全燃烧现象。燃烧不完全的煤粉随熟料进入篦冷机,遇到二次风重新发生燃烧反应,使熟料在高温下发生二次结粒,形成了"雪人"。

(3)熟料发生粉化现象。

如果燃烧器伸进窑内较多,窑速较慢,熟料在窑内停留时间增加,不能形成急冷,则熟料不但易磨性变差,而且容易发生粉化现象,熟料中1mm及以下的细粉颗粒增加,它们在篦冷机与窑头之间循环富集,加剧了篦冷机内"雪人"的形成。

(4)窑门罩处温度过高。

煤粉燃烧器拉出窑口,直接在窑门罩内煅烧,等于将烧成高温带移至窑口及篦冷机上方,篦冷机进料口处成了液相熟料堆积的地方,这样就形成了"雪人"。

2.处理及预防堆"雪人"措施

(1)借助摄像或扫描系统,直接从屏幕上观察火焰形状、熟料翻滚及结粒等状况,发现异常问题,及时调整风、煤、料等参数,避免出现堆积"雪人"现象。

(2)在篦冷机入料端面设置2~4台空气炮,在"雪人"堆积形成初期,强力将"雪人"打掉。但空气炮打下的熟料颗粒常常是飞向篦冷机顶部,降低了该处浇注料的使用寿命。如果空气炮安装侧面,则同样会影响两侧耐火衬料的使用寿命。

(3)在篦冷机入料端面距篦板大约30mm高处,制作4个平行等距的100mm×200mm的方孔,平时使用耐火砖、耐火岩棉、耐火胶泥密封严实,一旦发现堆积"雪人",在保持窑头负压状态下,逐个移开方孔部位密封的耐火材料,使用钢钎或水枪向"雪人"根部施力,几十分钟便可打碎"雪人"。这种处理方法,无需止料停窑,既省时、省力,又安全、可靠。

(4)篦冷机入料进口端不设置固定篦板。这种办法确实能够大大缓解"雪人"堆积状况,但容易产生离析及布料不均等现象。

(5)如果"雪人"堆积状况相当严重,只能采取停窑人工处理。首先要止料、止火、停窑,各级预热器内不能存料,锁风阀要关严绑扎结实,通过窑尾风机使"雪人"处保持负压状态;其次是处理"雪人"的工作人员要穿戴好劳动保护用品,先使用钢钎清理松散熟料,再使用风镐、水枪等工具打碎坚硬熟料,期间需要转窑时,清理人员要携带工具撤离现场,避免窑内掉落高温熟料伤人。

4.6.5 产生黄心料的原因及处理

1.理论分析

熟料主要含有氧化钙、二氧化硅、氧化铝和氧化铁等四种氧化物,其中氧化钙、二氧化硅、氧化铝都是白色,氧化铁在氧化气氛下为黑色,在还原气氛下,由于CO和三价铁反应生成二价铁而显现黄色。熟料煅烧过程中,如果窑内通风不良,就会使煤粉产生不完全燃烧现象,形成还原气氛,熟料在烧成带就会呈黄色;熟料进入冷却带,由于氧气充足,氧含量大幅度增加,原来的还原气氛又变成了氧化气氛,熟料中的二价铁就被氧化成三价铁,熟料的颜色又变成了黑色。但此时的熟料已经结粒,氧气扩散到熟料内部比较困难,氧化反应只是发生在熟料表面，所以熟料颗粒的外表面呈现黑色，内部呈现黄色，这就是黄心料的形成过程。可见，产生黄心料的主要原因，就是煅烧过程中产生了还原气氛。

2. 原燃材料有害成分的影响及处理

原燃料中碱、硫、氯等有害成分含量过高，尤其是硫碱比越高，窑尾下料斜坡、预热器下料缩口等部位越容易结皮，从而导致系统通风不良，分解炉及窑内产生还原气氛，煤粉产生不完全燃烧现象，增加形成黄心料的机会。碱、硫、氯在预热器、分解炉及窑内的循环富集，形成低熔点的盐类，容易在窑内结球、形成长厚窑皮乃至结圈，预热器及分解炉的下料缩口等部位出现结皮，影响系统通风，窑内及分解炉内容易产生还原气氛，增加形成黄心料的机会。所以正常生产时，一定控制原燃料中的有害成分，控制进厂原煤的全硫含量＜1.5%，熟料中 $K_2O<0.3\%$，$Na_2O<0.3\%$，硫碱比＜0.8，减少硫、碱、氯在窑尾及窑内的循环富集；同时，加强对窑尾烟室、上升烟道等部位负压值的监控，发现有结皮迹象，及时用高压水枪进行处理。

3. 生料中 Fe_2O_3 成分的影响及处理

生料中的 Fe_2O_3 含量大，对煅烧产生的还原气氛更加敏感，出现黄心料的几率更大，其主要原因是在还原气氛下，Fe_2O_3 含量较大时，增加了 Fe^{3+} 被还原成 Fe^{2+} 的机会和形成的数量。

生料中的 Fe_2O_3 含量大，生料的易烧性好，但煅烧时液相可能会提前出现，而且数量增多，造成熟料结粒变粗、结大块。当窑内生料量过多时，火焰就会变短变粗，烧成带的温度就会过于集中，火焰高温区相对前移，在烧成带和冷却带的交界部位很容易长前结圈，影响窑内通风，使煤粉产生不完全燃烧现象，形成还原气氛，增加产生黄心料的几率。所以正常生产时，不能片面追求生料的易烧性，盲目增加生料中的 Fe_2O_3 含量。

4. 生料中 CaO 成分的影响及处理

生料中的 CaO 含量增大，出现黄心料的几率也会增大。其主要原因是随着 CaO 含量的增加，熟料的易烧性下降，操作上就要增加窑头的用煤量，以提高烧成带的温度。当窑头的用煤量增加过多，造成风煤配合不合理时，窑内就会产生还原气氛，增加产生黄心料的几率。所以正常生产时，一定要控制 CaO 的含量不能过高，（熟料中的 CaO 不能超过 68%）否则增加产生黄心料的几率。

5. 生料质量和分解率的影响及处理

当窑的单位容积产量偏低时，如果生料质量合格率低、质量波动大，对窑的热工制度影响相对小些，产生黄心料的几率也小。当窑的单位容积产量偏高时，如果入窑生料质量合格率低、质量波动大，生料吸收的热量波动大，对窑的热工制度影响就大，产生黄心料的几率也大。如果入窑生料的分解率偏高，其在窑内吸收热量少，操作上如不减少窑头煤量，就造成煤粉量的相对过剩，窑内出现还原气氛，产生黄心料的几率增大。如果入窑生料的分解率偏低，其在窑内吸收热量大，操作上如加煤量过大，就造成煤粉量的相对过剩，窑内出现还原气氛，产生黄心料的几率增大。所以正常生产时，保证生料中 CaO 和 Fe_2O_3 的合格率达到 90% 及以上，入窑生料的分解率达到 95%，有利于减少产生黄心料的几率。

6. 单位容积产量的影响及处理

当窑的单位容积产量小于设计值时，窑内有效空间大，窑内风速降低，煤粉燃烧时间增长，燃烧比较充分，不会产生黄心料，或产生黄心料的几率很小。当窑的单位容积产量大于设计值时，窑内有效空间变小，窑内风速变大，煤粉燃烧时间减少，发生不完全燃烧现象，增加产生黄心料的几率。当窑产量增加到一定程度，如果窑内实际通风量小于煤粉燃烧所需要的风量，就会发生不完全燃烧现象。这时，如果采取加大排风量的办法，则窑内气流速度就会增加，煤粉燃烧时间还会缩短，加剧煤粉的不完全燃烧，更容易产生黄心料。所以，正常生产时，单位容积产量达到设计标准时，就不要再盲目增加产量，否则就容易产生黄心料。

7. 煤的影响及处理

煤粉的灰分大、发热量低、挥发分低、细度粗、水分大时，容易造成煤粉燃烧速度减慢，产生不完全燃烧现象，形成还原气氛。有时进厂原煤水分大、灰分大，为提高煤磨产量，保证窑生产所需的煤粉量，又错误地调整了出磨煤粉指标：细度由原来的小于 12% 提高到小于 14%；水分由原来的小于 1.2% 提高到小于 1.5%。其结果严重影响了煤粉的燃烧速度，使火焰拉长，高温区后移，液相提前出现，窑内容易形成大块、结圈，窑尾下料斜坡、上升烟道等部位容易结皮，影响窑内通风，产生还原气氛下，增加形成"黄心料"的几率。所以正常生产时，要控制进厂原煤及煤粉的质量，原煤采购指标是：灰分小于 20%，挥发分大于 28%，发热量大于 23000kJ/kg；出磨煤粉的指标是：细度小于 12%，水分小于 1.5%。如果一定进厂不合格的原煤，每次至多进原煤预均化库存量的 5%，并且要分堆放置，不能只堆放一个点，要搭配使用，发挥预均化的作用。同时，还要调整出磨煤粉的控制指标，细度由原来的小于 12% 降低到小于 10%；水分由原来的小于 1.2% 降低到小于 1.0%。

8. 窑炉用煤比例的影响及处理

预分解窑的窑炉用煤比例设计值一般是 4：6，但实际生产操作时，这个比例不是固定不变的。增加入窑生料量，就要增加分解炉的煤量，以保证入窑生料的分解率。如果生产条件受限制，不能增加分解炉煤量，这时只有依靠增加窑头煤量，强制提高烧成带的温度。但这样做的后果是人为地造成窑内煤粉过量，产生不完全燃烧现象，形成还原气氛，增大产生黄心料的几率。所以在正常生产时，在保证窑尾废气、分解炉出口废气 CO 的浓度小于 0.3% 的前提下，适当增加窑炉用煤，尤其是增加分解炉的用煤量，有利于提高窑的产质量。

9. 燃烧器的影响及处理

燃烧器的喷嘴越接近料层，越容易产生还原气氛。因为喷嘴靠近料层，火焰与物料表面之间的距离变小，氧气含量不足，在物料表面产生严重的还原气氛。同时，未燃或正在燃烧的炭粒又容易掉落在熟料中，而掉落到熟料中的炭粒，减少了与氧气的接触机会，容易发生不完全燃烧现象，产生还原气氛。根据生产实践经验，当燃烧器的中心在第四象限的（50，−30）位置、端面伸进窑内大约 200mm 时，煤粉燃烧比较理想，窑皮的长度、厚度比较理想，窑内不产生还原气氛。

燃烧器内风、外风、煤风比例不合理，风煤混合不好，煤粉容易产生不完全燃烧现象，产生还原气氛，增大产生黄心料的几率。过小的外风喷出速度，影响直流风的穿透能力，减弱对入窑二次风的卷吸，导致煤粉与二次风不能很好地混合，煤粉燃烧不完全，产生还原气氛；过大的外风喷出速度，会引起过大的回流，强化煤粉的后期混合与燃烧，使火焰核心区拉长，同样导致煤粉燃烧不完全，使窑尾温度过高。内风比例增加，火焰变粗，高温部分集中；内风比例减少，火焰变长，火焰温度相对变低。根据生产实践经验，内外风的比例控制在 4：6～3：7 时比较理想。

10. 窑炉用风比例的影响及处理

三次风负压值偏大，窑尾负压值偏小，表明入分解炉的风量相对过剩，入窑的二次风量相对减少，造成窑内通风量不足，煤粉易产生不完全燃烧现象，形成还原气氛，窑尾温度容易升高，窑尾上升烟道、窑尾下料斜坡等部位容易结皮，影响窑内通风，增加形成黄心料的几率。所以正常生产时，在保证分解炉内煤粉完全燃烧的前提下，尽量减小三次风闸板的开度，控制窑尾负压值在 300～400Pa，三次风负压值在 300～600Pa，目的是保证窑内用风量，使煤粉能够完全燃烧，不产生还原气氛。

11. 系统漏风的影响及处理

窑尾密封装置出现漏风，外界大量冷风被吸进窑内，不但降低窑内通风量，影响煤粉的燃烧，容易发生不完全燃烧现象，而且降低窑尾的废气温度，影响入窑物料的预热。窑头密封装置出现漏风，增加入窑的冷风量，减少了入窑的二次空气量，影响煤粉的燃烧，容易使煤粉发生不完全燃烧现象。预热器、分解炉等密封部位出现漏风，外界大量冷风被吸进预热系统，不但降低系统的通风量，使煤粉发生不完全燃烧现象，而且降低系统的废气温度，影响各级预热器内的物料预热，降低入窑物料的分解率。预热器锁风阀发生漏风，影响物料预热效果和气料分离效果。箅冷机锁风阀发生漏风，影响风料的热交换，降低二次风温和三次风温，影响煤粉的燃烧。所以正常生产时，一定要加强工艺管理，经常检查系统的漏风情况，发现有漏风的部位，就要及时处理，减少因为漏风而产生的影响。

12. 二次风及三次风的影响及处理

二次风温低，使窑内的煤粉燃烧速率降低，火焰相对变长，窑尾温度升高，造成窑尾下料斜坡、上升烟道等部位结皮，影响窑内通风，使煤粉产生不完全燃烧现象，窑内形成还原气氛，增加形成黄心料的几率。三次风温低，使分解炉内的煤粉燃烧速率降低，影响入窑物料的分解率；同时，分解炉出口的废气温度升高，造成最下级预热器下料缩口等部位结皮，影响窑内通风，使煤粉产生不完全燃烧现象，窑内形成还原气氛，增加形成黄心料的几率。所以在实际生产操作时，通过优化箅冷机的厚料层技术操作，尽量增加料层厚度，降低箅床速度，提高一室的箅下压力，使入窑的二次风温达到 950～1000℃ 及以上，入分解炉的三次风温达到 700～750℃ 及以上，提高煤粉的燃烧速率，保证煤粉完全燃烧，不产生还原气氛。

13. 窑速的影响及处理

窑尾下料量过多，窑速过慢，窑内填充系数过大，一方面减少了窑内通风面积，造成窑内通风不良；另一方面，燃烧器喷嘴和料层之间的距离相对减少，已经燃烧的和没有燃烧的煤粉颗粒容易掉落在料层表面，发生不完全燃烧现象，增加形成黄心料的几率。所以在实际生产操作时，通过风、煤、料及窑速的优化匹配，采用"薄料快转"的煅烧方法，保持窑的快转率在 90% 及以上，增加物料在窑内的翻滚次数，有利于强化物料的煅烧。

14. 窑尾还原气氛的影响及处理

窑尾废气中含有 CO 气体成分，分解炉出口废气中没有 CO 气体成分，说明窑尾存在还原气氛，分解炉内不存在还原气氛。这种生产条件下产生的黄心料，主要原因是窑内通风量不足，煤粉燃烧需要的氧气不足，使煤粉产生了不完全燃烧现象，窑内形成了还原气氛，增加形成黄心料的几率。所以在实际生产操作时，控制窑尾废气及分解炉出口废气中的 CO 气体浓度小于 0.3%，保证煤粉完全燃烧，窑内不产生还原气氛。

思考题

1. 中国预分解窑煅烧技术的发展历程。
2. 预分解窑的生产工艺流程。
3. 预分解窑煅烧技术的特点。
4. 分解炉的种类与结构。
5. 分解炉的工艺性能。
6. 分解炉的热工性能。
7. 分解炉的操作控制。
8. 预分解窑的主要操作控制参数。
9. 预分解窑温度的调节控制。
10. 游离氧化钙产生的原因及分类。
11. 熟料 f-CaO 含量过高的处理措施。
12. 预分解窑试车的目的。
13. 预分解窑烘窑的目的。
14. 预分解窑产生结圈的原因及处理。
15. 预分解窑产生飞砂料的原因及处理。
16. 预分解窑产生结球的原因及处理。
17. 篦冷机堆"雪人"的原因及处理。
18. 预分解窑产生黄心料的原因及处理。

项目 9　回转窑用耐火材料

项目描述：本项目主要讲述了回转窑用耐火材料的种类、技术性能、施工砌筑及设计等方面的知识内容。通过本项目的学习，熟悉回转窑用耐火材料的种类及技术性能；掌握回转窑用耐火砖的砌筑方法和施工砌筑等方面的技能；掌握回转窑用耐火砖的设计、订购及使用等方面的技能。

任务 1　耐火材料的性能

任务描述：熟悉耐火材料的概念、性能、化学组成及分类；掌握耐火材料的物理性能、热学性能、力学性能及使用性能等方面的知识内容。

知识目标：熟悉耐火材料的概念、性能、化学组成及分类等方面的知识内容。

能力目标：掌握耐火材料的物理性能、热学性能、力学性能及使用性能等方面的知识内容。

1.1　耐火材料的概念、技术要求及分类

1. 耐火材料的概念

耐火材料是指耐火度在 1580℃ 及以上的无机非金属材料。它包括天然矿石和经过一定工艺加工的各种制品，用于高温窑炉等热工设备的结构材料，能够承受相应的物理化学变化及机械作用。

2. 耐火材料的技术要求

(1) 较高的耐火度

为了适应高温工作条件，耐火材料应该具备高温条件下不软化、不熔化的技术性能。所以要求耐火材料具有较高的耐火度。

(2) 较高的荷重软化温度

耐火材料能够承受窑炉的荷重及在操作条件下的各种应力，在高温下不丧失结构强度，不发生坍塌现象。所以要求耐火材料具有较高的荷重软化温度。

(3) 具有较高的体积稳定性

耐火材料在高温使用条件下会发生体积变化，这就要求耐火材料具有较高的体积稳定性，在高温使用条件下不至于发生较大的体积膨胀或收缩，产生致命的裂缝和裂纹，影响使用寿命。所以要求耐火材料具有较高的体积稳定性。

(4) 良好的热震稳定性

耐火材料受操作条件影响很大，当温度急剧变化时，其内部会产生膨胀应力或收缩应力，使耐火材料产生开裂、裂纹，甚至发生坍塌现象。所以要求耐火材料具有良好的热震稳定性。

(5) 良好的抗蚀性

耐火材料在使用过程中，会受到液态、炉尘、气态介质或固态介质的化学侵蚀作用，使

制品被侵蚀损坏。所以要求耐火材料具有良好的抗蚀性。

3. 耐火材料的化学组成

（1）主成分

主成分是耐火材料中占绝大多数的组分，是构成耐火基体材料的成分，是耐火材料特性的基础，它的数量和性质直接决定耐火材料的使用性能。其成分可以是元素、氧化物、非氧化物等。

（2）杂质成分

耐火材料的杂质是由原料带进来的。杂质可以降低出现液相的共融温度，增加液相数量，促进煅烧反应，有利于提高耐火材料的使用性能。

（3）添加成分

在耐火材料的生产过程中，为了提高耐火材料某方面的技术性能，人为地添加某种化学成分即是添加成分，这种添加成分也叫矿化剂；为了降低烧结温度，促进烧结反应，也可以人为地添加某种化学成分，这种添加成分就叫烧结剂。

4. 耐火材料的分类

耐火材料按主成分的化学性质可分为表 9.1.1 中的三种类型。

表 9.1.1　耐火材料的化学分类

类别	高温耐侵蚀性能	主成分	所属耐火材料
酸性耐火材料	对酸性物质的侵蚀抵抗性强	SiO_2、ZrO_2 等四价氧化物	硅石质、黏土质耐火材料
中性耐火材料	对酸性、碱性物质有相近的抗侵蚀性	Al_2O_3、Cr_2O_3 等三价氧化物、C 等原子键结晶矿物	高铝质耐火材料、铬质耐火材料、碳质耐火材料
碱性耐火材料	对碱性物质的侵蚀抵抗性强	MgO、CaO 等二价氧化物	镁质、白云石质耐火材料

1.2　耐火材料的物理性能

1. 气孔率

（1）气孔

耐火材料内的气孔是由原料中气孔和成型后颗粒间的气孔所构成，主要分为下列三类：

①开口气孔，是指一端封闭，另一端与外界相通，能为流体填充。

②闭口气孔，是指封闭在制品中不与外界相通。

③贯通气孔，是指不但与外界相通，且贯通制品的两面，能为流体通过。

为简便起见，将贯通气孔和开口气孔合并为一类，统称开口气孔。在一般耐火制品中，开口气孔的体积比例较大，闭口气孔的体积比例很小，并且难以直接测定，因此，耐火制品的气孔率常用开口气孔率来表示。

（2）气孔的孔径分布

气孔孔径分布是指耐火制品中各种孔径的气孔所占气孔总体积的百分率。在气孔率相同时，孔径大的制品其强度低。熔铸或隔热耐火制品的气孔孔径可大于 1mm，致密耐火制品中的气孔主要为毛细孔，孔径多为 $1\sim30\mu m$。

（3）气孔率的概念

气孔率是耐火制品所含气孔体积与制品总体积的百分比，是开口气孔率与闭口气孔率的和。开口气孔率是指开口气孔体积与制品总体积之比；闭口气孔率是指闭口气孔体积与制品总体积之比。致密耐火制品的开口气孔率一般为 $10\%\sim28\%$，隔热耐火制品的总气孔率一般大于 45%。

2. 体积密度

体积密度是耐火制品的干燥质量与其总体积（包括气孔）的比值。它表征耐火材料的致密程度，是所有耐火原料和耐火制品质量标准中的基本指标之一。体积密度高的制品，其气孔率小，强度、抗渣性、高温荷重软化温度等一系列性能指标好。

3. 真密度

真密度是耐火制品的干燥质量与其真体积（不包括气孔体积）之比。在耐火材料中，硅砖的真密度是衡量石英转化程度的重要技术指标。SiO_2 组成的各种不同矿物的真密度不同，鳞石英的真密度最小，方石英次之，石英最大。

4. 相对密度

相对密度是耐火材料的单位体积质量与 $4\,℃$ 水的单位体积质量之比，无量纲，即指不包括气孔在内的单位体积耐火材料的质量与 $4\,℃$ 水的单位体积质量之比，即耐火材料的真密度与水的密度之比。由于 $4\,℃$ 水的密度为 0.99973g/cm^3，故相对密度与密度基本相同，只是前者单位为 g/cm^3，后者无量纲。

5. 吸水率

吸水率是耐火制品全部开口气孔所吸收的水的质量与干燥试样的质量百分比。它实质上是反映制品中开口气孔体积的一个技术指标。由于其测定简便，在生产中习惯上用吸水率来鉴定原料煅烧质量。烧结良好的原料，其吸水率数值较低，一般应小于 5%。

6. 透气度

透气度是耐火制品允许气体在压差下通过的性能。透气度主要是由贯通气孔的大小、数量和结构决定的。某些制品要求具有很低的透气度，如用于隔离火焰或高温气体的制品；而有些制品则要求具有很好的透气度，如吹氩浸入式透气内壁专用透气耐火制品。

耐火材料一般都有气孔，其主要原因在于颗粒级配不当，不能实现最紧密的堆积；成型压力不足，没有使颗粒达到最紧密的密实程度；干燥期水分逸散时或烧制期间颗粒发生体积收缩等。常用耐火材料的体积密度和显气孔率见表 9.1.2。

表 9.1.2　常用耐火材料的体积密度和显气孔率

耐火材料名称	体积密度（g/cm^3）	显气孔率（%）
普通黏土砖	$1.80\sim2.00$	$30.0\sim24.0$
致密黏土砖	$2.05\sim2.20$	$20.0\sim16.0$
超致密黏土砖	$2.25\sim2.30$	$10.0\sim15.0$
硅砖	$1.80\sim1.95$	$19.0\sim22.0$
镁砖	$2.60\sim2.70$	$22.0\sim24.0$

一般来说，降低气孔率对于提高产品质量、增大机械强度、减少与熔渣及腐蚀性气体的接触表面面积、延长使用寿命是有好处的。但保持一定的显气孔率对于回转窑烧成带形成窑皮及缓冲热膨胀应力的影响，又有一定的好处。

1.3　耐火材料的热学性能

1. 比热容

比热容是指 1kg 耐火材料温度升高 $1\,℃$ 所吸收的热量。耐火材料的比热容取决于它的矿物组成和所处的温度，主要用于窑炉设计热工计算。

2. 热膨胀性

热膨胀性是指耐火制品在加热过程中的长度变化，其表示方法有线膨胀率和线膨胀系数两种方法。线膨胀率是指由室温至试验温度间，试样长度的相对变化率。线膨胀系数是指由室温升高到试验温度，期间温度每升高1℃试样长度的相对变化率。

材料的热膨胀与其晶体结构和键强度有关。键强度高的材料，如SiC具有较低的热膨胀系数。对于组成相同的材料，由于结构不同，热膨胀系数也不同。通常结构紧密的晶体，其热膨胀系数都较大，而类似于无定形材的玻璃，则往往有较小的热膨胀系数。

热膨胀性是耐火材料使用时应考虑的重要性能之一。炉窑在常温下砌筑，而在高温下使用时炉体要膨胀。为抵消热膨胀造成的应力，需预留膨胀缝。线膨胀率和线膨胀系数是预留膨胀缝和砌体总尺寸结构设计计算的关键参数。常用耐火制品的平均线膨胀系数见表9.1.3；耐火浇注料的平均线膨胀系数见表9.1.4。

表 9.1.3　常用耐火制品的平均线膨胀系数

材料名称	黏土砖	莫来石砖	莫来石刚玉砖	刚玉砖	半硅砖	硅砖	镁砖
平均线膨胀系数 [（20～100℃) $10^{-6}℃^{-1}$]	4.5～6.0	5.5～5.8	7.0～7.5	8.0～8.5	7.0～7.9	11.5～13.0	14.0～15.0

表 9.1.4　耐火浇注料的平均线膨胀系数

胶结剂种类	集料品种	测定温度（℃）	线膨胀系数
矾土水泥	高铝质	20～1200	4.5～6.0
	黏土质	20～1200	5.0～6.5
磷酸	高铝质	20～1300	4.0～6.0
	黏土质	20～1300	4.5～6.5
水玻璃	黏土质	20～1000	4.0～6.0
硅酸盐水泥	黏土质	20～1200	4.0～7.0

3. 热导率

热导率（也称导热系数）是指在单位温度梯度下，单位时间内通过单位垂直面积的热量。耐火材料的热导率对于高温热工设备的设计是不可缺少的重要数据。对于那些要求隔热性能良好的轻质耐火材料，检验其热导率更具有重要意义，可以减少厚度或热损失。

耐火材料的导热能力与其矿物组成、组织结构及温度有密切关系。材料的化学组成越复杂、杂质含量越多、添加成分形成的固溶体越多，它的热导率降低越明显。晶体结构越复杂的材料，热导率也越小。

耐火材料通常都含有一定的气孔，气孔内气体热导率低，因此气孔总是降低材料的导热能力。在一定温度以内，对一定的气孔率来说，气孔率越大，则导热率越小。而气孔率相同时，则与固相的连续性以及气孔部分的大小、形状、分布等有关系。一般来说，气孔大的热导率大；球形和扁平气孔，影响也各不相同，扁平气孔的方向性使不同方向测出的热导率也有差别。

1.4 耐火材料的力学性能

1. 抗压强度

抗压强度是耐火材料在一定温度下单位面积上所能承受的极限载荷。抗压强度是衡量耐火材料质量的重要性能指标，分常温抗压强度和高温抗压强度。常温抗压强度是指制品在室温下测得的数值；高温抗压强度是指制品在指定的高温条件下测得的数值。常温抗压强度主要是表明制品的烧结情况，以及与其组织结构相关的性质，测定方法简便，可用来间接地评定其他指标，如制品的耐磨性、耐冲击性以及不烧制品的结合强度等。

2. 抗折强度

耐火材料抗折强度是指试样单位面积承受弯矩时的极限折断应力，又称抗弯强度，分为常温抗折强度和高温抗折强度。室温下测得的抗折强度称为常温抗折强度；在规定高温条件下所测得的强度值称为该温度下的高温抗折强度。

3. 粘结强度

粘结强度是指两种材料粘结在一起时，单位界面之间的粘结力，主要表征不定形耐火材料在使用条件下的强度指标。不定形耐火材料在使用时，要有一定的粘结力，以使其有效地粘结于施工基体。

4. 高温蠕变性

当耐火材料在高温下承受小于其极限强度的某一恒定荷重时，产生塑性变形，变形量会随时间的增长而逐渐增加，甚至会使材料破坏，这种现象叫蠕变。耐火材料高温蠕变性是指制品在高温下受应力作用随着时间变化而发生的等高温形变，分为高温压缩蠕变、高温拉伸蠕变、高温弯曲蠕变和高温扭转蠕变等，常用的是高温压缩蠕变。

测定耐火材料的蠕变意义在于：研究耐火材料在高温下由于应力作用而产生的组织结构的变化；检验制品的质量和评价生产工艺；了解制品发生蠕变的最低温度、不同温度下的蠕变速率和高温应力下的变形特征；确定制品保持弹性状态的温度范围和呈现高温塑性的温度范围等。

5. 弹性模量

弹性模量是指材料在外力作用下产生的应力与伸长或压缩弹性形变之间的比例关系，其数值为试样横截面所受正应力与应变之比，是表征材料抵抗变形的能力。

1.5 耐火材料的使用性能

1. 耐火度

耐火度是指耐火材料在无荷重时抵抗高温作用而不熔化的性能。耐火度是判定材料能否作为耐火材料使用的依据。国际标准化组织规定耐火度达到1580℃以上的无机非金属材料即为耐火材料。常见耐火原料及制品的耐火度见表9.1.5。

表9.1.5 常见耐火原料及制品的耐火度

品　种	耐火度范围（℃）	品　种	耐火度范围（℃）
结晶硅石	1730～1770	高铝砖	1770～2000
硅砖	1690～1730	镁砖	＞2000
硬质黏土	1750～1770	白云石砖	＞2000
黏土砖	1610～1750		

2. 荷重软化温度

耐火材料荷重软化温度是指耐火制品在持续升温条件下承受恒定载荷产生变形的温度，表征耐火制品同时抵抗高温和载荷两方面作用的能力。耐火材料高温荷重变形温度的测定方法是固定试样承受的压力，不断升高温度，测定试样在发生一定变形量和坍塌时的温度，称为高温荷重变形温度。影响耐火制品荷重软化温度的主要因素是其化学矿物组成和显微结构。提高原料的纯度，减少低熔物或熔剂的含量，增加成型压力，制成高密度的砖坯，可以显著提高制品的荷重软化温度。

3. 重烧线变化率

重烧线变化率是指烧成的耐火制品再次加热到规定的温度，保温一定时间，冷却到室温后所产生的残余膨胀和收缩。正号"＋"表示膨胀，负号"－"表示收缩。

重烧线变化率是评定耐火制品质量的一项重要指标。化学组成相同的制品重烧线变化产生的原因，主要是耐火制品在烧成过程中，由于温度不匀或时间不足等影响，使其烧成不充分，这种制品在长期使用中，受高温作用时，一些物理化学变化仍然会继续进行，从而使制品的体积发生膨胀或收缩。这种变化对热工窑炉的砌体有极大的破坏作用，因此必须加强制品生产中的烧成控制，使该项指标控制在标准之内。

多数耐火材料在重烧时产生收缩，少数制品产生膨胀，如硅砖。因此，为了降低制品的重烧收缩或膨胀，适当提高烧成温度和延长保温时间是有效措施。

4. 抗热震性

抗热震性是指耐火制品抵抗温度急剧变化而不被破坏的性能，也称热震稳定性、抗温度急变性、耐急冷急热性等。影响耐火制品抗热震性的主要因素是制品的物理性能，如热膨胀性、热导率等。耐火制品的热膨胀率越大，其抗热震性越差；制品的热导率越高，抗热震性就越好。

5. 抗渣性

抗渣性指耐火材料在高温下抵抗熔渣侵蚀和冲刷作用而不破坏的能力。耐火材料的抗渣性主要与耐火材料的化学组成、组织结构、熔渣的性质等有关。采用高纯耐火原料，改善制品的化学矿物组成，尽量减少低熔物杂质，是提高制品抗渣性能的有效方法。同时注意耐火材料的选材，尽量选用与熔渣的化学成分相近的耐火材料，减弱它们界面上的反应强度，如水泥回转窑内熟料呈碱性，则应选碱性耐火材料作为衬砖。

6. 抗碱性

抗碱性是耐火材料在高温下抵抗碱侵蚀的能力。耐火材料在使用中会受碱的侵蚀，例如在高炉冶炼过程中，随着加入原料带入含碱的矿物，这些含碱矿物对铝硅质及碳质耐火炉衬产生侵蚀作用，影响炉衬的使用寿命。提高耐火制品的抗碱性，可以延长高炉的使用寿命。

7. 抗氧化性

抗氧化性是指含碳耐火材料在高温氧化气氛下抵抗氧化的能力。含碳耐火材料具有优良的抗渣性及抗热震性，其应用范围越来越广泛。但是碳在高温下容易发生氧化反应，这是含碳耐火材料损坏的重要原因。要提高含碳耐火材料的抗氧化性，可选择抗氧化能力强的碳素材料；改善制品的结构特征，增强制品致密程度，降低气孔率；使用微量添加剂，如 Al、Mg、Zr、SiC、B_4C 等。

8. 抗水化性

抗水化性是碱性耐火材料在大气中抵抗水化的能力。它是判断碱性耐火材料烧结是否良好的重要指标。碱性耐火材料烧结不良时，其中的 CaO、MgO，特别是 CaO，在大气中极易吸潮水化，生成氢氧化物，使制品疏松损坏。提高碱性耐火材料的抗水化性，可以采用下列三种方法：

(1) 提高烧成温度使其死烧。

(2) 使 CaO、MgO 生成稳定的化合物。

(3) 附加保护层，减少与大气的接触，其目的是使制品能较长时间的存放，不至于发生水化反应而遭到损坏。

9. 抗 CO 侵蚀性

抗 CO 侵蚀性是耐火材料在 CO 气氛中抵抗开裂或崩解的能力。耐火制品在 $400\sim600℃$ 下遇到强烈的 CO 气体时，由于 CO 发生分解反应，游离 C 就会沉积在制品上而使制品崩解损坏。高炉冶炼过程中，炉身 $400\sim600℃$ 的部位，由于上述原因而使高炉炉衬损毁。降低耐火制品显气孔率及氧化铁含量，可以增强其抵抗 CO 的侵蚀能力。

任务 2   回转窑常用的耐火材料

任务描述：熟悉耐火砖的作用及技术要求；掌握硅铝质砖、黏土砖、高铝砖、耐碱砖、碱性砖、隔热材料、碳化硅砖、耐火浇注料及耐火泥的技术性能；掌握预分解窑耐火材料的配套使用技能。

知识目标：掌握硅铝质砖、黏土砖、高铝砖、耐碱砖、碱性砖、隔热材料、碳化硅砖、耐火浇注料及耐火泥等方面的知识内容。

能力目标：掌握预分解窑耐火材料的配套使用的技能。

2.1   耐火砖的作用及要求

1. 耐火砖的作用

(1) 保护窑筒体

回转窑筒体由钢板卷制而成，筒体强度随温度的升高而降低。在烧制水泥熟料时，烧成带热气流温度达 $1500\sim1700℃$，而烧成带物料温度也在 $1450℃$ 左右，如不加以保护，筒体会很快烧坏，因此必须在筒体内镶砌耐火材料来保护筒体，使其不受高温热气流及物料的化学侵蚀和机械磨损，保持正常生产。

(2) 减少筒体散热损失

由于筒体温度比周围空气温度高，要向外界周围散热，一般回转窑筒体表面散热损失占总热耗的 $15\%\sim20\%$。镶砌窑衬可以隔热保温，减少窑筒体散热损失。

(3) 蓄热、进行热交换

窑衬可以充当传热介质，从热气体中吸收一部分热量，再以传导及辐射方式传给物料。

2. 回转窑对耐火砖的技术要求

(1) 耐高温性强

窑内的高温区温度一般都在 $1000℃$ 以上，要求耐火砖在高温下不能熔化，在熔点之下还要保持一定的强度，同时还要有长时间暴露在高温下不变形的特性，即要求耐火材料的高温荷重变形温度要高。

（2）化学稳定性好

燃料在窑内煅烧时产生的气体、熔渣及物料中的碱都要侵蚀窑衬，尤其在烧成带和过渡带的高温区，衬砖与水泥熟料和窑气中的氧化物、氯化物、硫化物等都会发生化学反应，其结果是降低了共熔温度，导致耐火砖体膨胀或收缩，破坏砖体的组织结构。因此，要求耐火材料要具有良好的化学稳定性，抵抗各种化学侵蚀。

（3）热震稳定性好

在开窑、停窑以及窑况不稳定的情况下，窑内温度会发生较大变化，这就要求窑内耐火砖的热震稳定性要好，急冷急热时，不易发生龟裂或者剥落。

（4）耐磨性及机械强度好

窑内物料的滑动及气流中粉尘的摩擦，均会对窑衬造成很大的磨损，尤其是在开窑初期，窑内烧成带还没有窑皮保护时更是如此。窑衬还要承受高温时的膨胀应力及窑筒体变形所造成的应力，因此要求窑衬必须具有较好的耐磨性和较高的机械强度。

（5）良好的挂窑皮性能

窑皮挂在烧成带的衬砖上，对衬砖有很大的保护作用。衬砖具有良好的挂窑皮性能，就容易挂上窑皮，并且窑皮能够维持较长的时间，可以使衬砖不受化学侵蚀与机械磨损，有利于窑的长期安全运转。

（6）孔隙率要低

窑衬的气孔率高，容易使窑内热烟气渗入其内部，造成窑衬产生化学侵蚀性损坏，特别是碱性气体更是如此。

（7）热膨胀系数小

窑筒体的热膨胀系数虽大于窑衬的热膨胀系数，但是窑筒体温度一般都在 $280\sim450℃$，而窑衬的温度一般都在 $800℃$ 以上，在烧成带的高温区，其温度超过 $1300℃$。因此窑衬的热膨胀比筒体要大，窑衬容易受热膨胀应力作用，产生膨胀裂纹。

（8）尺寸准确，外形整齐

为了保证窑衬的砌筑质量，要求耐火砖的形状和外形尺寸准确，符合设计要求，以利于保证和提高镶砌质量。

2.2 硅铝质砖

1. 黏土砖

黏土砖是由耐火黏土制成，氧化铝含量在 $30\%\sim40\%$ 的硅酸铝质耐火制品，其主要性能见表9.2.1。

表 9.2.1 黏土砖的主要性能

指　　标	等级及数值		
	三等	二等	一等
Al_2O_3	>30	35	40
耐火度（℃）	>1610	1670	1730
常温耐压强度（MPa）	>12.5	15	15
显气孔率（%）	<28	20	26
0.2MPa荷重软化开始温度（℃）	>1250	1250	1450

黏土砖的特点是：耐磨性好，导热系数小，热胀冷缩性小，因此热震稳定性好，但耐高温及耐化学侵蚀性差，一般使用在回转窑的干燥带、预热带、分解带及冷却机内。

2. 高铝砖

高铝砖是指氧化铝含量在 48% 以上的硅酸铝质耐火材料，通常分为三个等级：Ⅰ 等是指 Al_2O_3 含量＞75%；Ⅱ 等是指 Al_2O_3 含量在 60%～75% 之间；Ⅲ 等是指 Al_2O_3 含量在 48%～60% 之间。随着氧化铝含量的增加，高铝制品中的主要晶相莫来石和刚玉的数量增加，玻璃相却相应减少，制品的耐火性能提高。回转窑常用高铝砖的性能见表 9.2.2。

表 9.2.2　回转窑常用高铝砖的性能

砖　　种		磷酸盐结合高铝砖		耐磨磷酸盐砖	抗剥落高铝砖	化学结合高铝砖
		优质	普通			
化学成分	Al_2O_3（%）	＞82	≥75	≥77	＞70	≥75
	SiO_2（%）	＜2.5	≤3.0	≤3.0	≤2.0	
	CaO（%）		≤0.6	≤0.6		
耐火度（℃）		＞1770	＞1770	＞1770	＞1780	＞1770
体积密度（g/cm³）		3.15	2.65	2.70	2.50～2.60	＞2.60
显气孔率（%）		19		17～20	20～25	18～20
常温耐压强度（MPa）		77	58.8	63.7	≥45	≥60
荷重软化温度（℃）		1520	1350	1300	≥1470	≥1450
热震稳定性（次）（1100℃～水冷）		＞25	＞100	≥30	≥30	≥20

高铝砖与黏土砖相比，耐火度高，荷重软化温度高，抗剥落性、导热性、机械强度、抗化学侵蚀性等都优于黏土砖，可用于回转窑的过渡带及冷却带。高铝砖主要有以下三个类型：

（1）磷酸盐结合高铝砖和磷酸铝结合高铝质耐磨砖

磷酸盐结合高铝砖简称磷酸盐砖，牌号为 P，是以浓度 42.5%～50% 的磷酸溶液作为结合剂，集料采用经过 1600℃ 及以上高温煅烧的矾土熟料。在使用过程中，磷酸与砖面烧矾土细粉和耐火黏土相反应，最终形成以方石英型正磷酸铝为主的结合剂。

磷酸铝结合高铝质耐磨砖简称耐磨砖，牌号为 PA，是以工业磷酸、工业氢氧化铝配成磷酸铝溶液作为结合剂，其摩尔比为 Al_2O_3：P_2O_5＝1：3.2，采用的集料与磷酸盐砖相同，在砖的使用过程中，同磷酸盐砖一样形成方石英型正磷酸铝为主的结合剂。

两种砖虽然都是使用相同集料机压成型，经 500℃ 左右热处理所得的化学结合耐火制品，使用中最终形成的结合剂也是一样。但是，由于其制作工艺不尽相同，而显示了各具特色的性能。例如，磷酸盐砖的集料颗粒组成中，采用了相当多的 5～10mm 的烧矾土，砖的显气孔率较大，经同样温度处理后，砖的弹性模量较耐磨砖低得多，热震稳定性良好。而耐磨砖采用的矾土集料颗粒＜5mm，并直接采用磷酸铝溶液作为成型结合剂，压制也较密实，所以显示出更高的强度和耐磨性能，但热震稳定性则较差。因此，磷酸盐砖适合于回转窑的过渡带和冷却带，而耐磨砖主要用于窑口及冷却机。

（2）抗剥落高铝砖

抗剥落高铝砖是以高铝矾土熟料和锆英石为原料，按一定配比加压成型，经 1500℃煅烧而成。在高铝砖内 ZrO_2 呈单斜与四方型之间的相变，导致微裂纹的存在，不但改善了高铝砖的热震稳定性，而且还具有低导热性、荷重软化温度高及耐碱等性能。

（3）化学结合高铝砖

化学结合高铝砖主要原料为高铝矾土熟料，选入多种添加物，加压成型，再经干燥、热处理即成。化学结合高铝砖的特性为强度高、荷重软化温度高和抗热震稳定性好。

2.3　耐碱砖

在水泥熟料煅烧过程中，由原料和燃料携带的钾、钠、氯、硫等杂质生成硫酸盐和氯化物，它们在窑内和预热器内反复循环挥发、凝聚和富集，对普通黏土砖、高铝砖造成严重的侵蚀。碱化合物的侵蚀，主要是形成膨胀性钾霞石、白榴石等矿物，使黏土砖、高铝砖破裂损坏，所以在预热器等碱侵蚀严重部位必须采用耐碱砖。耐碱砖中 Al_2O_3 的含量一般控制在 30% 左右。大型回转窑的入料区段，表面散热损失大，而且对衬砖的要求具有良好的耐碱性，故采用耐碱隔热砖。耐碱隔热砖是利用半硅质原料，采用化学结合不烧生产工艺，具有高强、隔热及抗碱侵蚀能力强的特性。

回转窑的不同使用部位，要求配置不同的耐碱黏土砖。按理化性能指标进行分类，主要有普通型、高强型、隔热型和拱顶型四种，其理化性能见表 9.2.3。

表 9.2.3　耐碱砖的理化性能

砖　　种		普通型	高强型	隔热型	拱顶型
化学成分（%）	Al_2O_3	25～30	25～30	25～30	30～35
	Fe_2O_3	≤2	≤2	≤2	≤2.5
	SiO_2	65～70	65～70	60～67	60～65
耐火度（℃）		≥1650	≥1550	≥1650	≥1700
体积密度（g/cm³）		2.1	2.2	1.65	2.2
显气孔率（%）		≤25	≤20	≥30	≤25
耐压强度（MPa）		≥25	≥60	≥15	≥30
荷重软化温度（℃）		≥1350	≥1250	≥1250	≥1400
热膨胀率（900℃）（%）		0.7	0.7	0.6	0.6
导热系数（350℃）[W/(m·K)]		1.28	1.28	0.7	1.20
热震稳定性（次）（1100℃～水冷）		≥10	≥25	≥5	≥10

2.4　碳化硅砖

碳化硅质制品是以碳化硅（SiC）为主要原料，加入不同的结合剂制得的耐火材料。碳化硅砖具有高温强度大、导热率高、热膨胀系数小、热震稳定性好、耐磨性和耐蚀性极好等性能特点，是非常理想的窑炉材料。碳化硅和碳化硅复合砖的理化性能见表 9.2.4。

表 9.2.4 碳化硅和碳化硅复合砖的理化性能

砖 种		碳化硅砖	碳化硅复合砖	
			碳化硅质砖	高铝质砖
化学成分（%）	SiC	≥80	≥80	—
	Al_2O_3	—	—	≥80
体积密度（g/cm³）		≥2.6	≥2.6	2.3～2.4
显气孔率（%）		≤20	≤20	≤20
耐压强度（MPa）		≥80	—	≥40
荷重软化温度（℃）		≥1600	≥1600	≥1450
导热系数（350℃）［W/(m·K)］		≥10	≥10	≥1.4
热震稳定性（次）（1100℃～水冷）		≥20	≥20	≥20

2.5 碱性砖

1. 镁砖

镁砖是 MgO 含量不少于 91%，CaO 不大于 3.0%，以方镁石（MgO）为主要矿物的碱性耐火制品。镁砖的特性，可从砖体由含钙、镁、铁的硅酸盐作为方镁石晶体的胶结剂来考虑。其导热率好；热膨胀率大；抵抗碱性熔渣性能好、抵抗酸性熔渣性能差；荷重变形温度因方镁石晶粒四周为低熔点的硅酸盐胶结物，表现为开始点不高，而坍塌温度与开始点相差不大；耐火度高于 2000℃；热震稳定性差是使用中毁坏的主要原因。

镁砖的相组成为方镁石 80%～90%，铁酸镁（MgO·Fe_2O_3）、镁橄榄石（2MgO·SiO_2）和钙镁橄榄石（CaO·MgO·SiO_2）共约 8%～20%，含镁、钙、铁等硅酸盐玻璃体约 3%～5%。这些硅酸盐相可能含有硅酸三钙（3CaO·SiO_2）、镁蔷薇辉石（3CaO·MgO·2SiO_2）、钙镁橄榄石、镁橄榄石、硅酸二钙（2CaO·SiO_2）等。如果从镁砖性质要求来考虑，这些硅酸盐作为方镁石的胶结剂，如硅酸三钙，虽荷重变形温度和抗渣性均好，但烧结性很差，烧成困难；镁蔷薇辉石的烧结性差，荷重变形温度低，耐压强度小，无可取之处；钙镁橄榄石虽能促进烧结，常温耐压强度也高，但荷重变形温度很低，属有害矿物；硅酸二钙的荷重变形温度高，但烧结性差，强度低，而且在低温有相变化，容易发生崩散，也不应选做胶结剂。因此，必须以镁橄榄石结合的高荷重变形性能的镁砖及以镁铝尖晶石（MgO·Al_2O_3）结合的高热震稳定性的镁铝砖作为发展的方向。改善镁砖质量，在工艺方面要"精料精配，高压高温"，提高原料纯度和提高砖的致密度；在储存及运输方面，应特别注意防水和防潮，以免受潮后砖体发生破裂现象。

2. 聚磷酸钠结合镁砖

聚磷酸钠结合镁砖是一种化学结合镁砖，其组成是以高钙合成镁砂作集料，聚磷酸钠作粘合剂，纸浆废液作水化抑制剂。将部分菱镁矿先经过 1000℃ 轻烧成镁粉，然后以菱镁矿、轻烧镁粉、白云石为原料，经配料、粉磨、压球及回转窑烧结而成。聚磷酸钠为白色玻璃状碎屑，组成为 P_2O_5=69.33%，Na_2O=32.54%，Na_2O 和 P_2O_5 的摩尔比是 1.074；纸浆废液密度为 1.25～1.30g/cm³；其百分配比为高钙镁砂：聚磷酸钠：纸浆废液：水=100：3：(0.7～1.0)：(3.0～3.5)，配料后经湿碾、加压成型，经过 150～200℃ 干燥即为成品。

聚磷酸钠结合镁砖兼具常温固化及热固化性能，常温强度及 1450℃ 下抗压强度均较高，荷重软化点在 1700℃以上，热膨胀系数及弹性模量较普通镁铬砖高，热震稳定性亦较普通镁铬砖好，耐水泥熟料侵蚀性亦较好。

3. 镁锆砖

镁锆砖耐火度较高，1660℃以下方可被熟料侵蚀，同时氧化锆颗粒四周形成微裂纹，可吸收外力，具有较大的抗断裂强度，抗 SO_3、CO_2、R_2O、Cl^- 蒸汽侵蚀和抗熟料侵蚀，具有较高的抗压强度和抗氧化还原作用，但导热系数较尖晶石砖高，成本亦较高。

4. 普通镁铬砖、半直接结合镁铬砖、直接结合镁铬砖

普通镁铬砖的 MgO 含量在 55%～80%，$Cr_2O_3 \geqslant 8$%（一般 8%～20%），主要矿物为方镁石和铬尖晶石，硅酸盐相为镁橄榄石和钙镁橄榄石。

普通镁铬砖对碱性渣的抵抗能力强，抗酸性渣的能力比镁砖好，荷重软化点高，高温下体积稳定性好，在 1500℃时的重烧线收缩小。

直接结合镁铬砖是以优质菱镁矿石和铬铁矿石为原料，先烧制成轻烧镁砂，按一定级配高压成球，在 1900℃高温下烧制成重烧镁砂，再配入一定比例的铬铁矿石，加压成型，经 1750～1850℃隧道窑煅烧而成。经 1750～1800℃烧成者为高温直接结合镁铬砖，经 1800～1850℃烧成者为超高温直接结合镁铬砖。其生产的关键一是需要高纯原料，二是要求高压成型，三是要求高温煅烧。

半直接结合镁铬砖的烧成温度在 1550～1700℃之间。既有普通镁铬砖的性能，也有直接结合镁铬砖的性能。

普通镁铬砖对碱性渣的抵抗能力强，荷重软化点高，高温下体积稳定性好，在 1500℃时的重烧线收缩小，一般使用在普通回转窑的烧成带。在大型窑内，窑温在 1700℃以上，普通镁铬砖、半直接结合镁铬砖已难以适应，一般采用直接结合镁铬砖。表 9.2.5 列出了普通镁铬砖、半直接结合镁铬砖和直接结合镁铬砖理化性能。

表 9.2.5　普通镁铬砖、半直接结合镁铬砖和直接结合镁铬砖理化性能

砖　种		普通镁铬砖	半直接结合镁铬砖	直接结合镁铬砖			
化学成分（%）	MgO	55～60	≥65	≥70	≥70	≥75	≥80
	Cr_2O_3	8～12	8～13	≥9	≥9	≥6	≥4
	SiO_2	≤5.5	<4.0	<3.0	<2.8	<2.8	<2.5
体积密度(g/cm³)		2.85	2.90	≥2.98	≥2.98	≥2.95	≥2.93
显气孔率(%)		23～24	20～22	<19	<19	<18	<18
荷重软化温度(℃)		≥1530	$T_1 \geqslant 1550$ $T_2 \geqslant 1650$	$T_1 \geqslant 1580$	$T_1 \geqslant 1600$	$T_1 \geqslant 1600$	$T_1 \geqslant 1600$ $T_2 \geqslant 1700$
热膨胀率(1000℃)(%)		1.0	1.1	1.01	1.03	1.05	1.05
热震稳定性(次)(1000℃～水冷)		≥3	≥4	≥4	≥4	≥4	≥4

5. 化学结合不烧镁铬砖

化学结合不烧镁铬砖，不需高温烧结，而是采用化学结合剂，只需经 150～250℃的烘烤即可。结合剂一般采用聚磷酸钠（六偏磷酸钠）或水玻璃。化学结合不烧镁铬砖的特点是常温强度及 1450℃以下的抗压强度均较高；荷重软化温度，一般 0.6%变形开始点波动于

1500～1690℃，4％变形点在1700℃；热震稳定性较普通镁铬砖好，耐水泥熟料侵蚀性亦较好。其缺点是未经高温煅烧，镁砂中氧化镁颗粒和粉料易水化，所以此砖保存期较短。

6. 尖晶石镁砖

20世纪80年代以后，由于铬公害以及燃煤燃烧和原料性能的影响，出现了以尖晶石砂和镁砂为基本原料制成的尖晶石砖。尖晶石砖具有比镁铬砖优良的机械性能、抗热化学侵蚀能力以及无铬化的性能，从20世纪80年代起，尖晶石砖逐渐取代预分解窑过渡带及烧成带的镁铬砖。

尖晶石镁砖的原料为尖晶石砂和优质镁砂，尖晶石砂以菱镁矿石、苦土粉和工业氧化铝为原料加压成球，经回转窑内1900℃及以上的高温煅烧而成，也可在电弧炉内经过2200℃左右高温煅烧而成。尖晶石砖中的氧化铝含量在10％～20％，其性能见表9.2.6。

表9.2.6 尖晶石砖技术性能

名 称		电熔合成尖晶石砖	烧结合成尖晶石砖
化学成分（％）	MgO	＞78	＞80
	Al_2O_3	10～13	8～12
	Fe_2O_3	＜1	＜1
	SiO_2	＜1.8	＜1.5
体积密度(g/cm^3)		≥2.92	2.92～2.95
显气孔率（％）		≤19	17～19
耐压强度(MPa)		≥40	≥40
荷重软化温度（℃）		$T_{0.6}$≥1650 T_2≥1700 T_8＞1700	$T_{0.6}$≥1650 T_2≥1700
热膨胀率(1000℃)（％）		0.96	0.99
导热系数(800℃)[W/(m·K)]		3.00	3.00
热震稳定性（次）(1100℃～水冷)		≥8	≥8

（1）镁铝尖晶石砖

镁铝尖晶石砖是为了改善镁砖的热震稳定性，在配料中加入氧化铝而生成的以镁铝尖晶石（$MgO·Al_2O_3$）为主要矿物的镁质砖。

20世纪70年代末期，随着新型干法水泥生产的发展，在生产直接结合镁铬砖之后，又向高级镁铝尖晶石砖的方向发展。90年代中期以后，由于对直接结合镁铬砖产品限制的呼声日益增高，赋予了镁铝尖晶石砖新的发展动力。90年代在研发成功第二代尖晶石镁砖后，又研发出第三代产品，其技术特点是采用大的一次晶格尺寸氧化镁，降低了氧化铁含量；采用新技术制造高弹性砖；采用尖晶石封闭结构，阻止熟料中氧化钙等成分进入砖内等。由于采取以上技术措施，增强了镁铝尖晶石砖的抗化学侵蚀性，提高了耐火度和弹性，使之可适用于窑内过渡带和烧成带。

（2）镁铁尖晶石砖

镁铁尖晶石砖是20世纪90年代末期研发的新产品。为解决镁铝尖晶石砖不易结窑皮、导热系数高的缺陷，以二价铁的尖晶石为主要原料，采用特殊弹性制造技术，在砖的热面形成一层黏性极高的极易挂窑皮的钙铁和钙铝铁化合物，这种砖就是镁铁尖晶石砖。镁铁尖晶石砖除了具备优良的挂窑皮性能外，还具有较高的耐火度和较强的抗氧化还原能力，广泛用于预分解窑的烧成带和过渡带。

（3）尖晶石砖的技术特性

①抗热震稳定性好

尖晶石砖的主要矿物是镁铝尖晶石和方镁石。由于它们在高温煅烧下的热膨胀性不一致，造成尖晶石颗粒与方镁石基质之间产生有效分离，尖晶石颗粒被气孔所包裹，当砖受到应力和温度变化时，这些气孔起到吸收能量和阻止开裂的作用。

②体积稳定性强

回转窑的窑尾废气氧含量一般控制在 2％～3％，使全窑保持氧化气氛。现在的回转窑基本上均采用煤粉作燃料，经常会出现不完全燃烧现象，产生过量的 CO，和砖中的氧化铁发生氧化还原反应，使砖产生体积膨胀或收缩，造成砖体损坏。尖晶石砖中铁含量极少，基本上不存在体积变化效应，因此它具有很强的体积稳定性。

③耐高温性能好

尖晶石砖中 SiO_2 和 Fe_2O_3 杂质极少，所以熔点低的硅酸盐矿物和铁铝尖晶石、镁铁尖晶石很少。它的主矿物方镁石（MgO，熔点 2850℃）和镁铝尖晶石（$MgO \cdot Al_2O_3$ 熔点 2850℃）的高温性能较好。

④无铬公害和抗化学侵蚀能力强

尖晶石砖中无氧化铬，所以不会生成含 6 价铬的铬盐公害。尖晶石砖中主要是方镁石和镁铝尖晶石，硅酸盐相很少，它们同碱的反应很微弱，因此尖晶石砖具有很强的抗化学侵蚀性。

7. 白云石砖

白云石砖的主要成分是方镁石（MgO），其成分与生料的成分比较接近，所以这种砖的挂窑皮性能比较好，也不会与物料发生反应，具有较高的耐火性及体积安定性。但当窑皮发生掉落时，窑砖也可能会有一部分与窑皮一起掉落。由于白云石砂中氧化钙易于吸水，使砖体受潮，因此在存储、运输过程中必须采取相应的防水、防潮措施。

20 世纪 90 年代以后，白云石砖的性能有了较大的改进，如加入 1％～3％的 ZrO_2 颗粒，适当降低显气孔率，以改善白云石砖抗热震稳定性差的缺点。为适应煅烧工业废料，出现了增加镁锆低气孔率的白云石砖，不仅保持较好的挂窑皮性能，还具有较高的抗硫、氯等有害物侵蚀能力，白云石砖的理化性能见表 9.2.7。

表 9.2.7　白云石砖的理化性能

项　目	指　标
CaO（％）	30
MgO（％）	65
体积密度（g/cm³）	2.80～2.90
显气孔率（％）	13～15
常温耐压强度（MPa）	50
荷重软化温度（℃）	≥1600
热震稳定性（次）（1100℃～水冷）	≥3

8. 镁锆砖

氧化锆熔点为 2715℃，温度超过 1660℃才被熟料侵蚀，因此镁锆砖具有较高的耐火度。氧化锆颗粒的另一特点是颗粒四周形成微裂纹，吸收外部应力，在热态和冷态条件下，具有较大的抗断裂强度。

镁锆砖具有抵抗 SO_3、CO_2 及碱氯蒸汽等有害介质的侵蚀、抵抗熟料液相的侵蚀、抵抗氧化还原气氛作用及较高的抗压强度等优点，含 $4\%\sim7\%ZrO_2$ 的镁锆砖，其导热系数已低于尖晶石砖，可用于预分解窑的烧成带。

2.6 隔热材料

隔热材料是以轻质耐火材料制成的隔热制品。隔热材料具有多孔结构、质轻、导热系数小、保温性能好等特性，广泛应用于回转窑预烧带、预热器及冷却机系统，以降低机体表面温度和散热损失。由于使用隔热材料，回转窑系统的散热损失已有大幅度的降低。

1. 硅酸钙板

硅酸钙板是一种高效节能材料，以硅质材料和石灰为原料，经高温高压工艺制成活性料浆，再经压制和烘干而成。制品主要由硬硅酸钙石和纤维组成。该制品体积密度小、强度高、导热系数低，易加工和施工，一般的硅酸钙板的主要矿物是雪硅酸钙石，使用温度只有650℃，但以硬硅酸钙石为主矿物的硅酸钙板，其使用温度可高达1050℃。

2. 隔热砖

以含硅矿物为基本材质，加适量外加剂，经一定温度煅烧后，制得轻质高强集料，再选用合理的颗粒级配，并加入一定比例的能产生微孔的结合剂，制成坯体，经干燥后入窑煅烧而成。此种隔热砖应用范围很广，已形成系列产品，其体积密度为 $0.4\sim1.650g/cm^3$，抗压强度为 $1.0\sim16MPa$，导热系数（350℃）为 $0.12\sim0.60W/(m\cdot K)$，使用温度为 $850\sim1300℃$。

另一种隔热砖是以硅藻土为原料，以膨润土为胶粘剂，木屑为燃料，再加入轻质集料，挤压成型，经干燥后煅烧制得。抗压强度为 $1.0\sim5MPa$，导热系数（350℃）为 $0.13\sim0.29W/(m\cdot K)$。

回转窑上常用的隔热砖有 CB10 和 CB20。其中 CB10 具有高强、低导热和抗热震等优良性能，一般与黏土质耐火砖组成双层隔热窑衬，用在回转窑的预热带和分解带部位。CB20的特点是砖的结构致密，除了具有足够的力学强度外，对碱性窑料有高的抗碱侵蚀性能，它既能隔热，又耐高温气流和灼热窑料的冲击，适用于回转窑的预热带和分解带。

2.7 耐火浇注料

耐火浇注料是一种不定形材料，以干料交货，并在使用前混合，施工后不用加热便在环境温度下开始硬化，达到生坯强度。浇注料具有生产工艺简单，生产耗能少，使用灵活方便等特点。在回转窑系统内，特别是在结构复杂的预热系统内的应用日趋普遍。

耐火浇注料使用高铝水泥为结合剂。高铝水泥是由电熔铝矾土和石灰或由烧结氧化铝与石灰生产的，烧结氧化铝和石灰生产的水泥有较好的物理性能和较高的耐火度。

1. 传统耐火浇注料

传统耐火浇注料的组成和制备较简单，是由耐火集料和高铝水泥配制而成的，在制备过程中细料部分的颗粒级配差，水泥颗粒也较粗。水泥加入量一般为 $15\%\sim25\%$，施工用水量 $10\%\sim15\%$，这样制备的传统耐火浇注料，加水搅拌后，水泥颗粒在水中呈絮凝状态存在，不能均匀分散，加之水泥用量多，颗粒又粗，使水泥不能得到完全水化，导致浇注料的性能不好。这种耐火浇注料在中温下（800～1000℃）失水并形成二次 CA、CA_2，硬化体总孔隙增多，使中温下强度大幅度下降。在高温下，由于水泥用量多，带入的杂质 CaO 含量相应增多，致使高温下形成低熔相多，影响了高温性能的提高。

2. 低水泥耐火浇注料

为了克服传统耐火浇注料的弱点，采用超微粉技术，选用高效表面活性剂，降低水泥用量和用水量，制备成低水泥耐火浇注料。这种浇注料具有高强、抗剥落、抗冲击和良好的热震稳定性。

（1）低水泥耐火浇注料的特点

①水泥用量低，浇注料中含钙量仅为传统耐火浇注料的 1/4～1/3，减少了低水泥浇注料中低熔相的数量，从而使高温性能明显改善。

②施工用水量低，一般为浇注料质量的 6%～7%，因此，具有高的致密度和低的气孔率。

③不仅具有较高的常温固化强度，而且经中温和高温处理后的强度不发生下降，强度绝对值为传统耐火浇注料的 3～5 倍。

④在高温下具有良好的体积稳定性，虽为不烧耐火材料，但经干燥和煅烧后，体积收缩小。

（2）低水泥耐火浇注料的分类

①刚玉质低水泥耐火浇注料。以电熔白刚玉为集料，以纯铝酸钙水泥为结合剂配制而成。这种浇注料的最高使用温度可达 1800℃，1400℃下的热态抗折强度达 7.4MPa，在高温下也具有较好的耐磨性能，适宜在新型干法水泥窑的前窑口、多通道喷煤管等部位使用。

②高铝质低水泥耐火浇注料。以煅烧高铝矾土熟料为集料，以纯铝酸钙水泥为结合剂配制而成，适用于中小型干法水泥窑前后窑口、窑门罩、冷却机弯头等部位。

③耐碱高铝质低水泥耐火浇注料。通过基质成分的调整和控制制备而成，具有机械强度高、耐碱侵蚀能力强的特点，最高使用温度达 1500℃。耐碱高铝质低水泥耐火浇注料主要用于预热器顶部、锥体、三次风管等不宜采用定形砖的部位，以及生产所用原燃料中含碱、硫、氯高的大型干法窑的窑门罩、冷却机热端、喷煤管后部等部位。

④钢纤维增强低水泥耐火浇注料。将钢纤维加入到浇注料中，组成钢纤维增强耐火浇注料，明显改善了浇注料的热震稳定性能、抗冲击性能和耐磨性能，并可提高浇注料的抗折强度，主要用于前窑口以及多筒冷却机弯头等部位。

3. 高强度耐火浇注料的理化性能

高强度耐火浇注料的理化性能见表 9.2.8。

表 9.2.8　高强度耐火浇注料的理化性能

项目	性能指标	
	优等品	一等品
Al_2O_3（%）	<93	<93
SiO_2（%）	<0.5	<1.0
CaO（%）	<4.0	<4.0

项　　目		性能指标	
		优等品	一等品
不同温度的抗压强度（MPa）	110℃	＞80	＞60
	1100℃	＞100	＞70
	1500℃	＞120	＞100
不同温度的抗折强度（MPa）	110℃	＞8	＞6
	1100℃	＞9	＞7
	1500℃	10	9
线变化率（%）	1100℃，3h	＜0.5	＜±0.5
	1500℃，3h	＜0.5	±0.5
110℃体积密度（kg/m³）		＞2900	＞2900
耐火度（℃）		＞1800	＞1800

4. 预分解窑系统常用的浇注料

预分解窑系统内不动设备的异型部位、顶盖、直墙和下料管等处，都使用耐火浇注料，其中预热器系统使用量达 50% 以上。预分解窑系统使用的浇注料主要性能及用途见表 9.2.9。

表 9.2.9　预分解窑系统用浇注料的主要性能与用途

项目内容	牌号	最高使用温度（℃）	110℃烘后体积密度（g/cm³）	110℃烘后抗压强度（MPa）	1100℃烧后抗压强度（MPa）	110℃烧后抗折强度（MPa）	1100℃烧后抗折强度（MPa）	1100℃烧后变化率（%）	主要用途
普通耐碱耐火浇注料	CT-13N	1300	2.20～2.40	≥40	≥30	≥5	≥4	−0.1～−0.5	用于回转窑、1～3级预热器系统衬里及其他工业窑炉内衬
高强耐碱耐火浇注料	CT-13NL	1300	2.20～2.40	≥70	≥70	≥7	≥7	−0.1～−0.5	用于回转窑、4～5级预热器系统衬里及其他工业窑炉内衬
高铝质低水泥耐火浇注料	G-15	1500	≥2.60	≥80	≥80	≥8	≥8	0.1～−0.3	用于回转窑、前后窑口、窑门罩、冷却机前端等耐高温部位及其他工业窑炉内衬
高铝质高强低水泥耐火浇注料	G-16	1600	≥2.65	≥100	≥100	≥10	≥10	0.1～−0.3	使用部位与 G-15 的相同，但耐温和强度优于 G-15
高铝质高强耐火浇注料	G-16K	1650	≥2.65	≥100	≥100	≥10	≥10	−0.1～−0.3	前窑口部位
抗结皮浇注料	HN-50S	1400	≥2.5	80	100	10	12	−0.1～−0.3	用于回转窑、烟室、窑尾等部位

续表

项目内容	牌号	最高使用温度（℃）	110℃烘后体积密度（g/cm³）	110℃烘后抗压强度（MPa）	1100℃烧后抗压强度（MPa）	110℃烧后抗折强度（MPa）	1100℃烧后抗折强度（MPa）	1100℃烧后变化率（%）	主要用途
喷煤管专用浇注料	G-16P	1650	≥2.65	≥80	≥100	≥8	≥10	-0.1～-0.3	喷煤管
刚玉质高强低水泥耐火浇注料	G-17	1650	≥2.65	≥100	≥100	≥13	≥13	-0.1～-0.3	用于大型回转窑前窑口、喷煤管等部位
刚玉质高强低水泥耐火浇注料	G-18	1720	≥3.00	≥100	≥100	≥13	≥13	-0.1～-0.3	使用部位与G-17的相同，但适用的温度更高
刚玉质钢纤维增强低水泥耐火浇注料	—	1500	≥2.85	≥85	≥85	≥15	≥15	-0.1～0.1	用于回转窑的前窑口、冷却机等部位
耐火捣打浇注料	PA-851	1500	≥2.50	≥50	≥50	≥7	≥7	-0.1～-0.5	用于回转窑的前口、冷却机、喷煤管等部位
莫来石高强耐火浇注料	HN-20G	1600	≥2.75	100	110	10	11	-0.1～-0.3	大型回转窑前后窑口、喷煤管等高温耐磨部位

注：施工时都采用振动方式。

2.8 耐火泥

在镶砌窑衬时，胶结耐火砖的材料称为耐火泥，也称耐火胶泥。它的功能是填充砖缝，使砌砖结为整体。耐火泥有镁质、高铝质和黏土质等三种耐火泥，砌筑不同品种的耐火砖要采用相应的耐火泥，但不同种类的耐火泥一般均可采用水玻璃为结合剂。

1. 耐火泥的质量要求

（1）施工性能好，具有适当的细度、黏性、延伸性、保水性，易于形成所要求的砖缝厚度。

（2）在操作温度下具有很强的粘结力和硬度，耐气体的侵蚀和磨损。

（3）不能因干燥和烧成引起膨胀、收缩而造成砖缝开裂。

（4）化学成分和砌筑用砖相同。

（5）具有较高的耐火度。

2. 回转窑常用的耐火泥

回转窑常用的耐火泥见表9.2.10。

表 9.2.10　耐火砖和耐火泥的匹配表

耐火砖名称	相匹配的耐火泥
黏土砖	黏土质耐火泥
耐碱砖系列	耐碱火泥
高铝砖系列	高铝质耐火泥、磷酸盐耐火泥、PA-80 型高铝质耐火泥等
镁铬砖	镁铬质耐火泥、镁铁质耐火泥
尖晶石砖	镁质及尖晶石质耐火泥
硅藻土砖	硅藻土砖用气硬性耐火泥
硅酸盐钙板	专用胶结剂

2.9　预分解窑配套的耐火材料

1. 选用原则

（1）冷却带和窑口的衬砖应选用具有良好的抗磨蚀性和抗温度急变性能的耐火材料。在生产能力较小、窑温较低的传统回转窑上可选用 Al_2O_3 含量为 $70\%\sim80\%$ 的高铝砖、耐热震高铝砖；在生产能力较大、窑温较高的新型干法窑的冷却带可选用尖晶石砖、硅莫砖，窑口可选用以刚玉为集料的钢纤维增强浇注料。

（2）烧成带和过渡带内有稳定窑皮的部位应选用碱性砖，包括镁铬砖及白云石砖。在生产能力较小、窑温较低、开停频繁的窑上也可采用磷酸盐结合高铝砖。

（3）在窑皮不稳定甚至常有露砖的过渡带应选用尖晶石砖；在生产能力较小、窑温较低的窑过渡带也可采用磷酸盐结合高铝砖。

（4）在分解带的热端部位，已经产生硫酸盐熔体和部分熟料熔体，容易粘挂不稳的浮窑皮，甚至结圈。大型窑上的这一部位，如砖受侵蚀较快，寿命太短，可采用尖晶石砖，否则可选用抗剥落高铝砖。分解带的其余部位，可以采用高铝砖。

（5）大型窑的窑门罩、篦式冷却机喉部及高温区部位，一般采用抗剥落高铝砖、化学结合高铝砖、钢纤维增强浇注料做工作层材料，但这些部位的拱顶处一般采用烧结高铝砖，不宜采用化学结合高铝砖；在高风压的篦冷机高温区侧壁处，应采用碳化硅复合砖、低水泥增强耐火浇注料，如该处磨蚀不严重，也可采用磷酸盐结合高铝耐磨砖。

（6）在窑尾预热部位，包括回转窑分解带以后的尾部、预热器及分解炉系统、三次风管道以及篦冷机的中温区，所有衬里表面温度≤1200℃的部位采用黏土质耐火材料，包括耐火砖、耐碱浇注料和普通黏土砖等。

新型干法窑系统的上述部位，最宜采用耐碱砖，包括用于预热器本体和锥体部位以及篦冷机中温区的普通耐碱砖，用于三次风管道的高强耐碱砖，用于窑尾部的耐碱隔热砖，用于拱顶的耐碱拱顶砖以及相应的耐碱浇注料。

（7）在长窑的预热分解部位，可以采用黏土砖工作层及高强度隔热砖（≥9MPa）组成的复合衬里。

（8）在非窑体的不动设备内，除工作层材料外，一般都用隔热材料做隔热层衬里，包括硅酸钙板、耐火纤维材料、隔热砖和轻质浇注料。

（9）燃烧器外保护衬一般选用低水泥刚玉质耐火浇注料、高铝质耐火浇注料以及钢纤维增强耐火浇注料等。

2. 预分解窑用耐火材料的配置

预分解窑用耐火材料的配置见表 9.2.11。

表 9.2.11　预分解窑用耐火材料的配置

工艺部位		工作层材料	隔热层材料
燃烧器		刚玉质耐火浇注料	—
预热器及连接管道		普通耐碱砖、耐碱浇注料	硅酸钙板、硅藻土砖、轻质浇注料
分解炉		抗剥落高铝砖、耐碱砖、耐碱浇注料	硅酸钙板、硅藻土砖、轻质浇注料
三次风管		高强耐碱砖、耐碱浇注料	硅酸钙板、硅藻土砖、轻质浇注料
篦冷机		碳化硅复合砖、抗剥落高铝砖、高铝质浇注料、高铝质砖	硅酸钙板、硅藻土砖、轻质浇注料
窑门罩		抗剥落高铝砖、高铝质浇注料	硅酸钙板、硅藻土砖、轻质浇注料
回转窑	前后窑口	刚玉质浇注料、碱性砖、碳化硅复合砖	
	上下侧过渡带	尖晶石砖、抗剥落高铝砖	
	烧成带	白云石砖、镁铬砖	
	分解带	碱性砖、抗剥落高铝砖	

任务 3　回转窑用耐火材料的砌筑及使用

　　任务描述：熟悉砌砖前的准备工作；掌握衬砖的砌筑方法及砌筑施工技能；掌握衬砖使用的注意事项。

　　知识目标：熟悉砌砖前的准备工作；掌握衬砖使用的注意事项。

　　能力目标：掌握衬砖的砌筑方法及砌筑施工技能。

3.1　砌砖前的准备工作

　　(1) 检查耐火砖的外形、规格、质量是否符合标准要求，是否受潮。凡外观上有裂纹及边角有碎裂、崩落的，原则上不用。如砌筑受潮耐火砖，需缓慢地进行烘干操作。同一规格的耐火砖，由于制造加工的误差而导致尺寸不准确，所以砌筑前需选砖，选好的砖可按砌筑的顺序分规格和型号存放于窑的附近，便于砌筑使用。

　　(2) 准备砌筑设备、工具及材料。

　　(3) 全面检查窑体。砌筑前清除窑筒体内壁的积灰和渣屑，对窑体作全面检查，要特别注意筒体上起凸的地方。砌筑新窑时，必须对烧成带备有足够的耐火砖，用于修补砌筑之用。

　　(4) 砌筑第一环砖时应遵守如下规则：每环应与窑的轴线绝对成直角，从挡砖圈处开始砌砖；在检修换砖时，必须观察砌筑砖的起始处现存的衬砖与窑的轴线是否成直角，若不符合标准则必须校正。

3.2　衬砖的砌筑放线和要求

1. 衬砖砌筑前的放线要求

　　窑纵向基准线要沿圆周长每 1.5m 放一条，每条线都要与窑的轴线平行；环向基准线每 10m 放一条，施工控制线每隔 1m 放一条，环向线均应互相平行且垂直于窑的轴线。

2. 砌砖的基本要求

衬砖紧贴壳体，砖与砖靠严，砖缝直，灰口小，弧面平，交圈准，锁砖牢，不错位，不下垂脱空，要确保衬砖与窑体在窑运行中可靠地同心，衬砖内的应力要均匀地分布在整个衬里和衬内每块砖上。当镶砌镁质耐火材料时，必须严格地留好适当的膨胀缝，否则，火砖在高温下膨胀，很容易产生膨胀应力，使砖产生裂纹剥落。镁质砖砌筑时通常在砖与砖之间加入纸板来保证预留的砖缝，点火升温后，纸板烧化，留下的空间供砖膨胀。

3.3 衬砖的砌筑方法

1. 根据是否使用耐火胶泥，分为湿砌法和干砌法

（1）湿砌法是将窑内壁铺上耐火胶泥，耐火砖的周围也要均匀抹上胶泥，将火砖逐块砌起来。湿砌法主要适用于黏土砖和高铝砖。

（2）干砌法是将耐火砖在窑内铺好，砖与砖之间用纸板或钢板挤紧。加钢板的目的是防止高温膨胀挤碎耐火砖。大约 1000℃ 时，衬砖发生烧结反应，钢片或铁片氧化并部分熔融，与耐火材料紧密熔合，形成一个整体。干砌法主要用于白云石砖与镁铬砖，砌筑前要严格检查砖的含水量。

2. 根据砖的排布方式，可以分为横向环砌法与纵向交错砌法

（1）横向环形砌法是将耐火砖沿窑体圆周方向成单环砌筑，此方法简单，砌筑速度快。但当砖缝超过一定范围时，易从环内掉砖，严重时，整环砖都有脱落的危险。

（2）纵向交错砌法是将耐火砖沿窑体纵向排列，使砖缝交错砌筑。此种方法不易掉砖，整体强度比较大，互相之间比较紧密。但发生问题时，一个较小的点破坏，就可能会造成较大的面破坏。

3. 根据衬砖的紧固方式，分为顶杠法、胶粘法及固定法

（1）顶杠法

顶杠法也称螺旋千斤顶法，适合直径≤4m 的窑。采用这种砌砖技术，需要在顶杠脚与砖之间嵌入木板或垫片，钢脚绝不能直接接触于砖上，以免造成砖的损坏。对于直径大于 4m 的窑，若用顶杠法砌筑，可用三排螺旋顶杠，或者用盘簧螺旋顶杠。对于直径大于 5m 的窑，若采用顶杠法砌筑，在撑窑时产生巨大的压力会使窑筒体变形，同时窑撑笨重，搬运不方便。窑径越大，窑撑承受的力也就越大，窑筒体越容易变形，砌砖的速度比较慢。

（2）胶粘法

胶粘法是在沿轴向成行的砖中，大约 20% 的砖与窑体用胶粘剂进行粘结，当砌到第一个半圆时，胶粘剂可把砖固定得较好。采用胶结法砌筑时不需要辅助工具，砌砖速度快，但不能确定砌砖圈是否牢固，对于收尾砖及凹凸不平处很难处理，砌砖前要求窑内非常干净，否则会影响到粘结的效果。

（3）固定法

窑筒体下半圈利用人工砌筑，上半圈利用砌砖机进行固定，砌砖过程中不需要转窑，在窑截面的任何一个地方都可以砌砖，砌砖机在窑内移动非常方便。固定法具有砌砖速度快、效率高、操作安全等优点。

3.4 衬砖的砌筑施工

1. 湿砌法的砌筑施工

（1）找平

砌砖前，将砖与窑体之间用浓泥浆找平，其厚度一般为 5～8mm，窑体的表面凹凸部分

用泥浆找平。

（2）分段砌筑

为了换砖方便，节约窑衬，砌砖时应分段进行，每段的长度要根据各区域衬砖的使用周期和窑的结构决定，一般 4～8m。

（3）砌筑顺序

镶砌的顺序一般从窑尾方向开始，最后砌筑烧成带。

（4）铺底

开始时找出较平的地方，从窑底画一条与窑中心线平行的直线，沿此线开始砌第一排砖，要求砌得直，砖面平，灰口大小均匀。第一排砌好后，沿圆周方向同时均衡地向两边各砌筑 2～3 趟砖，用木锤找正、找平，用灰浆灌饱，最后用灰铲将砖面刮平。

（5）砌砖

铺底工作完成后，开始向两边同时砌砖，以免由于砖的自重使其发生倾斜，影响砌筑质量。砌砖时，每块砖的侧面都应抹胶泥，已经砌上的砖必须及时用木锤敲击，以达到严实合缝的要求。砌筑过程中，要保持灰缝均匀，不得超过 3mm，并且缝要直，纵向砖缝与窑的中心线平齐，砌砖不要出台阶，大小头不准颠倒，大小头的缝必须一致。每趟的挤缝砖必须大于半块砖，以保证其强度和防止砖与砖之间松动。当镶砌超过窑内壁一半稍多 4～5 趟时，应进行支撑加固工作。

（6）锁口

当砖砌到最后 3～5 趟时，应进行锁口，也称收尾。锁口砖应分为几种不同规格，应具有正确的楔形、平整的表面、准确的尺寸。锁口砖要用整块砖，必须从侧面打入，保证结合紧密，相邻环要错开 1～2 块砖。最后一个空位需要加工成可放两块或多块较小的砖，其中有一块砖应做成大小头相等，另几块砖大小头不等，并与原来的砖相仿，先把有大小头的砖放进去，灌入灰浆约为半块砖，最后把大小头相等的砖从上面打入。当挤得不够紧时，可在砖的一面或两面楔入铁板固紧，打铁板时要全部打入，不可打断或打弯，否则会造成耐火砖应力不均而破坏。两块砖之间只能放一块铁板，相邻两圈中的小锁口砖要错开，尽量分成两行或者是两块。

2. 固定砌砖法的砌筑施工

将砌砖作业分成下半圈与上半圈两个操作面。运砖小车可以从砌砖机底部通过，把砖放到操作平台上。上下两个操作面可以同时进行工作，操作空间互不影响，有利于提高砌砖效率。下半圈的砖砌到窑径 60％ 高度就结束，此时可以使用砌砖机在上半圈进行操作。

砌砖机由操作平台和撑砖圈两部分组成。操作平台是由钢管焊接而成，平面上铺有木板。平台由四个滚轮支撑，下部留有空间，运砖小车与行人可以通过，整个操作平台可用人力在窑内推动行走，不需要搬运。撑砖圈架在操作平台上，它的下部有导轨与操作平台相连，撑砖圈与操作平台之间可以相对移动，撑砖圈上部有两排垫子，全部采用气动控制阀。

砌砖机每砌完一块砖，便可以用气垫将砖顶好，全部砌完后（顶部有一部分没有砌），在未砌砖的空位中加一个气动的夹紧器将砖夹紧，然后松开第一排气垫（砖在夹紧器的压力下不会掉落），推动撑砖圈在导轨上向前移动，将第二排气垫停到第一排气垫的位置，把气垫顶起，将砖顶好。第二排气垫只有一个气动控制开关。

松开气动夹紧器，进行收尾砖的砌筑工作。每圈砖收尾时，要根据实际情况选择收尾砖，保证收尾砖底部与筒体贴紧，前部、底部不可留有缝隙，砖彼此之间要整面贴紧。如果是每圈的砖收尾，收尾砖可以从边部放入；如果是最后一块砖收尾，只能从下部进入到砖缝中。首先将砖的下端尺寸量好，假设有 5 块砖要砌，要使 4 块砖的小端与另一块砖的大端尺寸之和等于或小于下端的尺寸，这样最后一块砖才能放进去。然后在砖缝间打入铁板，使砖接触更加紧密。

3. 前后窑口耐火浇注料的砌筑施工

新型干法窑的前后窑口通常采用耐火浇注料。砌筑施工时，浇注料中间需设有锚固件，锚固件上要涂刷一层沥青或缠绕一层塑料胶布。锚固件的膨胀系数比浇注料大，沥青或塑料胶布在高温下会熔化，相当于留有膨胀缝。筒体浇注料的施工必须一气呵成，施工操作不能中断。施工前要检查待浇注设备的外形及清洁情况，使待浇注部分要清洁干净；要在窑筒体上焊设分格板，将整个窑圈分成 12 等份，每次施工只能浇注一份。

耐火浇注料的砌筑施工步骤如下：

（1）按设计的位置焊接锚固件、间隔板。

（2）将间隔板和模板固定好。模板要有足够强度、刚性好、不走形、不漏浆。

（3）要用强制搅拌机搅拌浇注料，搅拌时预先干混，再加入 80% 用水量，视其干湿程度，徐徐加入剩余的水继续搅拌，直到获得适宜的工作稠度为止。搅拌不同的浇注料时，应先将搅拌机内腔清理干净。浇注料的加水量应严格按使用说明书控制，不得超过限量，在保证施工性能的前提下，加水量宜少不宜多。

（4）将搅拌好的浇注料马上倒入模板内，立即用振动棒分层振实，每层高度应不大于 300mm，振动间距以 250mm 左右为宜。振动时不得触及锚固件，不得在同一位置久振和重振。看到浇注料表面翻浆后应将振动棒缓慢抽出，避免浇注料产生离析现象和出现空洞。

（5）完成以上步骤后进行转窑 30°，把要施工的部位置于最低点，再重复以上步骤，直到完成整圈的浇注施工。

（6）待浇注料表面干燥后，立即用塑料薄膜将露在空气中的部分盖严，达到初凝后要定期洒水养护，保持其表面湿润，养护时间至少两天。浇注料终凝后可拆除边模继续喷水养护，但承重模板必须待强度达到 70% 以后方可拆模。

4. 预热器浇注料的砌筑施工

预热器的结构复杂，高度大，拐弯抹角多，孔洞多，密封性要求高。砌筑前，必须对所有的预热孔洞进行检查，如检修口、水管、气管、测温及测压管、清灰口、观察口、摄像口等部位，因为若砌筑完成后再开孔，会影响砌体的质量和炉体的密封效果。

预热器中的砌砖主要分成三部分，即直筒、顶盖及下料管。预热器中的耐火材料的工作温度及负荷比窑内要低些，一般很少损坏。在建预热器的时候就可进行耐火砖的砌筑，砖是由下向上砌，在旋风筒的外壁上都留有一些孔洞，供砌砖时搭架使用。

在预热器内砌砖时，旋风筒的锥体面与直筒部分的砌砖比较方便，其他不易砌砖的部位，如壳体拐弯处，一般采取先砌砖、后灌浇注料的方法。浇注料施工前，应先完成砌体施工，完毕后再在接触面上刷一层防水剂。复合砌体应分层砌筑，先砌隔热砖，后砌耐火砖，使砖体紧贴炉壳，砌体内部不应有空隙存在，如壳体不平，应用耐火泥在隔热材料与壳体之间找平。

托砖板的平整度和宽度应符合技术要求。托砖板及顶盖下一般留有膨胀缝，膨胀缝下一层的砖可竖砌，以保证膨胀缝厚度。

旋风筒的顶盖采用"工"字形吊挂砖。顶挂砖的施工方法是：先用水玻璃将一层 3mm 厚的纤维毡粘在砖上，再将砖的两侧抹上火泥，然后把砖推入钢槽内，最后在顶部与腰部分别塞入纤维毡和硅酸钙板。顶挂砖的腰部是受力部位，因此施工时注意检查砖的腰部是否有裂纹，如有裂纹应弃之不用。

由于旋风筒是圆的，顶盖边缘不能砌满，需用浇注料填实，这样顶盖上需要开口，以便灌浇注料。使用浇注料的部位，为避免硅酸钙板等隔热材料吸收水分降低固化效果和强度，在硅酸钙板与浇注料相接触面涂上一层防水剂。

5. 窑头罩的砌筑施工

窑头罩耐火砖的温度一般在 1100℃ 左右，由于温度较高，一般选用特种高铝砖，在结构上采取复合砌体，隔热砖加一层耐火砖，托砖板用刚玉质浇注料保护起来。

对于直径在 4m 以上的拱顶必须认真对待。首先，制作的拱胎必须符合设计弧度，胎面要平整；其次，支设拱胎时，必须正确和牢固；再次，要从两侧拱脚开始砌筑，同时向中心对称浇注，以免拱脚受力不均匀，产生倾斜现象，砌体的放射缝应与半径方向相吻合。

3.5　衬砖的使用

砌筑后的衬砖必须经过烘烤，方可投入使用，对碱性砖尤其是这样。碱性砖本身的热膨胀系数最大，热震稳定性最差，如用于窑内温度最高的部位，碱性砖内的温度梯度最陡，温差应力最大，因而最易产生开裂剥落现象。所以碱性砖投入使用前必须采用适当的升温制度进行烘烤。升温烘烤的原则是"慢升温，不回头"。

当用湿法新砌全部窑衬时，升温烘烤温度以 30℃/h 为宜；只检修部分碱性砖衬时，以 50℃/h 为宜。实践证明，在 300℃ 以内、800℃ 以上（直接结合镁铬砖要在 1000℃ 以上）烘烤升温速度可以稍快；在 300～800℃ 范围内升温速度不能过快，以 30℃/h 为佳，最快也不能超过 50℃/h；从常温起到砖面温度升达 800℃ 的低温烘烤时间及其从点火起到开始投料的总烘烤时间见表 9.3.1。

表 9.3.1　窑内耐火砖的烘烤制度

项　目	低温烘烤时间（h）	总烘烤时间（h）
≤1000t/d 窑只更换碱性砖	≥8	≥16
2000t/d 窑只更换碱性砖	≥8	≥16
2000t/d 窑更换全部衬砖	≥8	≥20
≥4000t/d 窑只更换碱性砖	≥10	≥20

注：烘烤中不准发生温度骤降和局部窑衬过热现象。

新型干法窑的预热系统使用大量耐火浇注料，并且采用导热系数不同的复合衬里，面积和总厚度都很大，为确保脱去附着水和化学结合水，在常温下施工后的 24h 凝结期内不准加热烘烤。在窑衬表面温度为 200℃ 和 500℃ 时还应保温一定时间，具体升温制度见表 9.3.2。

表 9.3.2　浇注料窑衬烘烤的升温制度

升温区间（℃）	升温速度（℃/h）	需用时间（h）
20～200	15	12
200	保温	20
200～500	25	12
500	保温	10
500～使用温度	40	18
共计		72

3.6　使用碱性砖的注意事项

1. 开停是关键

由于碱性砖的热膨胀系数大，1000℃的热膨胀率大约为1%～1.2%，升温至1000℃且砖衬中的应力松弛尚未出现前，可产生300N/mm² 压应力，这相当于10倍普通镁铬砖的结构强度，6倍直接结合镁铬砖、白云石砖和尖晶石砖的结构强度，因此，任何一种碱性砖都会遭到破坏。窑体受热膨胀，可部分补偿砖衬内的膨胀率达0.2%～0.4%，为1000℃时普通镁铬砖热膨胀率的1/3。但这是在热平衡条件下发生的作用，特别在点火烘窑时，窑速要慢，使窑体温度缓慢上升，这样才能发挥窑体的补偿作用。所以在烘窑升温过程中，一定要控制升温速度小于6℃/h，尤其在砖面温度达到300～1000℃的区域内，这对于以煤粉作燃料的回转窑来讲，在操作上有很大难度。

（1）温度不易控制。因为在窑内煤粉燃烧形成火焰需要一定的浓度，尤其是检修后的冷窑点火烘窑时，由于窑内和二次风温度都很低，煤粉燃烧速度和火焰传播速度都较慢，因此着火浓度下限较高，当达到了着火浓度能够点着并形成火焰时，所发出的热量就大大地超过了所需热量，温度无法控制，1h之内砖面温度就会升到500℃以上，使碱性砖受到了一定的挤压损伤。为此，有些水泥企业采用燃油点火控制系统，喷油量在100～1000kg/h范围内可任意调节，喷油压力控制在1.0～2.0MPa。开始时用油烘窑，到一定温度后采用油煤混烧，砖面温度超过1000℃后改为烧煤，可较好地控制升温过程。

（2）每次用10～20h烘窑，有的水泥企业生产管理者不易接受，尤其是生产任务紧张时，连推行4～8h的烘窑制度都有困难。

（3）不执行停窑保温操作。在准备更换烧成带碱性砖时，不是执行停窑保温操作，等待窑内温度慢降，而是采取增加窑内抽风的操作，尽快降低窑内温度，以便尽快检修更换碱性砖。这样的急冷操作，使碱性砖受到严重损伤：新换的砖第一次停窑后常发现窑皮带着30～60mm的砖脱落，剩下的砖面还可见到明显的横向、纵向裂纹。经过这样3～4次的急冷作用，即使是新砖也可能发生"红窑"事故。

2. 设备是基础

要想避免开停车期间急骤升温和急冷作用对碱性砖的损害，除需有适用的燃烧装置外，更重要的是要认真地执行点火升温和冷窑制度。设备的长期安全运转是严格执行点火升温制度和停窑冷窑制度的基础，如果每次点火升温后都能正常运行一个月、甚至几个月的时间，那么用于点火升温花费的时间和费用就会变得无足轻重，但如果设备状况不好，每月都要有几次甚至十几次的停窑，就不可能严格地执行点火升温和停车冷窑制度。因为频繁的停窑，每次都用十几个小时的时间来烘窑，从时间到费用上都花不起。因此事故频繁的回转窑，其碱性砖的使用寿命都不会太长。

3. 窑皮是屏障

窑皮作为碱性砖的外层屏障，对碱性砖具有重要的保护作用。

（1）减少砖内因温差造成的内应力。预分解窑内火焰的温度可以达到 1700℃ 及以上，如果没有窑皮保护，碱性砖极易因砖内温差应力太大而发生炸裂和剥落。窑皮的导热系数为 1.63W/(m·K)，而碱性砖的导热系数为 2.67～2.97W/(m·K)，如果生产上能保持厚度 150mm 左右的窑皮，碱性砖的热面温度可降低到 600～700℃，热面层的膨胀率只有 0.6%～0.7%；如果没有窑皮保护碱性砖，其热面层的膨胀率可达 1.5% 及以上，造成砖内温差压力达到 60～70MPa，完全超过碱性砖的结构强度，导致碱性砖产生裂纹、炸裂，甚至随窑皮一起剥落。

（2）减少化学侵蚀的几率。如果没有窑皮保护，熟料中的液相、熔融盐类，废气中的碱、氯、硫、一氧化碳等有害物质都会对碱性砖进行化学侵蚀，使砖面结构发生化学侵蚀而易遭到损坏。

（3）减缓热震的幅度。窑皮既然是屏障，自然也是窑内温度波动的缓冲层，窑温在一定范围内的波动，通过窑皮传到砖面影响甚微，即使是停车冷窑和开车点火升温期间，由于窑皮的存在，减缓了砖热面的升温速度，降低了膨胀率，因此，窑皮较完好时点火升温可适当加快速度。同时由于窑皮的保护，砖面的热疲劳程度也会明显减轻。

（4）窑皮的存在还可减少高温对碱性砖的烧蚀和在高温状态下对耐火砖的磨损。

4. 稳定是前提

挂好和保持好窑皮对延长碱性砖的使用寿命至关重要，一旦窑皮脱落，耐火砖就会暴露在高温中并被迅速加热，废气中的碱、氯、硫就会渗入砖内发生化学侵蚀，使膨胀系数较大的碱性砖发生膨胀性破坏，同时液相和碱盐的渗入又会使砖的结构遭到破坏，降低其抗热疲劳的性能。

挂好和保护好窑皮的前提是稳定热工制度，因为窑内每次较大的温度波动变化，都会对窑皮造成不同程度的损伤。

稳定热工制度就要做好以下几项工作：

（1）稳定入窑的生料成分，保证入窑生料计量的准确性。

（2）稳定入窑及入炉煤粉质量，保证入窑及入炉煤粉计量的准确性。

（3）保证热工计量仪表读数的准确性，为中控操作员提供准确的操作参数。

（4）加强设备的维护及管理，提高设备的运转率。

5. 管理是保证

（1）正确选择砖型。B 型砖（VDZ）为 71.5mm 等腰砖，砖体较小，每环砖缝多，可产生 0.4% 的膨胀补偿，加上窑体的膨胀补偿，可以达到 0.6%～0.8%，相当于普通镁铬砖热膨胀率的一半稍多，有利于缓解点火升温产生的热应力。

（2）正确选择碱性砖的厚度。生产实践证明，在烘窑过程中，碱性砖的冷端，有一个 80～100mm 的低应力厚度区，越过该区后热应力陡增，完全超过碱性砖的结构强度，使砖产生开裂及炸裂现象。频繁开停车的回转窑，使用厚度为 200mm 的 B 型碱性砖，距热端 100mm 以内的区域，在烘窑过程中会产生较大的热应力，而剩余的 100mm 部分，却还能用较长一段时间。因此，对频繁开停车的回转窑来说，B 型碱性砖的厚度选 180mm 比选

200mm 更经济实用。

（3）正确选择供货及验货方式。回转窑使用的碱性砖价格比其他种类的耐火砖价格都高，碱性砖一般都采用托盘集装箱包装，并加塑料薄膜进行防潮，以保证其使用效果。因此水泥企业要和生产厂家签订协议，来货后应整箱卸车，整箱入库保管，整箱吊运至窑头平台，到使用时再开箱检验、砌筑。只要在保质期内，开箱检查出的质量问题，生产厂家应予承认并负责解决，这样可充分利用出厂时包装保护，减少保管及搬运过程中的损坏。

（4）正确管理碱性砖的砌筑环节。回转窑完成检修试车后才能砌筑碱性砖，砌完砖到点火升温前不允许有较多的翻窑。因为耐火砖表面并不规整，如有较长时间的转窑，会使砖松动、缝隙增大，每环上方的砖就要下沉，这时不论采用加铁板处理，还是采用加砖处理，都减小了用于烘窑期间膨胀补偿的缝隙，增大了烘窑期间耐火砖热面的膨胀挤压应力，会明显降低使用寿命。

（5）正确制订和执行开窑点火的升温制度及冷窑降温制度。

任务 4　回转窑用耐火砖的设计

任务描述：熟悉耐火砖的设计与选用原则；掌握楔形砖的设计技能；掌握 B 型砖及 $\pi/3$ 型砖的搭配设计技能。

知识目标：熟悉耐火砖的设计与选用原则；掌握楔形砖的设计技能。

能力目标：掌握 B 型砖及 $\pi/3$ 型砖的搭配设计技能。

4.1　砖型设计与选用的原则

1. 设计砖型一定要和砌筑方法密切结合起来，尤其使用钢板或耐火泥砌筑碱性砖时更是如此。

2. 尽量采用标准系列的砖型。比如回转窑内砌筑的碱性砖适宜选择 B 型，其楔形面平均宽度 71.5mm，单重约 7～8kg；黏土砖和高铝砖适宜选择 ISO 型，其楔形面的大头宽度固定为 103mm。选用 B 型或 ISO 型砖时，一定选择两种相同系列的楔形砖配套使用，并配置两种不同型的锁缝砖。

3. 衬砖高度的选择

（1）回转窑衬砖高度的选择见表 9.4.1。

表 9.4.1　回转窑衬砖高度的选择

窑筒体内径（mm）	3000～3600	3600～4200	4200～5200
碱性砖高度（mm）	180～200	200～220	220～230
高铝砖高度（mm）	150～180	180～200	200～220
黏土砖高度（mm）	150～180	180～200	180～200

（2）筒式冷却机衬砖高度的选择见表 9.4.2。

表 9.4.2　筒式冷却机衬砖高度的选择

窑筒体内径（mm）	2000	2500	3000	3500
高砖的高度（mm）	160～180	200～220	220～240	250～260
低砖的高度（mm）	120～140	160～180	180～200	200～220

4. 沿筒体轴线方向，衬砖的长度选择 200mm 或 250 mm 为宜。

5. 为了便于制造和砌筑，碱性砖的单重以 7~8kg 为宜，黏土砖和高铝砖的单重以 10kg 左右为好。

6. 预热器、分解炉等不动设备的砖型设计与选用，应尽量采用标准系列的砖型（如 ISO 型）。在设备的圆柱体和锥体部位，宜采用两种砖型相搭配设计。在直墙部位可采用直形标准砖和楔形砖搭配，如果采用直形标准砖时，必须配置适当的锚固砖，衬砖的高度（厚度）可在 65mm、114mm、230mm 或 76mm、250mm 系列中选用。

4.2　楔形耐火砖的设计

1. 设计原则

（1）楔形砖的几何尺寸必须满足所用部位的弧度要求，其误差不大于 0.5mm；如果不用胶泥、不加铁板时，其误差应小于 0.2mm。

（2）两块砖之间有足够的接触面，保证每环砖的稳定、坚固。

（3）根据使用部位的工艺要求设计砖的几何尺寸，一般碱性砖的腰部尺寸应＜80mm，硅铝质砖的腰部尺寸应＜110mm。单重都应＜10kg，特殊部位用砖也应以单重＜20kg 为宜，以利于砌筑并增强体积稳定性。

2. 楔形砖的尺寸设计

楔形砖的大小头尺寸可按下列公式计算：

$$a = (Ds/2h) - \delta$$
$$b = a - s$$

式中　a——砖大头尺寸（mm）；

　　　b——砖小头尺寸（mm）；

　　　D——窑筒体内径（mm）；

　　　h——砖高（mm）；

　　　s——砖梢度即砖的大小头之差（mm）；

　　　δ——砌筑灰缝（mm）。

其公式推导过程如下：

设 d 为耐火砖层内径（mm）；m 为每圈耐火砖的砌筑块数，则

$$\pi D = m(a + \delta)$$
$$\pi d = m(b + \delta)$$
$$\pi D/(\pi D - \pi d) = m(a + \delta)/[m(a + \delta) - m(b - \delta)]$$

整理得：

$$D/(D - d) = (a + \delta)/[(a + \delta) - (b + \delta)] = (a + \delta)/(a - b)$$

把 $D - d = 2h$、$a - b = s$ 代入上式得：

$$D/2h = (a + \delta)/s$$
$$a = (Ds/2h) - \delta$$
$$b = a - s$$

3. 锁缝砖尺寸的设计

楔形砖不论用于窑内还是用于不动设备的圆筒、圆锥以及拱顶，每环砌筑到最后都必须要锁缝。如果全部用切砖机加工正常砖来锁缝，会影响砌筑施工效果，因此要使用设计锁缝

225

砖。锁缝砖的用量比较少，平均每环用 2～3 块，其大小头尺寸可比正常砖分别减少 10mm、20mm 和 30mm，而形成的三种规格锁缝砖基本可满足砌筑要求。

例如，正常砖 $a/b \times h \times l = 95/85 \times 180 \times 200$，其配用的三种锁缝砖的尺寸可分别选为：

$$85/75 \times 180 \times 200$$
$$75/65 \times 180 \times 200$$
$$65/55 \times 180 \times 200$$

锁缝砖的材质可以同正常砖相同。如果同时有几个品牌的耐火砖，高品位的锁缝砖可以用于较低品位砖的锁缝。例如，直接结合镁铬锁缝砖可用于半直接结合镁铬砖、普通镁铬砖的锁缝；抗剥落高铝锁缝砖可用于磷酸盐结合高铝砖、耐碱砖、黏土砖的锁缝。但低品位的锁缝砖不能用于高品位砖的锁缝。不同类型的砖不可互作锁缝砖，例如，碱性砖不能用作硅铝质砖的锁缝，硅铝质砖也同样不能用作碱性砖的锁缝。

4. 用砖量的计算

(1) 单块砖的质量（单重）

计算公式
$$m = V_b \times D_b \text{(kg/ 块)}$$

式中　m——单块砖的质量（kg）；

V_b——耐火砖的体积（cm^3）；

D_b——耐火砖的体积密度（g/cm^3）。

$$V_b = a + b/2 \times h \times L \times 1/10^6 (cm^3)$$

D_b 值一般可以在耐火砖的设计手册中查到，常用耐火砖的体积密度见表 9.4.3 。

表 9.4.3　常用耐火砖的体积密度

耐火砖品种	耐火砖体积密度（g/cm^3）
直接结合镁铬砖	2.90～3.0
半直接结合镁铬砖	2.95～3.00
尖晶石砖	2.90～2.95
磷酸盐结合高铝砖	2.65～2.70
磷酸盐耐磨砖	2.65～2.70
抗剥落高铝砖	2.50～2.60
普通高铝砖	2.30～2.50
普通黏土砖	2.10～2.20
高强耐碱砖	2.20
普通耐碱砖	2.10
隔热耐碱砖	1.65

(2) 每圈用砖块数 N 的计算

$$N = \pi D / (a + \delta) \text{（块）}$$

式中　a——砖大头尺寸（mm）；

D——窑筒体的内径（mm）；

δ——砌筑灰缝厚度（mm）。

在计算用砖量时，如用切砖机加工锁缝砖，N 值一律进位为正整数，例如，$N = 107.1$

时取 108 块；如采用锁缝砖时，N 值舍去小数后减去 1，例如，$N=107.1$ 时取 106 块。

（3）总用砖量的计算

正常砖的块数 N_z 按下列公式计算：

$$N_z = L_z \div (L+\delta_h) \times N$$

式中 N_z——正常砖用量（块）；

$\quad L_z$——砌筑总长度（mm）；

$\quad \delta_h$——每圈间灰缝厚度（mm）；

$\quad L$——耐火砖的长度（mm）；

$\quad N$——每圈用砖块数（块）。

当用锁缝砖时，必须考虑锁缝砖的用量。三种规格的锁缝砖，每环应有 2 块及以上的储备量，即每段至少应有 $2 \times N$ 块以上的储备用量。

用砖的块数乘以其单重即得出该砖的总重量，订货时还应该考虑 5% 的损耗。

5. 楔形砖尺寸的验算

（1）大小头尺寸的验算

假设大头尺寸合适的前提下，验算小头的尺寸。若小头尺寸大，则应是正误差；若小头尺寸小，则应该是负误差。

①求出每圈砖数 N（精确到小数点后 2 位）。

$$N=\pi D/(a+\delta) \text{（块）}$$

胶泥砌筑 $\delta=2$mm，洁净砌法 $\delta=0$mm。

②求出相应的小头尺寸 b_y。

$$b_y=\pi d/N-\delta \text{（mm）}$$

③验算误差 Δb。

$$\Delta b=b-b_y \text{（mm）}$$

一般情况下，采用洁净砌筑法时，Δb 应小于 0.2mm；采用胶泥砌筑法时，Δb 应小于 0.5mm。

将上式整理得：

$$\Delta b = b-b_y = b-[(\pi d/N)-\delta]$$
$$=b-[d/D(a+\delta)]+\delta \text{(mm)}$$

计算 Δb 数值，即可判断误差是否在控制要求之内。

（2）适用直径（砖的外径，筒体内径）的验算

由 $a=Ds/2h-\delta$ 可得：

$$D=[(a+\delta)/s]\times 2h = [(a+\delta)/(a-b)]\times 2h \text{ (mm)}$$

求出适用直径，就可以判断该直径是否与所要砌筑的直径相符。

6. 应用举例

例1 某单筒冷却机，规格为 $\phi 2\text{m}\times 13.4\text{m}$（筒体内径 2m），采用黏土质耐火砖，设计其砖型尺寸。

黏土砖的设计步骤如下：

（1）筒体直径较小，不易掉砖，筒体内热力强度不高，因此砖高 h 选 120mm。

（2）采用耐火胶泥砌筑，纵向及横向的灰缝 δ 均取 2mm。

227

（3）筒内每米可砌 5 圈砖，所以砖长取（1000/5）－2＝198（mm）。

（4）计算砖的大头尺寸

$$a = (D/2h)s - \delta = [2000/(2 \times 120)]s - 2 = 8.333s - 2(\text{mm})$$

用尝试法取 $s=10$mm 则 $a=81$mm，太小；改取 $s=14$mm，则 $a=115$mm。

（5）计算砖的小头尺寸

$$b = a - s = 115 - 14 = 101 \ (\text{mm})$$

其腰部尺寸为（115＋101）/2＝108mm＜110mm 满足设计标准要求。

（6）误差验算

$$\Delta b = b - (d/D)(a + \delta) + \delta = b - [(D - 2h)/D](a + \delta) + \delta$$
$$= 101 - [(2000 - 2 \times 120)/2000] \times (115 + 2) + 2$$
$$= 0.04\text{mm} < 0.5\text{mm}$$

该砖的尺寸完全符合设计标准要求，因此其尺寸确定为

$$115/101\text{mm} \times 120\text{mm} \times 198\text{mm}。$$

（7）锁缝砖尺寸的确定

按大小头尺寸分别比正常砖减少 10mm、20mm、30mm，得到以下三种规格的锁缝砖：

1＃　105/91mm×120mm×198mm

2＃　95/81mm×120mm×198mm

3＃　85/71mm×120mm×198mm

（8）单块砖质量的计算

查表 $D_b = 2.15$（g/cm³）

$$V_b = [(a + b)/2] \times h \times L \div 1000000(\text{dm}^3)$$
$$= [(115 + 101)/2] \times 120 \times 198 \div 1000000 = 2.566(\text{dm}^3)$$

正常砖的单块质量

$$m = V_b \times D_b$$
$$= 2.566 \times 2.15 = 5.517(\text{kg/块})$$

锁缝砖的单块质量

$$V_{b1} = [(105 + 91)/2] \times 120 \times 198 \div 1000000 = 2.328(\text{dm}^3)$$
$$m_1 = 2.328 \times 2.15 = 5.006(\text{kg/块})$$
$$V_{b2} = [(95 + 81)/2] \times 120 \times 198 \div 1000000 = 2.091(\text{dm}^3)$$
$$m_2 = 2.091 \times 2.15 = 4.495(\text{kg/块})$$
$$V_{b3} = [(71 + 85)/2] \times 120 \times 198 \div 1000000 = 1.853(\text{dm}^3)$$
$$m_3 = 1.853 \times 2.15 = 3.985(\text{kg/块})$$

（9）每圈用砖量的计算

$$N = \pi D/(a + \delta) = [2000\pi/(115 + 2)] = 53.70(\text{块/圈})$$

因订做锁缝砖，故每圈用砖量取 52 块。

（10）总用砖量计算

$$N_z = [L_z/(L + \delta_h)] \times 2 = [13400/(198 + 2)] \times N$$
$$= [13400/(198 + 2)] \times 52 = 3484(\text{块})$$

考虑有 5% 的损耗，订货数量应为 3484×1.05＝3658（块），所以正常订货量为 3658×

5.517＝20181（kg）

锁缝砖按 2 块/圈准备，其每种储备量分别为：

$[L_z/(L+\delta_h)]\times 2＝[13400/(198+2)]\times 2＝134$（块），所以订货量分别为：

1♯锁缝砖为：$134\times 5.006＝671$（kg）

2♯锁缝砖为：$134\times 4.495＝602$（kg）

3♯锁缝砖为：$134\times 3.985＝534$（kg）

总用砖量为 $20181+671+602+534＝21988$（kg）。

如果耐火黏土胶泥按耐火砖总量的 5% 计算，则需要订购耐火黏土胶泥 $21988\times 5\%＝1099$（kg）。

例 2　某回转窑筒体内径 3m，烧成带长 12m，选用半直接结合镁铬砖，采用洁净砌筑法，试设计烧成带的砖型。

设计该回转窑烧成带砖型的步骤如下：

（1）设计砖的大小头尺寸

$$a＝(3000s/2\times 180)-\delta，洁净砌法 \delta＝0$$

取 $s＝9$，则 $a＝75$（mm）

$$b＝75-9＝66（mm）$$

砖的长度 L 取 200，砖的高度 h 取 180，该尺寸有利于点火升温时吸收膨胀应力。

（2）误差的验算

$$\Delta b＝b-[(D-2h)/D](a+\delta)+\delta$$
$$＝66-[(3000-2\times 180)/3000]\times (75+0)＝0$$

所以正常砖的尺寸可确定为 $75/66mm\times 180mm\times 200mm$。

（3）确定锁缝砖的尺寸

采用 2 种锁缝砖，每圈各备用 3 块，则

1♯锁缝砖的尺寸为 $65/56mm\times 180mm\times 200mm$

2♯锁缝砖的尺寸为 $55/46mm\times 180mm\times 200mm$

（4）单块砖质量的计算

$$V_b＝[(a+b)/2]\times h\times l\times 1/10^3$$
$$＝[(75+66)/2]\times 180\times 200\times 1/10^3＝2.538\times 10^3（cm^3）$$

查得半直接结合镁铬砖的 $D_b＝2.95g/cm^3$，根据 $m＝V_b\times D_b$ 计算砖的质量：

正常砖　　$m＝2.538\times 10^3\times 2.95＝7.49$（kg/块）。

1♯锁缝砖　$[(65+56)/2]\times 180\times 200\times 1/10^3\times 2.95＝6.43$（kg/块）

2♯锁缝砖　$[(55+46)/2]\times 180\times 200\times 1/10^3\times 2.95＝5.36$（kg/块）

（5）计算每圈用砖量

$$N＝[\pi D/(a+\delta)]$$
$$＝3000\pi/75＝125.66(块)$$

因使用锁缝砖，所以每圈用砖量取 $N＝124$ 块/圈。

（6）总用砖量的计算

正常砖的块数为　$N_z＝[L_z/1+\delta h]\times N＝[12000/(200)]\times 124＝7440$（块）

考虑 5% 的损耗，实际订购的块数为 $7440\times 1.05＝7812$ 块，实际订购的质量为 $7.49\times$

7812＝58512（kg）。

　　1♯锁缝砖订购量为　［12000/（200）］×3×6.43＝1157(kg)。

　　2♯锁缝砖订购量为　［12000/（200）］×3×5.36＝965(kg)。

　　总订购量为　58512＋1157＋965＝60634(kg)

4.3　型砖的搭配设计

对于只有一台回转窑或有几台相同规格回转窑的水泥企业，一般采取自行设计或选择回转窑的砖型，其优点是设计、采购、储存和砌筑施工都比较方便，缺点是耐火材料生产厂家在生产中需要频繁更换模具，不利于提高生产效率和产品的质量。对于有几种不同规格回转窑和有预热器等复杂不动设备的水泥企业，如果采取自行设计耐火砖，则砖型就过于复杂，不同规格、不同品种的耐火砖就会多达上百种，增加了耐火材料的储备量，不用时占压库位，用时又不容易找出来，打开包装的耐火砖混在一起，有时无法区分，砌筑中很容易发生砌错事故，影响耐火砖的使用周期，这不仅增加了流动资金的占用量，而且有些长年没有使用的耐火砖，由于储存日久和管理不善而降低使用性能，甚至无法使用，造成不必要的浪费。搭配使用标准化的型砖，可以满足不同窑径衬砖的砌筑要求，这样就大大地减少了水泥企业所需耐火砖的种类，减少了耐火砖的储存量，缩短了耐火砖的储存周期，简化了耐火材料生产厂家的生产管理，缩短了交货周期，降低了耐火砖的生产成本和销售价格。这样由少数几家耐火材料生产大厂按国际标准统一供应各厂家不同直径的众多水泥窑用耐火砖。

目前，预分解窑配用的型砖主要有 VDZ 系列和 ISO 系列，表 9.4.4 列出了 VDZ 系列 B 型砖的砖码及规格，表 9.4.5 列出了 ISO 系列 π/3 型砖的砖码及规格。

表 9.4.4　VDZ 系列 B 型砖的砖码及规格

砖码	a (mm)	b (mm)	h (mm)	L (mm)	D (m)	容积 (dm³)	白云石砖	镁质、尖晶石质、镁铬质砖	黏土质高性能黏土质砖	高铝砖
B218	78.0	65.0	180	198	2.160	2.55	■	■		
B318	76.5	66.5	180	198	2.754	2.55	■	■	—	—
B418	75.0	68.0	180	198	3.857	2.55	■	■		
B618	74.0	69.0	180	198	5.328	2.55	■	■		
＊B718	78.0	74.0	180	198	7.020	2.71	■			
B220	78.0	65.0	200	198	2.400	2.83	■	■		■
B320	76.5	66.5	200	198	3.060	2.83	■	■	—	
B420	75.0	68.0	200	198	4.286	2.83	■	■		■
B620	74.0	69.0	200	198	5.920	2.83	■	■	—	■
＊B820	78.0	74.0	200	198	7.800	3.01	■	■		
B222	78.0	65.0	220	198	2.640	3.11	■	■		
B322	76.5	66.5	220	198	3.366	3.11	■	■		
B422	75.0	68.0	220	198	4.714	3.11	■	■	—	
B622	74.0	69.0	220	198	6.512	3.11	■	■		
＊B822	78.0	74.0	220	198	8.58	3.31	■	■		

注：（1）VDZ 系列是指国际通用系列，砖中部宽度（除表中带＊者外）恒定为 71.5mm。

　　（2）带"■"表示表中的耐火砖使用对应的 B 型砖进行搭配使用。

表 9.4.5　ISO 系列 π/3 型砖的砖码及规格

砖码	a (mm)	b (mm)	h (mm)	L (mm)	D (m)	容积 (dm³)	白云石砖	镁质、尖晶石质、镁铬质砖	黏土质高性能黏土质砖	高铝砖
216	103.0	86.0	160	198	1.939	2.99	—	—	—	■
316	103.0	92.00	160	198	2.996	3.09				■
218	103.0	84.0	180	198	1.952	3.33	■		■	
318	103.0	90.5	180	198	2.966	3.45	■		■	
418	103.0	93.5	180	198	3.903	3.50	■		■	
618	103.0	97.0	180	198	6.180	3.56	■		■	
220	103.0	82.0	200	198	1.962	3.66	■	■	■	■
320	103.0	89.0	200	198	2.943	3.80	■	■	■	■
420	103.0	92.5	200	198	3.924	3.87	■		■	■
520	103.0	94.7	200	198	4.964	3.91	■			
620	103.0	96.2	200	198	6.059	3.94	■			■
820	103.0	97.8	200	198	7.923	3.98	■			
222	103.0	80.3	220	198	1.996	3.99	■			
322	103.0	88.0	220	198	3.021	4.16	■	■	■	■
422	103.0	91.5	220	198	3.941	4.24	■	■	■	■
622	103.0	95.5	220	198	6.043	4.32	■	■	■	■
822	103.0	97.3	220	198	7.951	4.36	■			
425	103.0	90.0	250	198	3.962	4.78				■
625	103.0	94.5	250	198	6.059	4.89	—	—	—	■

注：（1）ISO 系列是指国际通用系列，砖的大头宽度恒定为 103mm。

（2）带"■"表示表中的耐火砖使用对应的 π/3 型砖进行搭配使用。

4.3.1　VDZ 系列 B 型砖的选型和配用

VDZ 系列的 B 型砖，中部宽度恒等于 71.5mm。由于砖的形状较薄，砌在回转窑内的每环砖的砖缝较多，对砖的热膨胀有较大的补偿作用，所以碱性砖的砖型选择 B 型最佳。

1. B 型砖选用原则

（1）砖高的选择。对于直径小于 3m 的窑，砖高 h 可选 160mm，直径大于 3m 的窑应按本项目的推荐值选择。

（2）直径的选择。从表 9.9.4 中可见，相同砖高系列的砖型，可以适用不同规格的直径。例如，砖高为 200mm 的系列砖型，B220 砖适用内径为 2400mm，B620 砖适用内径为 5920mm。如用 B220 和 B620 搭配，理论上可满足内径为 2400～5920mm 范围内任何直径的砌筑要求。但在选择中要注意以下原则：

① 两种砖的搭配比例最好控制在 1∶1～1∶2 之间比较理想，这样有利于砖衬紧靠在窑筒体，提高耐火砖的砌筑质量。

② 尽量选择适用直径之差较大的两种砖，大小头尺寸差较大，易于用肉眼区分开来。

2. B 型砖的搭配计算

确定两种搭配的砖型，就可以推算出不同窑内径两种砖的搭配比例。以 B220 和 B620 两种砖型搭配为例，说明其推导过程。

已知 B220 型砖的规格是 $b/a \times h \times l = 65/78 \times 200 \times 198$；B620 型砖规格是 $b/a \times h \times l = 69/74 \times 200 \times 198$，采用洁净法砌筑，不加耐火胶泥和铁板。

设窑筒体内径为 D mm，每环用 B220 砖数量为 x 块，每环用 B620 砖数量为 y 块，则可以列出如下的两个方程：

$$8x + 74y = \pi D$$

$$65x + 69y = \pi(D - 2h)$$

解这个方程得：

$$x = 162.6 - 0.0275D \text{(块 / 环)}$$

$$y = 0.0714D - 174.4 \text{（块 / 环）}$$

实际应用时，只要将窑的内径值代入上式，即可求出每环 B220 和 B620 搭配比例数值。

例如，某水泥企业有 5 台内径不同的回转窑，采用 B220、B620 搭配都可以满足砌筑要求，计算的配砖结果见表 9.4.6。

表 9.4.6　台回转窑的配砖

窑　　别	筒体内径（mm）	每环配砖（块）	
		B620	B220
1#	3360	69	71
2#	2960	40	81
3#	3950	111	54
4#	4000	114	53
5#	3200	57	75

B 型砖为 71.5mm 等腰砖，在同一高度系列内体积都相同，可在表 9.4.4 中查到其规格。

3. VDZ 系列 B 型砖的配砖表

不同直径的回转窑搭配使用 B 型砖，可以参考表 9.4.7。

表 9.4.7　VDZ 系列 B 型砖的搭配设计表

砖型 / 内径	B218：B618	B318：B618	B418：B618	B418：B718	B220：B620	B320：B620	B420：B620	B420：B820	B222：B622	B322：B622	B422：B622	B422：B822
3300	56：81	89：48	—	—	72：64				88：47	—	—	
3300	57：78	91：44	—	—	73：61				89：44	—	—	
3400	53：88	84：57	—	—	69：72	111：30			86：54	—	—	
3400	54：86	87：53	—	—	71：68	113：26			87：51	—	—	
3500	50：96	80：66	—	—	66：79	106：39			83：61	—	—	
3500	52：92	82：62	—	—	68：75	108：35			84：58	—	—	
3600	47：103	76：74	—	—	64：85	102：47			80：69	127：21	—	
3600	49：99	78：70	—	—	65：82	104：43			81：65	130：16	—	
3700	45：110	72：83	—	—	61：93	98：56			77：76	124：29	—	

续表

内径 ＼ 砖型	B218：B618	B318：B618	B418：B618	B418：B718	B220：B620	B320：B620	B420：B620	B420：B820	B222：B622	B322：B622	B422：B622	B422：B822
3700	46：107	74：79	—	—	62：90	100：52	—	—	79：72	126：25	—	—
3800	42：117	67：92	—	—	58：100	93：65	—	—	74：83	119：38	—	—
3800	43：114	69：88	—	—	60：96	95：61	—	—	76：79	121：34	—	—
3900	39：124	63：100	—	—	56：107	89：74	—	—	72：90	115：47	—	—
3900	41：120	65：96	—	—	57：103	91：69	—	—	73：86	117：42	—	—
4000	37：131	58：110	146：22	154：13	53：114	84：83	—	—	69：97	110：56	—	—
4000	38：128	61：105	152：14	157：8	54：111	87：78	—	—	71：93	113：51	—	—
4100	34：138	54：118	135：37	149：22	50：121	80：91	—	—	66：104	106：64	—	—
4100	35：135	56：114	141：29	152：17	51：118	82：87	—	—	68：100	108：60	—	—
4200	31：146	50：127	124：53	144：31	47：129	76：100	—	—	64：111	102：73	—	—
4200	32：142	52：122	130：44	147：26	49：124	78：95	—	—	65：107	104：68	—	—
4300	28：153	45：136	113：68	139：40	44：146	71：109	—	—	61：118	97：82	—	—
4300	30：149	48：131	119：60	142：34	46：132	74：104	—	—	62：115	100：77	—	—
4400	25：160	41：144	102：83	134：48	42：143	67：118	—	—	58：126	93：91	—	—
4400	27：156	43：140	108：75	137：43	43：139	69：113	—	—	60：121	95：86	—	—
4500	23：167	36：154	91：99	129：57	49：150	62：127	156：33	—	53：133	88：100	—	—
4500	24：163	39：148	97：90	132：52	40：126	65：121	162：24	—	57：128	91：94	—	—
4600	—	32：162	80：114	124：66	36：157	58：135	145：48	—	52：140	84：108	—	—
4600	—	35：157	87：105	127：61	38：153	61：130	152：39	—	54：136	87：103	—	—
4700	—	28：171	69：130	119：75	34：164	54：144	134：64	158：37	50：147	80：117	—	—
4700	—	30：166	76：120	122：70	35：160	56：139	141：54	161：32	51：143	82：112	—	—
4800	—	—	58：145	114：84	31：171	49：153	123：79	153：46	47：154	75：126	—	—
4800	—	—	65：135	116：79	32：167	52：147	130：60	157：40	49：149	78：120	—	—
4900	—	—	47：160	109：93	28：179	—	112：95	148：55	44：162	71：135	—	—
4900	—	—	45：151	111：88	30：174	48：156	119：85	152：49	46：157	74：129	—	—
5000	—	—	36：176	103：102	25：186	40：177	101：111	143：64	42：168	66：144	166：44	—
5000	—	—	43：166	107：96	27：181	43：155	108：100	146：58	43：164	69：138	173：34	—
5100	—	—	25：191	98：111	22：193	46：179	90：125	138：73	39：175	62：152	155：59	178：34
5100	—	—	32：181	102：105	24：188	39：173	97：115	141：67	40：171	65：146	162：49	181：29
5200	—	—	—	93：120	20：200	32：188	79：141	133：82	36：183	58：161	144：75	173：43
5200	—	—	—	96：114	22：195	35：182	87：130	136：76	38：178	61：155	152：64	176：37
5300	—	—	—	88：129	—	27：197	68：156	128：90	33：190	53：170	133：90	168：52
5300	—	—	—	91：123	—	30：191	76：145	131：85	35：185	56：164	141：79	171：46
5400	—	—	—	83：138	—	23：205	57：171	122：100	31：197	46：179	122：166	163：61
5400	—	—	—	86：132	—	26：199	65：160	126：94	32：192	52：172	130：94	166：55

砖型 / 内径	B218：B618	B318：B618	B418：B618	B418：B718	B220：B620	B320：B620	B420：B620	B420：B820	B222：B622	B322：B622	B422：B622	B422：B822
5500	—	—	—	78：147			46：187	117：109	28：204	44：188	111：121	158：70
5500	—	—	—	81：141			54：176	121：102	30：199	48：181	119：110	161：64
5600	—	—	—	72：156			35：202	112：118	25：211	40：196	100：136	152：79
5600	—	—	—	76：150			43：191	116：111	27：206	43：190	108：125	156：73
5700	—	—	—	67：165			24：218	107：127	22：219	36：205	89：152	147：88
5700	—	—	—	71：158			32：206	111：120	24：213	39：198	97：140	151：81
5800	—	—	—	62：174			—	102：136	14：226	31：214	78：167	142：97
5800	—	—	—	66：167				106：129	22：220	35：207	87：155	146：90
5900	—	—	—	57：183			—	97：144	—	27：223	67：183	137：106
5900	—	—	—	61：176				101：137		30：216	76：170	141：99
6000	—	—	—	52：192			—	92：153		23：231	56：198	132：115
6000	—	—	—	56：185				96：146		26：224	65：185	136：108

注：窑径相同时，第一行表示没有缝隙的配砖比，第二行表示有 1mm 砖缝的配砖比。

4.3.2　ISO 系列 π/3 型砖的选择和配用

ISO 系列砖也称 π/3 砖，其特点是大头为 π/3 的 100 倍，即 π/3×100＝104.7mm，考虑去掉 1.7mm 的灰缝，大头恒等于 103mm，比较适用于硅铝质耐火砖。

1．π/3 砖规格的选择

（1）π/3 砖高度 h 的选择。

窑内径小于 3m 的，砖高 h 选 120～160mm，其余按项目的推荐值选择。

（2）适用直径的选择原则与 B 型砖相同。

2．π/3 砖的搭配计算

π/3 型砖的搭配计算过程与 B 型相同，现以 π/3 砖的 218 及 618 砖的搭配计算为例。

已知 218 砖的规格是 $b/a×h×l＝84/103×180×198$；618 砖的规格是 $b/a×h×l＝97/103×180×198$，采用耐火胶泥砌筑，缝隙取 $\delta＝2mm$。

设每环用 218 砖的数量为 x 块，每环用 618 砖的数量为 y 块，则可以列出如下的两个方程：

$$(103＋2)(x＋y)＝\pi D$$
$$x(84＋2)＋y(97＋2)＝\pi(D－2h)$$

解这个方程得：

$$x＝87－0.0138D$$
$$y＝0.0437D－87$$

实际应用时，只要将窑的内径值代入上式，即可求出每环 218 和 618 砖的搭配比例数值。

例如，某水泥企业有 5 台内径不同的回转窑，采用耐火胶泥砌筑，缝隙取 $\delta＝2mm$。采用 218、618 搭配都可以满足砌筑要求，计算的配砖结果见表 9.4.8。

表 9.4.8　5 台回转窑的配砖

窑　别	筒体内径（mm）	每环配砖（块）	
		π/3 型 618 砖	π/3 型 218 砖
1#	3360	60	41
2#	2960	42	46
3#	3950	86	33
4#	4000	88	32
5#	3200	53	43

3. ISO 系列 π/3 型砖的配砖表

不同直径的回转窑搭配使用 π/3 型砖，可以参考表 9.4.9。

表 9.4.9　ISO 系列 π/3 型砖的搭配设计表

砖型＼窑径	218：618	318：618	418：618	220：620	320：620	420：620	420：820	222：622	322：622	422：622	422：822	425：625
3300	41：60	81：20	—	40：61	80：21	—	—	41：60	84：17	—	—	—
3300	41：59	82：18	—	41：59	81：19	—	—	42：58	85：15	—	—	—
3400	39：65	78：26	—	39：65	77：27	—	—	60：64	81：23	—	—	—
3400	40：63	79：24	—	39：64	78：25	—	—	40：63	82：21	—	—	—
3500	38：69	76：31	—	37：70	74：33	—	—	38：69	78：29	—	—	—
3500	38：68	77：29	—	38：68	75：31	—	—	39：67	79：27	—	—	—
3600	36：74	73：37	—	36：74	71：39	—	—	37：73	75：35	—	—	—
3600	37：72	74：35	—	37：72	72：37	—	—	37：72	76：33	—	—	—
3700	35：78	70：43	—	35：78	68：45	—	—	35：78	74：41	—	—	—
3700	36：76	71：41	—	35：77	69：43	—	—	36：76	73：39	—	—	—
3800	34：82	67：49	—	33：83	65：51	—	—	34：82	66：48	—	—	—
3800	34：81	68：47	—	34：81	66：49	—	—	34：81	70：45	—	—	—
3900	32：87	64：55	—	32：87	62：57	—	—	32：87	65：54	—	—	—
3900	33：85	65：53	—	32：86	63：55	—	—	33：85	67：51	—	—	—
4000	31：91	61：61	—	30：92	59：63	—	—	31：91	62：60	—	—	—
4000	31：90	63：58	—	31：90	60：61	—	—	30：90	64：57	—	—	—
4100	29：96	59：66	—	29：96	56：69	—	—	29：96	59：66	—	—	113：12
4100	30：94	60：64	—	29：95	58：66	—	—	30：94	61：63	—	—	115：9
4200	28：100	56：72	103：25	27：101	53：75	104：24	—	28：100	56：72	105：23	—	107：21
4200	29：98	57：70	106：21	28：99	55：72	107：20	—	28：99	57：70	108：19	—	109：18
4300	26：105	53：78	98：33	26：105	51：80	99：32	108：23	26：105	53：78	100：31	109：22	101：30
4300	27：103	54：76	101：29	26：104	52：78	101：29	110：20	27：103	54：76	102：28	111：19	104：26
4400	25：109	50：84	93：41	24：110	48：86	93：41	105：29	25：109	50：84	94：40	106：28	95：39
4400	26：107	51：82	95：38	25：108	49：84	95：38	107：26	25：108	51：82	96：37	108：25	98：35

砖型 窑径	218： 618	318： 618	418： 618	220： 620	320： 620	420： 620	420： 820	222： 622	322： 622	422： 622	422： 822	425： 625
4500	24：113	47：90	88：49	23：114	45：92	87：50	102：35	23：114	47：90	88：49	103：34	90：47
4500	24：112	49：87	90：46	23：113	46：90	90：46	104：32	24：112	48：88	91：45	105：31	92：44
4600	22：118	44：96	82：58	21：119	42：98	82：58	99：41	22：118	44：96	82：58	100：40	84：56
4600	23：116	46：93	85：54	22：117	43：96	84：55	101：38	22：117	45：94	85：54	107：37	87：52
4700	21：112	41：102	77：66	22：123	39：104	76：67	96：47	20：123	41：102	77：66	97：46	78：65
4700	21：121	43：99	80：62	21：121	40：102	79：63	98：44	21：121	42：100	79：63	99：43	81：61
4800	—	37：107	72：74	—	36：110	70：76	93：53	18：128	38：108	71：75	94：52	72：74
4800	—	40：105	75：70	—	38：107	73：72	95：50	19：126	39：106	74：71	96：40	75：70
4900	—	36：113	67：82	—	33：116	65：84	90：59	17：132	35：114	65：84	91：58	67：82
4900	—	37：111	69：79	—	35：113	68：80	92：56	18：130	36：112	68：80	93：55	69：79
5000	—	33：120	62：91	—	31：122	60：93	88：65	16：137	32：121	60：93	89：64	61：92
5000	—	35：116	64：87	—	32：119	62：89	89：62	16：135	33：118	62：89	90：61	64：87
5100	—	31：125	57：99	—	28：128	54：102	81：71	—	29：127	54：102	86：70	55：101
5100	—	32：122	59：95	—	29：125	56：98	86：68	—	30：124	57：89	87：67	58：96
5200	—	28：131	51：108	—	25：134	48：111	82：77	—	25：133	48：111	83：76	50：109
5200	—	29：128	54：103	—	26：131	51：106	83：74	—	27：130	51：106	84：73	52：105
5300	—	25：137	46：116	—	22：140	43：119	79：83	—	23：139	43：119	80：82	44：118
5300	—	26：134	49：111	—	23：137	45：115	80：80	—	24：136	45：115	81：79	47：113
5400	—	—	—	—	19：146	37：128	76：89	—	20：145	37：128	77：88	38：127
5400	—	—	—	—	20：143	40：123	77：86	—	21：142	40：123	78：85	41：122
5500	—	—	—	—	—	31：137	73：95	—	—	31：137	74：94	32：136
5500	—	—	—	—	—	34：132	74：92	—	—	34：132	75：91	35：131
5600	—	—	—	—	—	26：145	70：101	—	—	25：146	71：100	27：144
5600	—	—	—	—	—	29：140	71：98	—	—	28：141	72：97	29：140
5700	—	—	—	—	—	20：154	67：107	—	—	20：154	68：106	21：153
5700	—	—	—	—	—	23：149	68：104	—	—	23：149	69：103	24：148
5800	—	—	—	—	—	—	64：113	—	—	—	65：112	15：62
5800	—	—	—	—	—	—	65：110	—	—	—	66：109	18：157
5900	—	—	—	—	—	—	61：119	—	—	—	61：119	9：171
5900	—	—	—	—	—	—	62：116	—	—	—	63：115	12：166
6000	—	—	—	—	—	—	58：125	—	—	—	58：125	3：180
6000	—	—	—	—	—	—	59：122	—	—	—	60：121	7：174

注：窑径相同时，第一行表示没有缝隙的配砖比，第二行表示有1mm砖缝的配砖比。

思考题

1. 耐火材料的力学性能。
2. 耐火材料的物理性能。
3. 耐火材料的热学性能。
4. 耐火材料的力学性能。
5. 耐火材料的使用性能。
6. 回转窑常用耐火砖的作用及技术要求。
7. 预分解窑常用碱性砖的技术性能及使用注意事项。
8. 预分解窑常用耐火浇注料种类及技术性能。
9. 预分解窑衬砖的砌筑方法。
10. 预分解窑衬砖的砌筑施工。
11. 预分解窑的砖型选用原则。
12. 预分解窑的砖型设计步骤。
13. VDZ 系列 B 型砖的选型和配用。
14. ISO 系列 $\pi/3$ 型砖的选择和配用。

参 考 文 献

[1]　赵晓东. 水泥中控操作员[M]. 北京：中国建材工业出版社，2014.

[2]　赵晓东. 应用经纬仪法测定窑筒体中心线[J]. 四川水泥，2000(3)：48-49.

[3]　赵晓东. 用正交试验法优化烧成系统操作参数[J]. 水泥工程，2000(5)：37-38.

[4]　赵晓东. 隔热耐火复合砖在回转窑上的应用[J]. 水泥，2002(1)：24-26.

[5]　赵晓东. 应用断料空烧法处理回转窑的后结圈[J]. 水泥工程，2004(1)：42.

[6]　赵晓东. 回转窑飞砂料的形成及处理[J]. 水泥，2009(12)：31-32.

[7]　赵晓东. 回转窑粘散料的形成和处理[J]. 水泥工程，2010(2)：30-32.

[8]　赵晓东. 浅谈第三代篦冷机的操作控制[J]. 新世纪水泥导报，2011(1)：43-45.

[9]　赵晓东. 预分解窑熟料游离氧化钙量的控制[J]. 新世纪水泥导报，2011(4)：20-23.

[10]　赵晓东. 熔渣代替矿渣配料生产水泥熟料[J]. 新世纪水泥导报，2012(2)：43-44.

[11]　赵晓东. 应用高温粘结剂镶砌回转窑的衬砖[J]. 四川水泥，2012(3)：102-103.

[12]　赵晓东. 浅谈降低预分解窑熟料煤耗的措施[J]. 水泥工程，2012(6)：26-27.

[13]　赵晓东. 提高燃烧器浇注料使用周期的措施[J]. 新世纪水泥导报，2013(3)：56-58.

[14]　赵晓东. 浅谈预分解窑黄心料的形成和处理[J]. 水泥工程，2013(5)：34-36.

[15]　赵晓东. SFC46F 型篦冷机的结构及操作控制[G]//. 水泥实用技术手册. 北京：《水泥》杂志出版社，2013：321-323.

[16]　赵晓东. 立磨粉磨水泥存在的问题及解决措施[G]//. 水泥实用技术手册. 北京：《水泥》杂志出版社，2013：324-326.

[17]　赵晓东. 消除预分解窑产生黄心料的技术措施[J]. 新世纪水泥导报，2014(2)：66-68.

[18]　赵晓东. 分解炉温度的操作控制[J]. 水泥工程，2014(3)：32-33.

[19]　赵晓东. 预分解窑熟料 f-CaO 的影响因素及控制[J]. 水泥，2014(6)：3-6.

[20]　周惠群. 水泥煅烧技术及设备[M]. 武汉：武汉理工大学出版社，2012.